HIGH-END
RESIDENCE
PRODUCT POWER OF INTERIOR DESIGN

U0168184

高端住宅室内设计产品力

金盘地产研究院—————— 编著

广西师范大学出版社
·桂林·

图书在版编目（CIP）数据

高端住宅室内设计产品力／金盘地产研究院编著 . —
桂林：广西师范大学出版社，2024.5
ISBN 978-7-5598-6897-8

Ⅰ . ①高… Ⅱ . ①金… Ⅲ . ①住宅－室内装饰设计
Ⅳ . ① TU241

中国国家版本馆 CIP 数据核字 (2024) 第 081915 号

高端住宅室内设计产品力
GAODUAN ZHUZHAI SHINEI SHEJI CHANPINLI

出 品 人：刘广汉
策划编辑：高　巍
责任编辑：孙世阳
助理编辑：马竹音
装帧设计：六　元
广西师范大学出版社出版发行

广西桂林市五里店路 9 号　　邮政编码：541004
网址：http：//www.bbtpress.com

出版人：黄轩庄
全国新华书店经销
销售热线：021-65200318　021-31260822-898
恒美印务（广州）有限公司印刷
（广州市南沙区环市大道南路 334 号　邮政编码：511458）
开本：787 mm×1 092 mm　　1/16
印张：32.25　　　　　　字数：330 千
2024 年 5 月第 1 版　　2024 年 5 月第 1 次印刷
定价：188.00 元

如发现印装质量问题，影响阅读，请与出版社发行部门联系调换。

FOREWORD
前　言

房地产行业经过二十多年的起伏，到目前，去金融化、回归产品的趋势已不可逆转。在此背景下，住宅设计，尤其是与户型产品息息相关的室内设计，要符合行业发展的底层逻辑，改变过去仅注重设计手法而忽略用户需求的状况，这也是我们提出要重视地产住宅研发方法论的原因。2023年的《政府工作报告》在很大程度上指明了房地产今后的发展方向，其中强调"有效防范化解优质头部房企风险"，从政策上给予房地产企业支持，稳定市场预期。根据国家统计局的数据，2022年，全国商品房销售额有所下降，但仍然超过了13万亿元。通过主流平台的数据可以看出，客户对交付和产品本身的关注度明显上升。在销售上，中、大面积段成交占比有所提升，高端改善人群更加关注居所的高品质、个性化。对于精装交付，目前大众对健康、舒适的配置更加重视，体现了市场需求的升级。

不少房地产企业快速回应了当下市场的变化，为很长时间没有重量级产品面世的行业注入了新的活力。解读了这些具体案例，才让我们更加确定，行业的改变并不是来自表面上的感觉，从业者已经在行动。从2022年末至2023年初，头部房地产企业先后推出品牌产品系列的迭代版，或推出全新产品系列。尤其在如今高端市场火热的背景下，高端新品的出现为行业的产品研发树立了标杆，解答了在高质量发展的要求下，产品还能怎么做，还能如何创新的问题。以中国金茂为例，金茂府是其打造的产品系列的成功典范，是行业内少数巩固了高端地位的产品IP。历经13年的发展，金茂府系列的产品优化、科技进化、美学体系都进入了一个新的阶段。2023年，金茂府系列主推的落地项目之一——北京永定金茂府，就是经过了十三年迭代，站在一个更高起点的新开始。从"十二大科技系统"到城市资源、园林、建筑、空间，金茂府系列的一次次升级，做到了高品质交付，赢得了市场认同。除了国企和央企外，优质的民营企业代表——龙湖集团，也重磅推出了全新的高端产品系列——御湖境、云河颂。其产品力可以归纳为创新、品质、人居。例如，在龙湖的金字招牌——五重景观基础上，御湖境产品系列升级了景观的高级审美，重点表达五重叠境。到了云河颂系列，则强调艺术审美，集结大师手笔，以精准迎合高端豪宅用户的喜好，配置标准不降反升，实现产品溢价，打造出引领时代的新产品。再比如，金地集团从2009年起就打造了褐石系、名仕系等十大产品系列，2022年下半年发布"G-WISE绿色健康住宅引领标准"，新项目已落地，此次升级产品力的创新点在于，立足于双碳时代的社会责任与用户需求，从融合城市、共生社区、健康住宅三大维度，提出新发展阶段的绿色生活方案。从这些房地产企业的动作中能看出，行业"回归产品"的口号并非空谈，产品研发的领头者已经先行实践，持续创新，敏锐地洞察用户需求的变化，陆续推出了新一代产品。

从室内设计的趋势来看，通过对房地产企业产品和室内设计公司亮点的研究，不难发现室内精装从过去注重风格，到如今更倾向于重视对人们精神世界的满足，更关注不同家庭结构的差异

化需求，从单身贵族、二人世界、三口之家到三代同堂，每个家庭需要的风格和功能是不同的。此外，家庭成员希望在空间能促进全家交流的同时，又能有一片私享天地。极简风、治愈系、侘寂风等新兴风格深入人心，以上变化促使室内设计更加精细化、人性化、多元化，促使房地产企业不断追求从用户真实需求出发，打造从审美和功能上均能得到业主肯定的产品。上述趋势在我们的研究成果中均有所体现。

金盘地产研究院长期跟踪研究房地产市场和房地产企业的变化，及时归纳解读最新产品研发趋势。我们看到了很多房地产企业在2021至2022年的蛰伏中潜下心来，调整发展战略，等待时机准备重振。设计公司在受到影响的同时，也洞察用户需求，先后推出了很多有利于行业产品升级的研究方案。金盘地产研究院对近年房地产企业的产品力做了系统性总结，其中的室内研发设计板块即本书。本书关注典型房地产企业产品体系的研究，同时结合产品体系解读大量项目案例。希望通过发布这些研究，可以帮助从业者认识当下最新的研发设计趋势，充分了解真实的市场情况，打造出真正满足消费者需求的好产品，并在此基础上，提升自身设计素养和美好人居标准，促进行业产品的升级，满足新时代下房地产高质量发展的社会要求。

金盘地产研究院院长
康建国

CONTENTS
目　录

INTRODUCTION
绪　论

一、行业背景解读

自20世纪90年代末实行住房货币化和保障制度以来，房地产行业依托城镇化这一历史进程迅速发展，以其规模大、链条长、影响面广的产业特性，对上下游行业产生带动效应，成为国民经济的重要支柱。在过去的20多年里，地产行业几经起落，高杠杆、高周转的运作模式在带来高收益的同时，不可避免地为行业赋予了金融和投资属性，同时也加剧了行业的泡沫化。另一方面，随着我国城镇化进程的放缓，以及老龄化、少子化的社会问题愈加凸显，地产作为短期拉动经济增长的手段已经进入停滞状态，亟待寻找一条全新的发展道路。

"房住不炒"的政策自2016年年底被提出后，近几年不断被强调重申，可见这一政策将成为地产行业长期的基本定位。因此，地产行业的市场属性也就到了不得不改的地步。总体来看，地产去金融化的趋势已是必然，以往高赋值的经济属性和投资属性终将转向民生属性和居住属性，这是倾向，也是回归。在新的行业形势下，地产从高杠杆、高周转的模式转向低杠杆、求稳健的模式已是大势所趋，"下半场"将是产品品质本身的较量。

二、市场需求解读

行业依赖市场而生，在产品制胜的时代，更需要精准定位客群需求，在关注市场主流之余，更需要关注客群对产品的精细化需求，以质保量。虽然当前生育率下降、老龄化加速，但人均住房面积仍有提高空间。纵观近年来的市场，总体表现出刚性需求收缩，改善需求持续坚挺的趋势。换言之，当前的市场需求已经从"有其屋"的基本生存需求转向"优其屋"的体验性生活需求。这种改善性需求体现在客群对产品抱有的高于产品本身的审美诉求、精神享受、健康生活等多重诉求上，在居住功能的基础上趋向于产品功能性的完善和配套、品质的升级迭代，如示范区的呈现、建筑形态、社区营造、精装标准、户型设计等。

2022年，四大市场（刚需系项目、改善系项目、刚改系项目、高端系项目）各自占比与前两年大致相同，其中占比最高的仍然是改善系，占35.24%，但同比提升最多的是高端系，占比28.97%，比2021年上升2.8%，高端系和改善系加起来占比超过六成，反映了近年来高端系、改善系项目市场热度高，凝聚了研发设计的创新亮点。

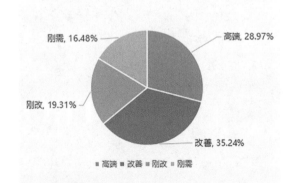

• 2022 年市场地位关注度占比

高端系项目占比 28.97%，同比 2021 年上升 2.8%；
刚改系项目占比 19.31%，同比上升 0.1%；
改善系项目占比 35.24%，同比下降 1.7%；
刚需系项目占比 16.48%，同比下降 1.2%。

以户型设计为例，数据显示，当前市场上两房产品已经锐减，市场进入普遍三居室时代。即使是首次置业的年轻客群，也更倾向于一步到位，购得舒适性更强的产品，既是保障居住的舒适度，也为未来的家庭人口增加做好准备，省去二次置业的麻烦。即使是迫于成本而不得不选择小面积户型产品的首次置业人群，也倾向于功能更完善，设计更成熟、更多元的产品。这也反映出当下客群对住房的态度倾向于产品品质本身，降低个人需求和居住舒适性而买小户型产品的做法已经被大多数置业青年屏弃。而即使是小户型产品，要想有竞争力，也须完善功能性，以更小的面积满足当下更多元的市场需求和日益变化的家庭生活场景。比如，长沙金茂·国际社区112平方米的户型样板间以可变的户型设计，兼顾了功能性与舒适性，设计利用了可移动柜体作为客厅与多功能区的隔断，开合自由，既保证了公区的活动尺度，也为多元的生活场景赋能。

• 长沙金茂·国际社区户型设计

三、产品趋势解读

基于对行业背景和市场需求的分析不难发现，褪去金融属性，进入全新赛程的地产行业已进入产品制胜时代。产品力带来的溢价将成为竞争力，以个性化、多元化创新为方向，提升住房品质，未来地产行业的较量也必然是产品力的较量，产品力出众、发展稳健的企业更能在时代洪流中站稳脚跟。产品力作用于高净值客群市场，表现为产品品牌、服务、功能等的细节和品质的完善；作用于年轻客群，则表现为颜值、个性、社区配套等服务的完善。另外，随着生活观念的改变，人们对住宅的要求也不再仅是有瓦遮头而已，市场日益表现出对健康社区、健康住宅的渴求，健康的重要性已经不言而喻。

基于以上背景，创新提质与绿色发展成为当下产品设计的主流趋势已经越发明朗。比如，在建筑设计上，流线型建筑的兴起是设计基于产品力提升的思考，而火爆的背后则是市场愿意为高颜值产品买单的表现；在景观设计上，从微度假式景观设计可窥见用户对居住环境优化的热切期盼；而在室内设计上，兼具功能性与舒适度的户型设计、健康环保的用材、更注重细节的精装，都是对市场需求的积极回应。以室内设计为例，基于创新提质的设计原则，动静分区、双动线入户、LDKG一体化（客厅、餐厅、厨房、阳台共处于一个开放空间的设计）、酒店式卧房等舒适性更高的户型设计广受用户青睐。比如，南通招商·公园道330样板间将空间整体分为舒适静区、奢阔动区和后勤区，静区舒适安谧，动区轩敞开阔，后勤区独立分明。清晰、明确的功能分区既

• 南通招商·公园道 330 样板间户型设计

• 南通招商·公园道 330 样板间实景

能满足丰富多样的家庭社交活动，也能为每一个家庭成员提供个人空间；在精装配套上，以品质与健康为导向，通过智能系统、收纳系统、人性化细节等设计打造健康绿色家居环境；在室内用材上，则更加重视材料的节能减排、环保健康等。

四、本书编纂意图

通过对行业、市场、产品的趋势解读，可见产品本身过硬才是跨越行业周期的法宝。地产去金融化，回归居住属性已成趋势，在此背景下，行业赛道缩小，提高产品竞争力迫在眉睫。为此，金盘地产研究院开展了中国房地产产品力系列研究，通过分析、总结标杆房地产企业的理论方法及实践经验，解读研发设计趋势，研究梳理行业体系化标准，探索当下房地产行业破局之道，为房地产企业和设计公司打破产品同质化僵局、提高产品竞争力提供思路范本和方法论。

五、本书内容

本书在内容上以房地产企业最新产品体系理念为纬线，以项目案例为经线，分为户型设计、精装设计（硬装）、软装设计、架空层设计、售楼处室内设计、室内应用材料六大板块。通过对标杆房地产企业和一线设计公司最新落地案例进行深入调研，多维度剖析室内设计发展趋势，为室内设计的发展赋能。

1. 户型设计

户型设计是室内设计的重头戏，直接影响客户的居住体验感，金盘地产研究院通过研究房地产企业最新产品体系，研读最新项目案例，从社交空间、可变空间、健康人居空间、卧室小家化等四大维度出发，总结出户型设计趋势，如在社交空间设计上注重互动和社交，在功能空间上注重变化性和成长性，在空间布局上注重健康性和流动性，对个人空间的打造注重功能性和私享性等，此为本书第一章内容。

从天津融创·梅江壹号院350平方米户型设计中，可以较为清晰地看出当前户型设计的趋势倾向。一方面，该户型社交空间尺度开阔且集中，便于家庭成员之间的互动与交流，同时具有较高的空间成长性，能满足日趋多元的生活场景。另一方面，从全套房式设计又可见设计对业主生活私享性的尊重，从动与静、公与私等角度为业主的居家生活提供全维度的舒适保障。

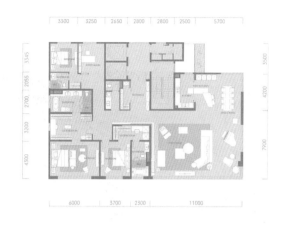

• 户型设计

2. 精装设计（硬装）

精装交付是市场的主流，通过打造精装交付体系标准强化竞争力也已成了不少房地产企业的选择。本书以保利、金茂、阳光城等房地产企业的精装交付体系及其落地案例为样本，基于时代发展和市场导向，以人性化细节解决用户潜在痛点，分析精装赋予住宅智能化和健康化的范本模式，此为本书第二章内容。

以南京融信·世纪东方的精装设计为例，设计以环保材质、家具等为依托，重点对用户关注点和需求点进行升级，并辅以科技系统和收纳系统，打造高品质、精细化的精装交付产品，切实提升用户体验感。

• 精装设计

3. 软装设计

软装的温润触感可以弥补建筑的冷硬感，是用户寄托情致、表达个性的绝佳载体。因此，软装设计之于室内设计恰如衣之于人，缺之不可，而兼具生活实用性与设计美感的体系化软装交付也日益成为高端产品打破同质化困局的撒手锏，实现产品交付到生活交付的过渡。本书第三章以一线设计公司的落地项目为支点，从色彩、艺术

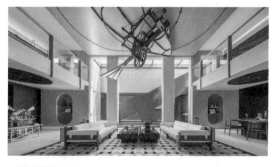

• 软装设计

● 架空层设计

● 售楼处室内设计

美学等方面解析软装主流设计及发展趋势。

4. 架空层设计

架空层作为室内外的连接空间，在室内设计中属于比较特殊的存在。一方面，架空层以其开放或半开放的结构规避了室内空间界限分明的弊端，以及室外时刻受天气影响的桎梏；另一方面，架空层极强的可塑性和场景性，又使其成为社区活动的空间。本书第四章通过分析当前架空层设计，解读架空层全龄化设计和场景化设计的标准模块和创新做法。

5. 售楼处室内设计

去售楼处时代，售楼处不仅承担着销售功能，也在一定程度上承担着体验功能。因此，售楼处的设计需要基于更全、更广的维度思考。金盘地产研究院结合落地案例，从功能性、主题性、所见即所得等方面出发，探讨售楼处设计的新动向，此为本书第五章内容。

6. 室内应用材料

材料是一切设计的前提，对于室内设计而言，材料不仅是提供骨架的前提，也是打造健康住宅的保障。因此，室内材料既需要过硬的材质性能，

• 室内材料运用

也要具有环保性和健康性。本书第六章即对创新型室内环保材料进行了详细解析，以期为室内设计的用材提供一些参考。

中国地产行业产品力提升。值此时代风口，金盘地产研究院试以抛砖之浅见，引出璋玉之探讨，与众同仁齐心勉力，共克时艰。

7. 2023年度中国房地产企业产品力排行榜

当前，地产行业重新洗牌，高负债、高周转模式不再适用，在市场下沉的同时，也是产品力不断向上、向深发展的关键阶段，本书第七章为2023年度中国房地产企业产品力排行榜，排行榜从创新、人气、品质等众多维度评析房地产企业、设计公司、材料供应商的产品力指数，以期推动

CHAPTER 1

第 一 章

户 型 设 计

第一节 户型设计趋势解读

在室内设计中，户型设计是重要的一环，也是最考验核心产品力的地方。影响户型设计的因素众多，如开发商的产品主张、设计师的设计理念、主流用户的代际特征等。随着时代的发展，户型设计的导向也在不断变迁和迭代，但万变不离其宗的是，最终的导向始终是用户的舒适度。对开发商和设计方而言，及时把握市场主流、明晰时代脉搏、洞察用户需求是一切产品设计的依凭，也是在低迷的市场中破局的关键。

在社会的急速发展下，人们的生活节奏加快，且日趋多元，对年轻一代而言，一方面，传统的一板一眼、功能区固定的户型已经不能满足他们对个性生活的期许和定义；另一方面，人们愈加重视室内环境的健康，注重自我空间的舒适性。因此，当前的户型设计表现出以下四个趋势：在社交空间设计上注重互动和社交；在功能空间上注重变化性和成长性；在空间布局上注重健康性和流动性；对个人空间的打造注重功能性和私享性。

一、社交空间：互动与社交

以往，社交更注重家庭以外的交际，但随着居住理念的更新，家庭社交越来越受人们重视。事实上，良好的家庭社交不仅可以促进家庭内部的交流互动，提升居家幸福感，也能帮助孩子树立自信心。

1. 客厅——家庭社交空间的传统模式

传统的家庭社交空间以客厅为主，客厅承载了日常交流、活动、会客等多重功用，但在娱乐方式多元的时代，电视机开始变得鸡肋，以电视为核心的功能单一的客厅也已日渐式微，客厅空间中亟须融入更多的生活场景。于是，可以容纳更多活动功能的大面宽厅崛起，在布局上，或是纳入观景阳台，或是划出多功能区；在场景上，或是亲子互动，或是亲友会谈，或是办公学习。在满足个人需求的同时也兼顾与其他家庭成员的互动交流，实现多元场景化。

2. 餐厨——新的家庭社交空间

在传统客厅式微的同时，餐厅则以独具魅力的饭桌文化成为促进情感交流的场所。与此同时，随着生活模式的多元发展，传统"君子远庖厨"的观念渐远，厨房功能从满足烹饪本身上升为满足烹饪社交的情感体验需求，其背后的逻辑在于，亲友一同克服困难时产生的沟通和情感升华无法替代，因此，开放式或半开放式的餐厨空间渐渐成为第二个家庭社交空间。比如，保利提出了"C位餐厅"概念，利用开放或半开放的餐厨空间，搭建新一代家庭社交空间，使餐厅成为家庭活动的中心。

3. LDKG一体化设计——家庭社交空间完成迭代进化

在餐厨空间变为家庭第二社交空间的同时，以开放共享为特征的LDKG式布局成为市场新宠，其背后的诉求在于，打破空间隔阂，将客厅、餐厅、厨房、阳台等空间延伸，弱化功能区的边

• 招商南通·滨江玺大面宽厅设计

• 保利 C 位餐厅设计

• 厦门旭辉·五缘湾上巨厅设计

界感，利用功能区的联动配合，形成一个彼此援引互动的无界交流公区。其优势在于，从布局上看，功能区借助交通动线连成整体，既有明确分界，又最大限度地保留了空间感；从使用功能上看，活动区域的组合可以带来1+1＞2的使用效果，最大化利用空间，使用场景更加多元。比如，旭辉提出了"自由+"巨厅模式，通过打破墙体对空间的限制，增加空间的延展性和生命力，实现生活场景的无限聚合。

二、可变空间：变化与成长

　　住宅设计需要面向广大住户，面对千人千面的个性化需求以及不断衍生出的工作、休闲、娱乐等原本不属于住宅的活动需求，产品的模式化与用户的个性化要求如何平衡成了横亘在产品设计与用户体验之间的问题。住宅的变化性是适应不同家庭结构和生活模式的关键所在。因此，不少开发商和设计师通过植入可变空间，赋予住宅成长性，打破传统户型布局的固定形态，以功能自定义的"X空间"应对居者随时可能发生的家庭结构、生活习惯的变化，满足用户非固定的如兴趣、收藏、运动、游戏等实际需求。比如，长沙金茂·国际社区可变空间设计以及旭辉"自由+"巨厅中的独立"X空间"设计，给生活以变量，安放更多的个性追求。

• 长沙金茂·国际社区可变空间设计

• 世茂北京天誉户型图

三、健康人居空间：健康与流动

如今，家居环境的健康问题越来越受到重视，除去阳光、空气、水这些要素外，从户型设计方面为健康赋能也成为时代趋势。比如，通过合理的玄关设计，在入户区即可完成全方位消杀，拒绝病菌入户；通过净污双流线设计，避免流线交叉带来的潜在感染风险；通过对户型的科学规划，保证室内透亮、灵动等。比如，世茂标准化产品体系推出的健康户型设计，力图通过对玄关、洄游动线、客厅、餐厨空间、卧室、卫生间等设计，打造真正安定、幸福的健康人居环境。通过对室内各功能区的精细化设计，营造一个绿色健康、舒适宜人的家居空间，也是人本理念下的时代选择。

四、卧室小家化：功能与私享

在室内设计中，如果说活动区是家庭生活的核心区域，影响着家庭的幸福指数和情感交流，那么卧室这一私人空间则以其重要的休憩功能担负着居所的根本职能，成为影响居住舒适度的关键因素。纵观当前卧室空间的设计，总体呈现出小家化倾向，同时呈现出利用套房式设计打造卧室场景化的趋势。在功能设计上，卧室并不满足于提供睡眠功能，而是通过一系列的设计赋予小环境更多的功能体验，比如，利用迷你吧台营造卧室休闲区，利用飘窗打造观景阅读区，通过规划为女主人预留充足的美妆空间以及为男主人预留工作空间等。而在设计理念上，则注重卧室的私密性与私享性，为家庭成员，尤其是主人打造一个能独处的空间，提高人居幸福感。

• 广州中海保利·朗阅卧室设计

第二节　社交空间

一、保利产品体系

　　2020年3月，保利基于三大健康人居的产品趋势——环境在变健康、家在变大、生活在变聪明，发布了"全生命周期居住系统2.0——Well集和社区"理念产品。

　　"Well集和社区"以用户健康为核心使命，通过健康高效空间（WellSpace）、健康便捷服务（WellSupport）、健康安全科技（WellSmart）的3S系统与十大健康技术，为客群构建高品质的健康、高效、智慧生活。

　　2021年，保利延续"Well集和社区"产品理念，联合赛拉维公司推出了以"乐、颜、精、智、康"为核心价值的"和美精装五维美学价值"新产品。

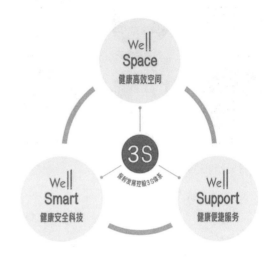

● 保利三S系统

1. 户型空间设计·和乐场景

　　在户型空间的打造上，保利"Well集和社区"以"和乐场景"的构筑为目标，通过九大和乐场景连接家庭情感，以洄游动线、C位餐厅、X空间等共同构筑高质量的家庭交流平台，传递和乐生活的正能量。

2. 洄游动线

　　洄游动线由双玄关柜、百纳小库、全身镜和美颜灯等构成。从户型上看，双玄关设计形成厨、客双动线，向左是家政后勤，向右是会客起居，左右分离。玄关区集迎客与储藏功能于一体，全身镜和线形灯设计满足全家出门前整理妆容的需

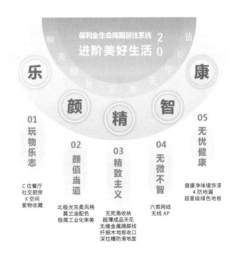

● 保利和美精装五维美学价值体系

① 百纳小库　　②C位餐厅　　③社交厨房

④ 自由巨厅　　⑤百变盒子　　⑥爱物收藏

⑦惬意时刻　　⑧爱的转角　　⑨精致呵护

• 保利 9 大和乐场景

同的生活场景，由主人根据自己的喜好自由定义，实现不止一种可能的未来生活场景。

5. 主卧小家化

　　洄游动线、C位餐厅、X空间等意在筑就一个复合开放的家庭共享空间，而"Well集和社区"对卧室这一私享空间的人性化设计同样给予了足够的关注。在主卧空间内，通过迷你吧、专属化妆台、转角窗等功能区，营造一种酒店套房式的精致享受，把控居家的每一寸空间。

求。储藏玄关包含百纳小库，总收纳容量相当于80个24寸68升的行李箱（1寸≈3.33厘米），满足家庭集中储藏的需求。

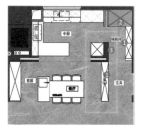

• 保利"洄游动线"户型示意

3. C位餐厅

　　C位餐厅是为家庭欢聚畅谈、亲子玩耍以及居家办公设计的理想场所，利用餐厅岛台、餐厅小吧、洄游动线、长桌以及智慧互动屏幕桌面等设计，构筑出一个当下家庭以美食为连接的情感共聚新场所。

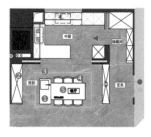

• 保利"C位餐厅"户型示意

4. X空间

　　X空间是从宽厅中划分出来的一个自定义空间，保利通过双面沙发、洄游动线、儿童涂鸦黑板等，将X空间设计成一个容纳亲子互动、冥想喝茶、乐府演奏等生活场景的自由空间，大容量的爱物收藏柜、可推拉的绘画黑板，通过变换不

 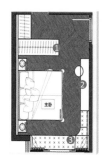

• 保利"X空间"户型示意　　• 保利"主卧小家化"户型示意

6. 苏州万科保利·滨河湾花园——多元空间，互动家庭

＊ 工程档案

开发商： 苏州万科集团、保利集团

项目地址： 苏州市吴中区

室内设计： 上海域正装饰设计有限公司

室内面积： 143平方米

＊ 项目概况

苏州万科保利·滨河湾花园落址于苏州吴中城南板块，澄湖中路与宝丰路交会处，西南两侧为天然河道，周边交通、商业、教育等配套设施完备，是苏州城市发展的重点区域。项目整体规划9栋13—18层中高层住宅，打造建筑面积105—143平方米改善户型。设计从居住者的使用行为和心理行为出发规划社区景观，注重对人性的关怀，意在营造更加和谐的居住环境。

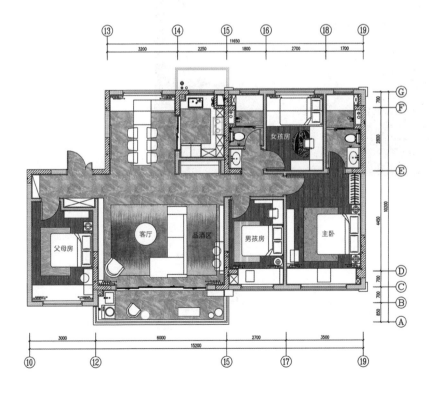

＊ 社交空间设计分析

本案143平方米户型采用LDKG+X一体化的布局设计，内部规划为"4+2+1+6M双联阳台"，滨河湾项目延续保利"Well集和社区"2.0产品理念，通过C位餐厅、X空间、大开间阳台、巨型宽厅等设计组成大尺度家庭社交空间，功能区的交叠形成简单的回形流线，让家居活动舒适畅通。大空间赋予生活场景更多变化的可能，也为家庭成员间的交流互动提供更多机会——或是在品酒区与亲友会话畅谈，或是在阳台闲话家常、莳花弄草，或是在客厅游戏嬉闹，或是在餐桌旁办公学习，每个家庭成员在专心于自己的消遣活动的同时，也能随时随地与其他人保持互动，在保证个性空间之余，也为时刻需要进行的情感联络提供良好的环境和契机。

C位餐厅

过去，客厅一直是家庭社交空间的中心，但随着各种电子产品的普及、迭代，电视机开始没落，以电视机为中心的客厅也渐有被边缘化的趋势。而餐桌却因为能容纳备菜、交流、办公、辅导作业等活动需求，开始受市场追捧。滨河湾项目以"C位餐厅"设计增加餐厅的存储功能和工作台功能，使其在用餐功能之余，还能承担家庭互动和收纳储存的功能，使餐厅不仅成为厨房空间的延伸，也成为家庭活动的重要区域。

巨型宽厅

设计以宽敞的1.5倍客厅连接着巨幕景观阳台，让光线可以毫无阻挡地照射到室内，使得整个空间开阔明亮，空间感十足。在空间设计上，会客区与品酒区形成X空间一体化设计，沙发成为两个功能区之间的天然隔断，形成客厅洄游动线，带来空间变化，破除单一感和滞闷感。

X空间

本案宽厅后方的品酒区为X空间，后期主人可根据自己的需求与喜好，将此空间改造成开放式儿童空间、潮玩收藏区等，便于家长陪伴孩子学习和娱乐，实现不止一种可能的未来生活场景。区域间功能的不同，形成隐形的边界划分，却又将空间释放出来，服务于动态变化的家庭需求，让家庭成员的行为和成员之间的互动形成空间与空间之间的连接、碰撞和迭代，让家庭成员间的差异化状态实现共存，最终成就一个自在而有边界、温暖且会成长的家。

＊空间装饰

客厅空间内，素净的木饰面搭配着奢华的石材，精致的玻璃与柔软的皮革相呼应，栅格化的装饰墙面为空间带来韵律感，雅致的装饰让客厅空间显得低调、有品质。

厨房空间是浅灰与卡其交融的低饱和度的格调，白色的U形料理台点亮空间，在窗明几净的环境下料理一家的餐食，惬意且满载幸福。餐厅的设计延续了客厅的低奢风格，格栅化背景墙配合着白色大理石纹路装饰画形成空间焦点，引导空间风格走向。

主卧是住宅中舒适、私密的一隅。主卧空间在具有同客厅一样低调优雅的格调之余，更增添些许的静谧安宁。动静结合的空间内，张弛有度。韵味十足的床头背景设计搭配舒适的全墙面床靠，柔软的床品软化了低饱和色调带来的冷硬，奢华的软靠更添质感韵味，隐约的光线透过窗帘投入，带来一室宁静。多功能飘窗的设计是卧室空间的延伸，亦是女主人的梳妆台，集收纳、化妆、休闲、办公功能于一体，这里是独属于屋主的私密区域所在。

男孩房的背景墙面以全亚克力板作为背板，外附着全金属网格，网格上又搭配时尚绚丽的亚克力，少年感十足。AJ鞋子是男孩的心头所好，

它们被布局于墙面上，高低起伏的隔板配合着橙黄灯光，为空间带来时尚韵律之美。

整个空间以安静但张扬的色彩、时尚的家具及趣味的收藏点缀其间，无不彰显着男孩的青春活力，也能让人联想到他在校园篮球场上飞奔的身影。

女孩房从个人爱好出发，打造独属于女孩的哈利·波特世界。略微泛黄的牛皮纸地图背景墙将人带入那个魔幻色彩十足的霍格沃茨，巨幅的9¾站台挂画上，来自不同魔法师的法杖有序陈列，复古的长条桌和红木椅立于挂画前，成为女孩深夜挑灯学习咒语的所在。扫帚、皮箱、巫师袍……"哈迷"耳熟能详的物件被堆叠于空间各处，置身其间，梦幻童真，趣味十足。

长辈房的空间设计与男孩房的活力青春、女孩房的奇幻童真迥乎不同，低调内敛才是其空间语言。设计以开放的柜架和柜体延续衣物储藏功能，又妥善利用了飘窗延伸出小的阅读空间。软装的呈现采用"少即是多"的概念来营造安静又祥和的空间氛围：米白相间的空间内，原木色调为其点缀，黑白纹饰床品在带来时尚感的同时又予人简单利落的感受，古铜色的柜架配合着橙色的抱枕，带来暖绒的质感，无须过多言语，简单即可。

二、旭辉产品体系

基于新时代人居需求的重新思考，以及新一轮宏观调控下的地产新常态，旭辉不断精进，调整自身组织结构，以应对行业和市场的不断变化，2020年推出CIFI-7居住产品。

1. SPECIAL空间——有限空间，无限精彩

SPECIAL空间打破居家空间界限，使不同功能区交融互渗，升级打造出可以承载想象力与创造力的多重联动空间，无论人性化的健康入户消杀区设计，创造多元生活方式的X空间，还是为女主人特设的"女神专区"，抑或打破传统客厅外墙束缚而形成的270°度假区般的景观视野，旭辉CIFI-7都将空间的效能发挥到极致，赋予每一平方米精彩和能效。

2. X空间

在"自由+"巨厅旁设计一个拥有无限可能的X空间，其功能随心而变，可以成为茶室、办

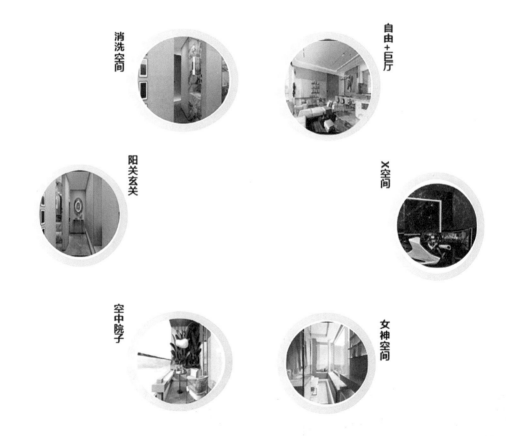

消洗空间

自由+巨厅

阳关玄关

X空间

空中院子

女神空间

公区，也可以是宠物空间、电竞PK台、私人直播间等，让精彩通过X空间传递至更广阔的互联网。

3. 女神专区

旭辉CIFI-7充分考虑到女主人的需求，特别设置了"女神专区"，拥有超大容量的收纳柜的

同时，还有可在自然光下化妆的专属空间，完美解决女主人的生活痛点。

4. 空中院子

旭辉CIFI-7创造的空中院子是进深超过2米的双层通高露台空间，与阳台连成整体，以超过9米的长度带来无比通透的开阔心境。

5. 天津旭辉·铂悦公望——"自由+"巨厅，生活娱乐场

✳ **工程档案**

开发商： 旭辉集团

项目地址： 天津市南开区

室内设计： 赛拉维设计

室内面积： 170平方米

✳ **项目概况**

天津旭辉·铂悦公望位于天津市文化腹地南开区，生活配套成熟，对望天津百年名校南开中学，拥有深厚的文化底蕴。作为旭辉高端产品系列，铂悦公望继承了旭辉对人居环境的关怀与致敬，结合艺术立面和创新CIFI-7产品体系，多维度展现旭辉高端人居理念，还原"城市有界、生活无限"的意境。

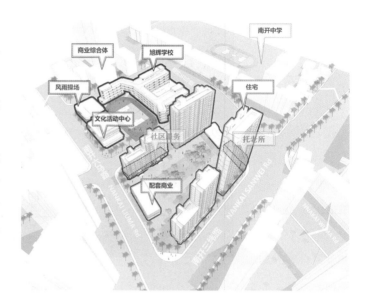

扫码后长按小程序码
获取更多信息

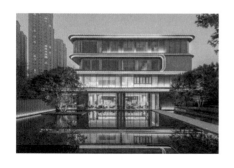

＊ 设计理念

铂悦公望以旭辉CIFI-7体系落地产品设计，通过"自由＋"巨厅、双面宽阳台、270°景观视野、"女神专区"等设计，营造更和谐的家庭氛围，让家里的每个成员都有实现自我的空间。同时，考虑到人们对健康生活的需求，还纳入了健康入户、阳光玄关、洄游动线等设计，力图在有限的空间内实现健康生活。

＊ 社交空间设计分析

在本案170平方米的户型设计中，设计秉承旭辉CIFI-7产品体系的理念，打造出约60平方米的超大公区。与常见的动静分区模式不同，旭辉将社交空间置于中央区域，以此强化社交空间在家庭活动中的核心地位。基于此设计，位于公区的家庭成员可以以最短的路径回到自己的卧室，同时也能以最快捷的方式加入家庭活动中，让家庭社交随时随地发生。

"自由+"巨厅

设计秉承旭辉CIFI-7产品体系"自由+"巨厅的理念，将客厅、餐厅、厨房、岛台、阳台等置于同一空间之内，形成一个可以满足家庭聚会、亲子游乐、读书分享、家庭影厅、工作场所等绝大多数功能需求的超大家庭活动场地，连通宽约6.8米的阳台，配以全景落地窗，打造无遮挡的270°转角景观视野，以大活动空间实现居家自由。

烹饪社交

在传统设计中，厨房往往被置于房子的边缘或角落区域，烹饪者一旦进入厨房，往往需要与"家"隔绝数小时。而本案通过在U形厨房外侧增设操作岛台，使在厨房忙碌的烹饪者能随时将发生在客餐厅的活动尽收眼底，进而增进家庭交流。同时，宽敞的餐厅与厨房岛台形成呼应，使烹饪空间成为一家人可以一起做饭、聊天的舞台，让情感在家人的互助互动中悄然流淌。

洄游动线

  LDKG一体化的设计使活动区形成多条围绕家居的洄游动线，巨大的洄游空间为生活衍生出无数可能，功能区与交通流线相结合的设计既增强了家庭空间的趣味性和流动性，也避免了空间面积的浪费，使各大功能区串联成一个整体，创造更多家庭互动。

三、金辉产品体系

金辉以服务人居为出发点，以满足客户的需求为终点，敏锐地捕捉市场变化，不断地进行产品的迭代升级，并紧跟时代步伐，将有温度的科技融入智慧场景中，为客户呈现"安全、绿色、健康、温馨"的智慧社区空间，实现产品力的不断巩固和提升。

通过社区入口、建筑立面、地库、架空层及社区会所、社区景观、户型空间、精装、智慧社区八大模块，金辉颜选3.0实现全面迭代升级。

1. 有魔法的空间

房子是家和生活的容器，也是家庭成员关系场的总和。金辉颜选3.0以四维价值体系为依托，通过双C聚厅、辉育空间、巨幕视界、完美居室四大模块设计出"会魔法"的空间，让家形成多元可拓展场地，满足人们不同阶段的生活需求。

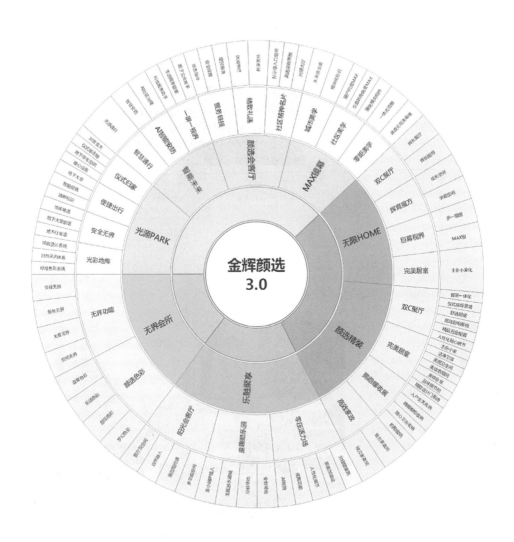

2. 超级聚场

金辉围绕双岛厨房和阳光宽厅中的可开合中厨、会客厅、X空间、阳台等多重功能推出了"超级聚场"概念。利用"五O洄游"（玄关洄游、餐厨洄游、宽厅洄游、长辈套房洄游、童趣天地洄游），金辉将厅的功能在融合的基础上再向外延伸，打造"安、悦、伴、育、创"五重目标愿景，实现不同家庭发展的需求。

客厅和厨房几乎承载了所有的家庭活动，欢聚的时光、生活的烟火、情感的流动，都在这里上演。从户型上看，金辉通过空间的融合叠加，将餐厅、厨房、客厅、书房、阳台一体化，形成一个60平方米以上的开放空间，可以容纳家人聚会、社交家宴、居家运动、游戏观影等不同生活场景。功能区的融合，让家庭成员既有各自活动的空间，又不影响彼此间的关注与交流，以随时随地的陪伴拉近彼此的距离。

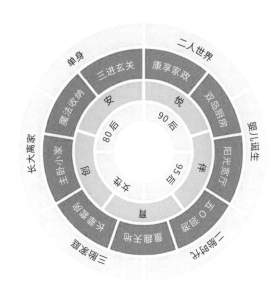

• 金辉"4596"思维价值体系

"4"：以4类年轻客群为切入对象（人）
"5"：塑造5重居家生活愿景（行为）
"9"：构建9大核心价值空间（空间）
"6"：满足6种家庭结构模式（时间）

3. 阳光宽厅

餐厨是生活的烟火，宽厅是生活的延展，阳光是生活的色彩。相对于以电视为单一核心的传统客厅，金辉阳光宽厅不仅能满足功能可变的需求，在空间上也提供了多核心的生活方式。通过多功能空间、客厅以及大面宽阳台的配合，功能区的界限变得模糊，沙发区、绿植区、游戏区、健身区通过洄游动线连接成一体，趣味灵动。

• 金辉"向"美而居体系图

4. 双岛餐厨

双岛餐厨的设计打破封闭式厨房与其他功能区在空间上隔断的弊端，将厨房打造成为以家政、餐厨、娱乐为核心的第二社交空间，让烹饪的过程产生更多亲情的交流，重拾生活的烟火气息，让陪伴的场景更加丰富、多元。从户型上看，金辉的双岛餐厨通过开放式厨房设计，配合岛台和餐桌形成一个新的家庭活动场所，餐厨区域以双向环绕式动线将活动空间与收纳空间串联，使之成为一个功能性与实用性兼备的家庭新天地。

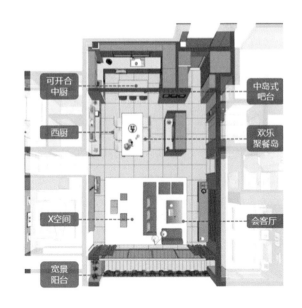

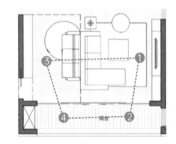

① 沙发区
② 绿植区
③ 游戏区
④ 健身区

5. "五O洄游"

室内洄游动线的设计可以在视觉上模糊空间界限，强化空间层次，增加趣味性，同时在使用上丰富空间体验，让家庭成员有更多的互动行为，增加家人间的感情交流。金辉聚厅围绕玄关、餐厨、宽厅、长辈套房、童趣天地实现"五O洄游"，在串联功能区的同时也拓展卧室功能，让厅的功能向卧室延伸，在共享和私享间形成过渡。

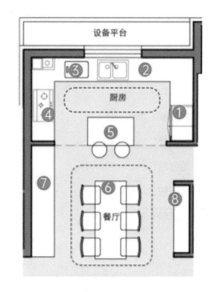

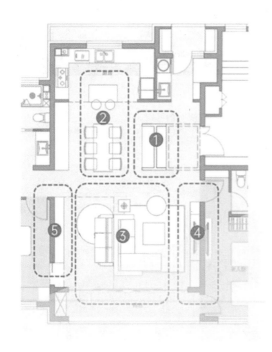

❶ 玄关洄游
❷ 餐厨洄游
❸ 宽厅洄游
❹ 长辈套房洄游
❺ 童趣天地洄游

6. 惠州金辉·信步雅苑——功能完善的方寸设计

＊ 工程档案

开发商： 金辉集团

项目地址： 惠州市惠阳区

室内设计： 地胜设计

占地面积： 39 344平方米

建筑面积： 125 899.2平方米

室内面积： 95平方米

扫码后长按小程序码
获取更多信息

＊ 项目概况

　　惠州金辉·信步雅苑坐落于惠州市惠阳行政中心片区，位处白云新城旁，距离深圳坪山约4千米，属于深圳东进的桥头堡，周边交通便利，生活板块成熟，优享区域核心资源。项目规划以高层住宅为主，并配有少量裙楼底商，意在打造一个配套设施完备的具有区域竞争力的宜居宜业的居住社区。

＊ 空间设计理念

　　本案是为年轻客群打造的"小而全"的精品户型，设计旨在通过空间的合理布局，提高空间延伸性，还原年轻人生活底色，更符合当下年轻人的生活方式与态度，在有限的空间里演绎多重生活场景，将每一寸空间的作用发挥到极致。

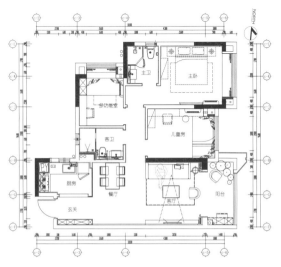

活动区·分界与贯通

本案在空间布局上采用动静分区模式，将客厅、餐厅、厨房、阳台等活动功能区整体置于房子一侧，既能使动静活动井然有序地进行，也能通过对功能区的合并规整，提高空间延续性，让小户型也能拥有大的活动空间。

客餐厅作为家庭交流与共享生活的主要场所，以阔达通透的开放式设计让空间适当分隔而又相互呼应。节奏分明、简练平静的线条和清晰明亮的结构强调纵深感，带来沉稳而不张扬的空间氛围。厨房与餐厅的隔墙采用玻璃作为隔断，中间挖空设计，既方便传菜，也能增加厨房采光，同时还能让备餐人在厨房忙碌时，随时与在客餐厅的家人互动。餐厅除了能满足一家人的用餐需求外，还可以作为儿童学习的空间。而与客厅相连的阳台除了承担日常的衣物洗晒功能之外，还可养些花草，放松身心，或者在此与家人共进下午茶等。由此，客厅、餐厅、厨房、阳台几大功能区之间既有明确的分界，又能保持相互的联系和沟通，带来了"1+1＞2"的空间利用效果。

休息区·静谧与舒适

本案内部设计为"3+2+2"的空间结构，主卧、儿童房、多功能房间构成休息静区，整体布局于房子一侧，主卧与儿童房开间朝南设计，带来更舒适的居住体验。通过合理的布局规划，主卧保留了独立卫浴空间，既解决了小户型产品在早晚高峰时段卫浴资源不足的问题，也提升了主人的居家体验感。南向儿童房利用现有飘窗空间作为睡眠区，最大化地增加活动区域，保证衣柜及书桌的合理使用空间，为孩子的成长创造安静又不失活泼的学习氛围。北向卧室作为多功能房间使用，既可以作为男女主人的工作间，也可以作为家长与孩子的陪伴阅读区，亦可作为临时客房使用。通过对休息区的每一寸空间进行科学规划，小户型卧室也能实现休息与活动空间并存，给人以大空间感。

软装设计·个性与温度

    在软装陈设上，设计师试图营造出有温度、有回忆、有对未来的向往的室内空间，选用的材质以暖色、浅色为主，以雾屿蓝为点缀，给人一种透明、干净、宁静的视觉体验。通过蓝色的纯粹、银色的潮酷和金属的硬朗形成对个性的表达，既有内在的优雅，又带着鲜明的个性，多元而立体化地描绘出生动而丰富的年轻态空间形象。

四、融创产品体系

当崇尚自由个性的年轻人日渐成为主流客群，年轻人特有的代际特征也向市场提出了新的居住和生活需求。融创基于新生代诉求，通过创新迭代产品模块，以生活年轻态为第一要义，推出"IAMI产品价值体系"，旨在创造N+1种可能，为年轻人创造一种能够偶遇未来的生活。

1. IAMI 五大生活态度

"IAMI"基于客户新需求、新体验的生活主张，体现出以"亲密i-hug""对话i-talk""陪伴i-stay""玩美i-play""由我i-create"为核心内涵的五种态度。

2. I+美好生活体系

"I+美好生活体系"是基于"IAMI五大生活态度"深研的一整套产品服务解决方案，包含"I城市""I社区""I家庭""I生活"四大维度，通过四大城市营造策略、六大社区欢乐场景、九大家庭功能模块、三大社交生活圈，打造了一整套生活解决方案，为主流客群提供年轻化、先锋新潮的生活方式。

3. 天津融创·梅江壹号院——动静分区，超级互动

＊ 工程档案

开发商：融创集团
项目地址：天津市西青区
室内面积：350平方米

＊ 项目概况

项目位于天津西青区郁江西道梅江板块，占据城市顶级生态资源，周边交通体系完善，商业配套齐全，位处天津公认的高端居住区。作为融创顶级产品系列，梅江壹号院秉承融创的高端住宅标准，力图打造城市标杆人居，实现天津高净值客群的居住体验升级。

＊ 设计理念

天津融创·梅江壹号院项目借鉴"新城市主义"规划理念，创新性地引入符合高端人群需求的"分散集中式"布局，打造六座园林静院，以极致的人文体验和慢生活的空间氛围，呈现一处人文艺术院落空间。

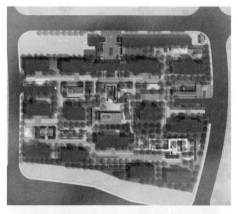

＊空间设计分析

在产品设计上，350平方米户型采用动静分区的经典设计，以入户玄关为中轴，将社交空间与休闲静区分开布局，打造了一个能肆意玩乐又可安静入眠的空间氛围，使动与静的不同生活场景完美容纳于同一空间之中。在社交空间的设计上，通过互动客餐厅、可变X空间、交流厨房等打造超大家庭互动场所，满足多元生活场景的打造；而在休闲静区的设计上，则通过全套房式设计打造高品质休息体验，让每一个家庭成员都能拥有一个舒适而温馨的独处空间，从而促进家庭成员的情感交流与个人的成长。

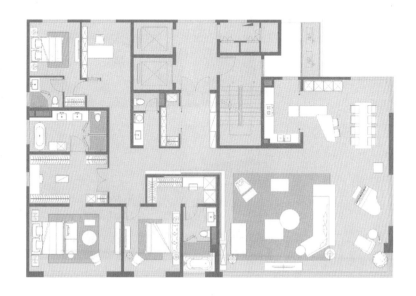

互动客餐厅

　　本案以LDKG一体化式设计打造家庭社交空间。在整体布局上，面宽达11米的客厅被划分成会客、钢琴、阅读3个功能区，以大尺度和强大的功能性为居住者打造专属活动空间。餐厅通过动线将客厅与厨房空间串联，连贯通透，以聚合互动、场景交融、多元功能建立家人间的联系。在采光上，面积约86平方米的客厅，搭配270°宽景落地窗，实现南、东、北三面采光，最大化地利用景观资源。

可变X空间

客厅一侧的多功能兴趣空间既可以封闭为宠物、健身、童玩等多功能空间，也可融入公共空间，让情景视线交融。

交流厨房

厨房空间由操作区、收纳区和岛台三部分组成，形成了一个小型的洄游式交流空间。在设计上，通过延长操作台面的长度，满足2—3人同时操作，配合视距放大带来心理感受的提升，同时通过打造第二厨房，进一步扩大收纳空间，西式早餐台与岛台结合，增加厨房的社交灵活性，从而将厨房变成集备菜、烹饪、进餐于一体的家庭交流圈，让家人间的情感悄然升温。

休闲静区设计

本案卧室均采用套房式设计，规划独立衣帽间与卫浴空间，卫生间内各功能区独立，提升卫生间使用效率和舒适度。主卧把办公空间、梳妆空间、健身空间、育儿空间融入套间，卧室即小家，提升居家愉悦感。

北侧卧室可与书房合并升级为套房
形式，儿童房及学习室与公共空间
可分可合，灵活匹配独生子女成长
及家庭成员的增加。设计通过合理
布置各功能空间，既保证空间宽敞，
又不降低使用效率，同时增加化妆
坐凳、化妆品冰箱和摆台等附加用
品，让每一个家庭成员都能拥有一
个私密、静享的空间。

五、无界新潮，未来人居——北京世茂·IN三里308平方米户型样板间

1. 工程档案

开发商： 世茂集团

项目地址： 北京市东城区

占地面积： 8333平方米

建筑面积： 40 150平方米

室内面积： 308平方米（一居、二居、三居）

2. 项目概况

北京世茂·IN三里择址北京潮流时尚先锋区，位于工体、三里屯繁华中心，毗邻使馆区和京城四大财富圈，集萃首都文化涵养与中央政务区主场气质，具有成熟的国际化生活氛围。项目意在打造城市塔尖双会所，空间的塑造以云海、星河、火焰、森林、海洋等自然意境入题，将艺术化的设计和审美融入生活、社交，从空间到服务的各个维度为高端人士打造理想生活形态，定义生活新标准。

3. 空间设计理念

北京世茂·IN三里的打造以满足当前时代需求为目标，以客户要求为设计方向，以"无界之界"的理念打破固有空间界限，颠覆传统大平层居住理念，打造建筑面积约308平方米的1—3居大平层，从未来主义风格的先锋审美到艺术潮流主题的高定服务，从打破传统尺度的无界空间，到先锋科技服务的智慧创新，以超越时代的眼光，诠释新时代的高端住宅新标准。

扫码后长按小程序码
获取更多信息

4. 空间设计分布

* 海湾游艇：308平方米一居

308平方米一居户型以海湾社交游艇为设计灵感，通过独特的空间和几何原理，在柔和的表面下诠释刚毅果敢、大胆抽象的象征意义，让空间融于环境，更富美感。光滑的游艇曲线包裹着空间，并将时尚、高定与舒适极致融合。LDKG设计带来全开放的活动空间，长达16米的宽阔视野，搭配大面透明落地玻璃窗，打造云层奢居生活体验。设计师利用现代化的建筑手法，以充满艺术化的定制展柜创造地形高低差，划分卧室与长厅的界线，既增加了空间流动感，又界定了空间的功能性。

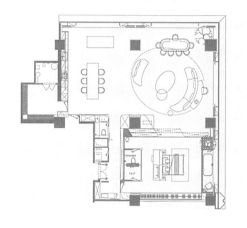

＊ 艺术之家：308平方米二居

308平方米二居户型以艺术之家为设计主题，将柔美的弧线元素融入生活，创造独一无二的空间延伸感，鎏金配色带来视觉冲击力，彰显科技与艺术的精致。同时，引入融合前卫设计与科技产业的多个意大利顶级奢华进口家具品牌，使家居艺术化。

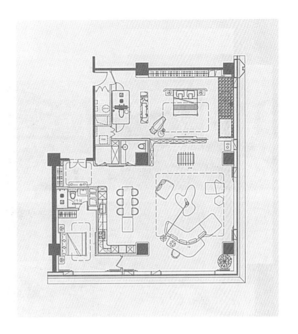

＊ 未来都市：308平方米三居

308平方米三居的设计灵感来源于前沿科技及设计美学。设计抽取三角形元素，通过拉伸、变形、阵列等方式重组，并贯穿于整个空间中，结合软装家具及艺术品，营造极具张力、未来感的居住空间。

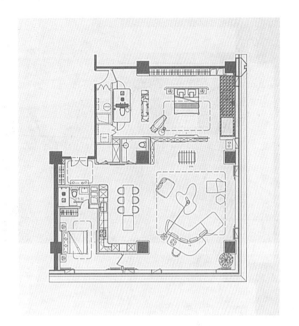

作为308平方米面积段对一居、二居户型产品的补充，三居户型承担了丰富整个产品线的使命。该户型除了具有较高的空间辨识度之外，在面积利用率上也做了提升，物尽所用，在保证较舒适的尺度的同时，满足了三套房的功能配置，同时打造拥有270°景观面的主卧空间。

六、东方美学生活——南宁建发·五象印月

1. 工程档案

开发商： 建发地产

项目地址： 南宁市良庆区（南宁市五象湖公园）

建筑设计： 上海地东建筑设计事务所有限公司

硬装设计： 徐琦设计事务所

软装设计： GND设计集团，恩嘉设计

占地面积： 8 633 331平方米

建筑面积： 240 000平方米

容积率： 2.0

2. 项目概况

　　南宁建发·五象印月坐落于南宁市五象新区核心地段——五象湖畔，处于南宁"一主四副"的城市活力中心，是未来商务金融信息的枢纽。项目坐拥"三纵三横"多维立体交通路网，教育、医疗、商务资源优越。项目规划叠拼、洋房、高层等多种产品，由9栋高层、11栋叠拼、11栋洋房组成，共计1105户，楼间距最大可达57米，主力户型为建筑面积108—293平方米的三房、四房和五房。项目还打造了业主私享宴客厅、国学堂、跆拳道馆、瑜伽馆、击剑馆、书吧、全龄段主题会所，以及六大主题架空层泛会所，给予业主更舒适的生活体验。

3. 设计理念

　　本案户型采用创新型空间理念，空间布局由LDK一体化模式升级为LDKG模式，打造大宽厅无梁结构，大大提升了室内空间可变性，真正实现了巨厅可变空间，将空间的功能性与舒适度推向极致，满足城市高净值人群的需求。

扫码后长按小程序码
获取更多信息

4. 社交空间设计分析

＊ 超级巨厅

项目从人体工程学动线、家庭结构以及业主生活习惯等方面考虑，引入LDKG创新空间理念，打造超尺度的家庭厅。超宽面客餐厅成为住宅中心，连通2.1米×10米等宽面景观阳台，打造成家庭社交聚会主要场所，满足家庭社交娱乐需求。一体化设计的厨房可封闭，也可开敞，后方规划出家政阳台、工作区和保姆间，在承担社交厨房重任的同时，将零散的家务活动规整为一体，方便日常使用。

＊ 双轴分区

本案是高端大平层户型，空间规划沿纵横双轴展开：纵向主轴平均分开家庭动静区域，南边区域为家庭公区，北边区域则集中规划为私密空间，社交与生活在此区分，赋予空间更多创造性；横向主轴打造超长过道，各功能区沿过道东西排布，功能区之间既相互联系又自成一体，舒适便捷，宽敞通透。

＊"Pro空间"多样化

项目采用多阳台设计，形成多处"Pro空间"，与客厅和餐厅围合，进可观五象湖景，退可作家庭娱乐场所，多元生活随心定制：或独立形成家政空间，与景观阳台对应区分，满足家务琐碎需求；或连通书房，引光入室，形成独立的学习办公空间，后期也可改造成其他功能区。

＊"全面屏"采光

项目外立面采用"全面屏"观景理念，以超大面宽和大面积玻璃为主角，形成无框遮挡的全面采光效果。此外，"全面屏"的开窗设计，使得短进深、大面宽的空间内形成南北对流空气，

增强了空间的通透性，缓解了室内的空气污染。

5. 软装设计

项目空间软装设计以马列维奇艺术里的"连接"和"分离"概念为理念，诠释几何抽象艺术与家居生活的结合。高级灰与大理石构建了低调的空间基调，利用"色块"式的家具铺陈情感与个性，融入自然光景与绿植，充分展现"结构"与"内容"的至上主义。

客厅在灰色的主基调上，以大理石、木纹肌理、皮质等为装点，呈现出冷、中、暖的质感，材质的碰撞形成"刚柔并济"的氛围。爱马仕橙牛角沙发色彩明快、厚重，有油蜡皮质感。极简茶几的线条极具现代设计感，艺术配饰在空间中起到了调和的作用，使整个空间相对柔和，木纹、皮革、水晶的组合让空间在轻盈与厚重间呈现平衡美感。

在餐厅中，餐桌与吊灯的弧形线条连接客厅与餐厅，起到过渡与中和的作用，金色硬挺的金属质感产生稳重、夺目的视觉效果，同时令空间的整体色调更为自然、和谐，光线照射进来，呈现出戏剧般的独特氛围。

在厨房里，木纹肌理与灯光搭配出沉静、深邃的氛围，金色暖光与家居配饰丰富了空间的视觉效果，餐具与器物尽展材质与线条之美，低调华丽、优雅自然。

走廊布置了合理的收纳空间，线条与材质游刃有余地在柜体里"游走"，展现了空间的品质。

主卧通透明亮，自成一体，深灰
色与咖啡色的融合形成了厚重又独特
的魅力，展现了温馨的空间氛围，营
造出理性与感性结合的格调，衣帽间
整洁中透露着精致的生活品质。

长辈房内，床品、工艺品与灯具之间形成明亮色泽与亚光色泽的变换，优雅尽显，符合长辈对简居舒适的需求。飘窗也得到了妥善利用，布置精致的茶台，让长辈能随时享受闲适的好时光。

大男孩房的高级灰与深蓝色调的搭配既柔和又平静，既稳重又和谐。音乐韵律感融入空间，赋予空间独特的格调与气场。

儿童房的结构与装饰是一次"非典型"思考的成果，别致的书桌台展现出空间的活泼，油蜡皮的小马摇摇椅又透露出童趣，如同一场游戏，趣意横生。

书房与阳台合二为一，阳光透窗而入，在空间中划出和谐的静谧，爱马仕橙钢琴漆的反光与金属感的点缀成为空间的亮点。

七、个性标杆——盐城招商·雍华府

1. 工程档案

开发商： 招商蛇口

项目地址： 盐城市盐都区

软装设计： VPG万品设计

室内面积： 350平方米

2. 项目概况

  盐城招商·雍华府坐落于盐城市以公共服务、生态居住、康体旅游、创新培育、文化教育和医疗服务等功能为主导的盐都区，该区各类高端要素资源齐备、商圈汇集、交通便利，属于宜居、宜业、宜商、宜行的优势区域，是城市迭代更新之后的都市休闲综合片区。项目试图在此打造全套一站式高端生活体验。

3. 设计理念

  VPG万品设计基于当代人文特质与生活追求，尝试用理性缔造空间，用感性柔化边界，依照不同空间的功能需求分层布局，打造集休憩、娱乐、聚餐、社交等功能于一体的场景空间。空间设计以马为主题，展现现代人的精神文化风貌，并将其融合为一种生活方式。

4. 社交空间设计分析

  本案为首推户型，是建筑面积350平方米的大平层。设计依托大空间尺度及建筑布局特点，引进LDKG式布局理念，将户型分为社交公区、私密静区以及后勤家政区。社交公区在布局上将

超广角边厅、开放式餐厅、厨房、吧台融于一体，并连接L形跑道式阳台，形成一个超大尺度的多元社交空间。西厨通过吧式岛台连接客餐厅，形成多圈洄游动线，将整个活动区域贯通成一体。长达17米的宽屏阳台承载了家庭观景和休闲需求，开放式格局在实现室内外渗透共融的同时，也拓展了客厅尺度，从而形成可以容纳多种生活场景的社交空间。

5. 其他空间设计

  客餐厅是整个家的活动中心，也是家中最常使用的区域。设计以开放式空间布局打通客餐厅连接，进而延展空间维度，打造出一个多维广角社交空间，构建出一个有格调的待客场所与家庭交互空间。大面积透明玻璃窗最大限度地让光线进入室内，让自然与生活之间渗透共生，使空间存在的意义得到升华。

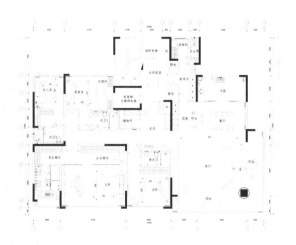

扫码后长按小程序码
获取更多信息

主卧的设计以马术运动的精神为主题，力图营造一种从容静谧的生活场域。考虑到日照角度与时长，设计通过大面积玻璃窗为身居城市的人们带来自然的声色与光影。在软装陈设上，采用丝绒、皮革、棉、毛等不同材质的碰撞，丰富空间的层次感，提升居住的舒适性。

书房与主卧相连，形成了一个工作与生活并存的套间格局，屏风及装饰品使用大量金属色作为点缀。抽象的马形象的艺术雕塑，讲述着空间的故事与主人对马和马术的喜好，也表达出主人在精神层次上的追求。

老人房以简单、平静的生活方式为设计线索，通过高级而跳跃的墨绿色与深咖灰形成碰撞，形成沉稳而又静谧的寝区氛围。

男孩房以"黑胶唱片"为设计主题，试图在小小的空间里创造一种跨越时空的音乐体验。

女孩房以米灰色与粉色为主基调，同时屏弃了有幼稚感的高饱和度色调，选择了更为柔美的奶油白作为床背板的主色调，配合奈良美智笔下的小女孩作为墙面装饰，凸显出小女孩的善良与机智，力图让整个空间具有活泼动人的格调特点。

八、无界悠然——佛山越秀·阅湖台

1. 工程档案

开发商: 越秀集团

项目地址: 佛山市南海区

软装设计: 广州赫尔贝纳室内设计有限公司

硬装设计: 广州城建开发设计院有限公司

室内面积: 230平方米

2. 项目概况

　　佛山越秀·阅湖台位于佛山市罗村孝德湖,立于湖心之上,环林绕水,四季青葱,是名副其实的生态休闲、旅游度假胜地。项目以无愧自然的馈赠与文化的传承为设计原点,以无界、悠然、尊享三大理念为指导,打造了一个公园绿林、美湖盛景与建筑相互交融的优质产品。户型设计采用岭南民居经典形制和能够使空间利用最大化的四叶草布局,并融合了全新的LDKG一体化理念。

3. 户型规划分析

＊ 四叶草布局

　　本案230平方米户型为该地区少见的一梯两户房型。户型内采用四叶草围合式布局,动静区域分离,打造绝对的私人空间。以公区为住宅的中心,私密住区及其他功能区环绕分开,形成空间的环形动线。规划双流线入户,连通独享电梯,妥善保护住户隐私,且将家政和主出入口完美划分,避免因生活垃圾造成的气味污染。同时,在三居室内规划三处干湿分离的卫浴空间,完美契合住户生活需求。

＊ LDKG观景厅

本案空间内规划近95平方米LDKG观景厅，承担休闲、社交及日常生活的重任。客厅、餐厅、厨房、阳台一体化空间可变性更强，贴合全龄层的生活需求，且能够为家庭生活带来便捷和更为密集的沟通和互动，而连通的空间又按需划分，满足主人的生活需求。大尺度的对景花园、13米跑道阳台连通全景花园露台，四时皆有景，舒适且不乏格调。花园露台与玄关门厅用全屏玻璃窗隔开，形成入门即观景的独特享受。餐厨区中西厨并存，增加岛台，满足家庭社交需求，彰显空间的大气。连通的西厨一角辟出家政间，收纳生活垃圾及琐碎物品，清洁区与生活区分隔明晰，互不干扰。

* 卧室

本案依据家庭特点规划四居室，分布于宽厅两侧。42平方米的主卧套房功能酒店化，配备了迷你酒吧、休闲榻、梳妆台、衣帽间、三分离浴洗设施。无边衣帽间布置于空间入口处，形成独立的空间，保护主人隐私，卫浴干湿分离，卫生便捷。270° L形飘窗前布置了休闲茶座和红酒吧台，配合床前的沙发空间，营造出主人独享的天地。父母房与主卧相邻，狭长的空间内兼具洗漱间、衣帽间、休憩和休闲区功能，独立私密，且便于主人照看父母。另一侧两居室规划为儿童房和书房，书房后期可根据家庭需求进一步调整，多元空间有更多可能。

4. 空间设计

本案空间设计以实现设计与自然的对话为要义，以平衡、交融、共生为前提，充分理解自然与建筑、室内的关系，明晰生活与自然的联动要点，在尊重自然的基础上，思考设计的精神意义。

开门即见山，开窗可赏景。玄关空间与花园露台以全屏玻璃分隔，将室外景致纳入室内，让自然成为空间的主角。一株花枝与室外联动，将空间藏于四季的变幻里，湖山美景一览眼底。

巨面宽厅抛开浓艳的色彩，回归简单、纯粹的设计语言，以求留下更多的想象空间，容纳更多可能性。材质的碰撞与融合平衡了空间质感，活跃了空间基调，皮质的奢华高贵经过素雅的布艺调节，收敛气势，更加自然而有亲和力。

独立而静谧的卧室空间有270°全景飘窗，设计巧妙捕捉空间优势，空间各区域分割而不分裂。

床尾的沙发休闲区、飘窗红酒区、白酒区实现居家生活功能的完整性。木饰面与织物交织，泛着淡淡的温润、柔软。

主卧衣帽间内，精准把握的灯光带营造氛围空间，带给生活更多可能性。家具大量选取天然木饰材料，精心打磨，保留岁月痕迹与肌理质感，质朴却不乏味。

女孩房简洁有趣，粉色的柔美，白色的纯洁，浪漫与温柔在此交融，柔和的暖光营造梦幻的氛围。

父母房内，高级灰的配色时尚、沉稳，几何线条简单勾勒的空间耐人寻味。

九、纯粹艺术，个性自由——南通招商·滨江玺

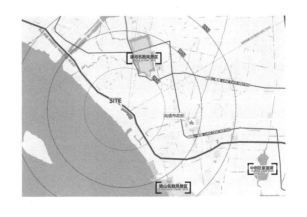

1. 工程档案

开发商：招商蛇口

项目地址：南通市崇川区

室内设计：万品设计

扫码后长按小程序码
获取更多信息

占地面积：38 829平方米

建筑面积：114 598平方米

室内面积：180平方米，220平方米

2. 项目概况

作为招商蛇口"玺"字系列产品，南通招商·滨江玺具备多重优势：优越的地理环境、合理的规划、优质的选材……项目针对高端人群需求，以LDKG一体化设计理念定制个性户型，多元一体宽厅、转角方厅设计为家庭生活赋能，颠覆空间的常规意义，使空间更具温度。

项目坐落于南通市崇川区素有"国际街区"和"城市客厅"之称的滨江片区，片区内包含"政务、商业、文教、生态、商务"等板块。项目主要由12栋高层住宅及一座滨江艺术中心组成，中轴对称布局赋予空间礼仪性，礼序与均衡之美在此彰显得淋漓尽致。

3. 180平方米户型空间规划

＊LDKG多元宽厅

180平方米户型内，客厅、餐厅、厨房与阳台一体化是其规划亮点。以洄游玄关动线和开放性餐厅为空间中轴，家庭各功能区呈围合状布局，空间进退有度，秩序分明。而开放玄关在起到视线隔离作用的同时，也成为家庭的艺术展示区或休闲区，空间个性与魅力尽享。与客厅、餐厅、阳台处于同一轴线的U形厨房，以一道玻璃门隔

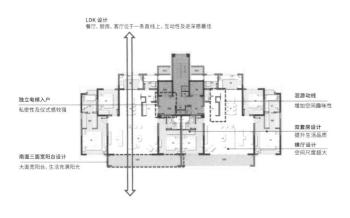

LDK 设计
餐厅、厨房、客厅位于一条直线上，互动性及进深感最佳

独立电梯入户
私密性及仪式感较强

南面三面宽阳台设计
大面宽阳台，生活充满阳光

洄游动线
增加空间趣味性

双套房设计
提升生活品质

横厅设计
空间尺度超大

开，机动开合的玻璃门很好地解决了家庭互动和油烟隔离的难题。大尺度宽厅为家庭社交与娱乐的主要空间，可依据家庭需求进行个性规划，保留空间的多变与灵活度。

＊ 个性私密规划

个性定制的户型更注重空间的私密性规划，独立电梯入户的设置极大地满足了家庭的安全需求。酒店式双套房规划，在有了家庭互动空间之余预留出私密处所，使得"卧室即小家"得以落实，独立的卫浴和衣帽间配备让业主有属于自己的独立空间，也凸显了项目的品质。

＊ 南向三面宽阳台

项目规划南向三面跑道阳台，宽面采光，宽敞通透。阳台连通客厅、餐厅和厨房，以无边界尺度打破空间局限，将实用主义与舒适主义完美调和。

＊ 空间设计

180平方米户型设计灵感源于汽车品牌阿斯顿·马丁跨界转型的家居品牌。因其高超的汽车制造工艺和人体工程学背景，阿斯顿·马丁的家居产品展现了独特的设计风格与舒适优雅的品质。本案设计以这种风格和元素为基底，并做进一步拆解和剖析。

公共区域的开放式动线，利用平稳的格局、大面积落地窗和通透的走廊打造简洁有序的平面逻辑，也因此拥有良好的通风和采光。本套户型的空间设计，突破了业主对大平层居住形态的认知，在诠释品质生活的同时，也进行了一场年轻群体与时代审美之间的对话。

　　书房的陈设细节以艺术手法渲染出独立自由的生活情境，体现出当代年轻人对艺术与品质生活的追求。

　　餐厅虽然与客厅连通，但巧妙地运用不同的材质和灯光，优雅流畅的线条，营造出流露自然之感的场所。

主卧静谧有序，呈现精致、简洁的美学气质。浅灰色床品搭配皮革墙面，光影形成隐隐的虚实对比，让人更放松、惬意。简约的家居用品和灯具造型，构造出静谧的视觉感受。

次卧干净整洁，清净雅致，通过材质与色彩打造出高品质生活空间。

儿童房空间整体以白绿色调为主，绿色作为阿斯顿·马丁跑车的经典颜色，与空间主题相得益彰，汽车背景搭配线条感十足的家具，体现出跑车般的动感和活力。

4. 220平方米户型空间规划

＊ 动静分区

相较于180平方米户型平铺直叙的围合布局，220平方米户型是明朗清晰的动静分区布局，空间以纵向轴线进行区域划分，左侧为私密住区，右侧为一体化的公区和家政区。空间布局沿横向轴线展开，轴线上布置艺术长廊和吧台、餐厅，空间秩序层层递进，艺术之美与实用主义完美并存。

＊ 一体化转角方厅

转角方厅居于横轴一侧，与吧台餐厅、L形转角阳台连通，形成独立的公区集合，270°全景阳台引四时之景入室，景致与空间装饰相辅相成，妙趣横生。多功能房与中式厨房居于一体化空间尽端处，围而不合的中式厨房采用了经典U形布局，分区明确，空间利用率高。多功能房依据功能需求设定为书房，后期可调整为儿童房或娱乐室，满足不同家庭成员的需求。

＊ 空间设计

进入空间的第一幕视觉场景，是来自英国艺术家的当代雕塑——《拥抱》，雕塑在人文主义的基调之下又具有海浪般流畅、恣意的形态，在玄关

处活跃场景，升华主题氛围。

　　客厅开阔的布局与L形落地窗更好地将室外风景引入室内，软装布局使空间进一步优化了视觉比例，安稳、沉静的蓝色点缀其中，营造出海浪的惬意浮沉。单人椅独有的流线型与通透感和主题氛围相融合，提升空间质感。一体化客餐厅布局是整个空间的亮点所在，连接在一起的空间和谐、时尚。吧台与餐桌一体化的设计，是硬装和软装一体化结合的标志。

　　主卧整体风格沉稳且内敛，在灰色调之下用蓝色作为主题，营造空间氛围。全覆盖的床背板上，金属与皮革收口精细平稳。电视墙上的圆形镜面装置象征着海面上的旭日与落月，日升月落间，光辉变幻。

次卧空间内的线条干净、平直，色彩低调、沉稳，呈现出结构本身隽永的美感，设计去繁求简，力求以简约的手法，打造纯粹的高品质生活空间。

女孩房以米灰色与粉色为主基调。床背板使用了粉色，搭配米灰色软包墙。音乐主题与兔子饰品点缀其中，球形吊灯柔化冷硬的线条，高低错落的干花摆饰丰富了空间层次，年轻女孩的活泼气质在空间内完美呈现。

书房以游艇为设计灵感来源，打造现代工业风场景，个性的打造和细节的雕琢，表明业主的职业属性。

景观阳台运用了主题化的打造手法，航海图挂画、望远镜、皮划艇……这些元素的融入使空间完美模拟出游艇生活的点滴。

第三节　可变空间

一、变量生长，可控空间——苏州旭辉·锦麟铂悦府

1. 工程档案

开发商： 旭辉集团

项目地址： 苏州市工业园区

室内设计： 矩阵纵横设计股份有限公司

占地面积： 63 000平方米

建筑面积： 221 000平方米

室内面积： 190平方米

2. 项目概况

苏州旭辉·锦麟铂悦府坐落于苏州工业园区发展核心，紧邻苏州奥体中心，基地依托园区在长三角的特殊地位，发展潜力巨大。项目地块外部有苏大附属儿童医院等医疗资源，生活配套完善，居住氛围优异。项目大区规划意图以通透的布局实现更为开阔的楼间距。项目以洋房和高层作为主力产品，整体为南低北高的围合式空间结构，形成小区内完整的中庭花园。对称式十字轴布局（生活轴+礼仪轴）呈现楼盘的高端品质，意在溯源苏州城市文化，用抽象的手法，将传统与现代融合，打造具有地域特色的未来人居社区。

3. 设计理念

本案是旭辉CIFI-7产品体系的落地项目。在产品设计上，依然用SPECIAL空间打造空间的人性化。在空间布局上，以家庭活动区作为设计核心，意在打造一个活动空间多元共享、休憩空间舒适私享的居住环境。在活动区的设计上，"自由+"巨厅、X空间、洄游动线、270°景观视野等营造出多功能巨厅，满足办公学习、运动健身等多维需求，让家长的工作、孩子的学习得以在同一空间内有序共存，在不打扰各自活动的同时也能实时兼顾家人的状态和需求。在休息区的设计上，本案以双套房、收纳型飘窗、三分离卫生间、"女神空间"等设计为每个家庭成员营造私人专属小天地。

4. 可变空间分析

本案的X空间是在打通客厅、餐厅、厨房、阳台等功能区之外，增设的多功能活动区，用于满足家庭中不固定而又必然会产生的如运动、游戏等功能空间需求。本案采用横厅设计，X空间设在沙发背后。此设计打破传统客厅格局，可规划为"客厅+书房""客厅+茶室""客厅+儿童活动区""客厅+健身空间""客厅+兴趣空间"等百变组合。一旦需求转变，业主只需经过简单的改造就能实现功能区转变，属于具有成长性的功能空间。

扫码后长按小程序码
获取更多信息

5. 空间设计

本案软装设计以现代轻奢为主题，围绕爱马仕系列色调及精致度深化，整体空间强调品质感，在灰色主调中，通过金属的配色、艺术品的融入，提升空间的品质。自由、合理的动线设计，搭配人性化的细节构造，让空间在阔大之中又不乏温馨、浪漫的一面。

玄关作为进入空间的第一个地方，在满足基本功能之余，也创造着归家的仪式感。艺术挂画和收纳功能的处理，形成了从室外到室内的完美过渡。

会客厅空间与餐厨、玄关直接联动，7.1米×7.1米超大多功能客厅，在南北通透的空间布局中创造着自由、愉快的生活体验，既增强了空间的社交属性，又为未来不同生活场景奠定了基础。无论家庭聚会、日常接待，或是办公、阅读，都能彰显主人的品位。

餐厅布置精美的亮橙色花艺，意在呈现繁花似锦的寓意，映照着城市的生活氛围。酒柜表达业主对生活的热爱和向往。

厨房以推拉门为界，区分空间功能。内部宽敞明亮，格局分明，左手咖啡，右手烹饪，满足各类物件的收纳需求。真正做到即使在烹饪时间，也能与家人共处一室，度过简单生活的每一天。

　　宽敞的主卧空间，既能直接与室外联动，又
保有私密感。飘窗不只具有功能性，还扮演着
"精神栖息地"的角色。

　　次卧的风格成熟稳重，去繁就简。空间的配
色素雅，点缀优雅的红色，为空间增添层次感，
使空间风格舒适简单。

男孩房用潮玩赋予空间更多想象，墙面无限延展的蓝白色挂画，以生活化的艺术视角体验潮玩生活，构建出居住的形态，为儿童打造一个小小的成长世界。

女孩房是围绕爱好服装设计的青少年设计的，空间极具功能性，飘窗位置设置的书桌，争取到毫厘之间的收纳，空间艺术与服饰元素还原了DIY服装的工作场景，每一处功能都贯穿在生活的温度之中。

储物间作为重要的收纳系统，讲究的是高效、便捷，分类明晰，从而保证有限的空间依然能够做到有条不紊。阳台放置了绿植，并将窗外的庭院之景引入室内，色彩的层次感与艺术的丰富性成就了空间的秩序。

二、成长户型，动感设计——成都保利·时区（北新）样板间

1. 工程档案

开发商：保利地产

项目地址：成都市新都区

室内设计：锐度设计

室内面积：136平方米

2. 项目概况

成都保利·时区（北新）坐落于成都市新都区，串联七条地铁线，半小时可到达市中心经济圈，1小时可到达金融城经济圈。项目地处毗河科创湾，拥有产业和公园双重加持，区域内有轨道交通、航空等大型产业，周边有约6万平方米的诺贝尔公园、约4.3万平方米的滨河公园和约4万平方米的香河谷公园，是新都区未来的产业中心、生态高地。

3. 设计理念

成都保利·时区（北新）的136平方米户型样板间以人为本，通过场景化的营造，勾勒"三代同堂+一孩家庭"的理想居所，打造既不乏品位，又兼顾家庭成长特性的生活空间。在空间设计上，本案以"都市·沉静"为主题，用艺术的语言解读成都当地文化，将人文纵深的厚度与艺术无边的界限融合为一体，碰撞出与家相关联的情感与语境，诠释随心的生活方式和生活态度。

4. 可变空间分析

本案为南北通透的大四房，动静分区明晰，户型内部规划为"3+2+X"的空间结构，一体化客餐厅串联双开间阳台，视觉通透，活动场景丰富。北向书房为可变空间，考虑到"三代同堂+一孩家庭"的客群，业主可根据实际需求，将书房改造为儿童活动空间、儿童房、客房、茶室等。

＊可变方案一：儿童房/客房

在保留原户型格局的前提下，可将书房改造为儿童房或客房，为二孩阶段的家庭预留空间。空间的功能随需求的转变而转变，可变的户型让

家庭生活拥有更多可能性。

　　＊可变方案二：开放式亲子空间

　　考虑到儿童成长，可打破部分书房实体墙，以形成更开阔的家庭活动空间，满足多代际家庭的活动需求。也可以将书房面厅墙体拆除，使其连接客餐空间，成为家庭公区的一部分。

　　＊可变方案三：开放式书房

　　在拆除面厅墙体后，可在里侧布置书架和舒适的座椅，形成独立的空间，保留书房功能，使之既可以成为休憩的场所，也可以是兼顾孩子看护的居家办公地，打破空间间隔，为家庭成员的互动提供更多可能。

扫码后长按小程序码
获取更多信息

5. 空间设计

　　客厅连通阳台区域，整体布局方正。设计以简约、内敛的语言，将纯、雅的独特东方美学元素融入其中。素雅的配色辅以极简的线条，在氛围灯光的衬托下，风格不同的材质，通过精妙的动线设计与搭配，丰富了空间的多层次变化。以写意的水墨色为主题的电视背景在一片淡雅的灰白基底空间里散发出雅致的气韵。

　　客餐厅一体的设计，没有隔断的阻碍，宽敞通透。自由舒展的动线连接了整个家庭成员的行为轨迹，呈现出功能整合的开放式格局。

书房内，大幅窗面引入自然光线，室内外皆是风景。植物、光影、四季变化与室内的材质、纹理、色彩、装饰精妙组合，自在有趣。

无论艺术，还是设计，其灵感皆源于生活。主卧以空间为画布，勾勒出充满张力的未来蓝图。整体设计采用酒店式布局，在精致皮雕背景之下，融入一株绿植、几盏茶具、三两器皿。

一缕缕阳光透过窗户洒入长辈房，营造出空间的松弛感。空间内，家具和饰品的摆设恰到好处，精致而优雅，营造出沉稳、内敛的氛围。

蓝色从儿童房的大量留白中跳脱而出，大胆张扬。空间的设计以宇宙探秘为主题，兼具美学与功能的场景感，为孩子创造梦想的王国。

三、无界空间，多元场景——广州珠江·铂世湾样板间

1. 工程档案

开发商： 广州珠江房地产开发中心有限公司

项目地址： 广州市番禺区

室内设计： TRD尺道设计

室内面积： 124平方米

2. 项目概况

广州珠江·铂世湾位于广州万博CBD（中央商务区）商圈，东临金新大道，西临江山帝景高尔夫球场，北面临江，地理位置优越。项目邻近华南快速路、新光快速路两条城市主干道及地铁7号线，便捷的交通能够满足人们的快捷通勤需求。地块周边有万达广场、天河城百货、粤海广场等高端商业综合体，生活配套设施齐全，社区内规划山体公园和大片园林带，形成内外呼应的城市稀缺景观带。

3. 设计理念

开放与私密共存，舒适且兼具良好的互动性，是当前市场对住宅空间提出的要求。广州珠江·铂世湾124平方米户型样板间以市场需求为导向，以家庭成长场景为背景，去除墙体的隔断，形成通透、明亮的无障碍空间，以满足家庭的互动需求和家庭成员的成长陪伴需要。

4. 可变空间分析

本案套内布局是为比起经典的"4+2+2+1"

模式（四房两厅两卫一阳台），试图最大化地利用有限的空间，通过空间功能配置和区域的组合划分，确保空间具有和谐统一的色调以及实用性。

＊ LDKG设计

客厅、餐厅、厨房、阳台空间采用一体化设计，弱化空间界限感，强调自由空间内的秩序，实现空间自由。同时，以合宜的隔断手法划分出功能区，形成和而不同、各司其职的空间状态，打破餐厅和厨房的边界，让烹饪更具分享意义和互动乐趣。入户书房与客厅间的藩篱被打破，竖厅变为横厅，书房飘窗与观景阳台组合为7米长的采光面，足够的光照和流通的空气让客餐厅更舒适、通透，给人心旷神怡的空间体验。书房及客厅区域以半通透的功能矮墙划分，既保留了空间功能的丰富性，又能最大限度地拓宽入户视野。

＊ 书房纳入客厅

在保持空间多功能布局的模式下，可拆除书房靠近会客厅一侧的墙体，以半隔断形式进行空间划分，形成无障碍空间，从而促进家庭成员间的互动和沟通。而无界化的书房与一体化的客餐厅配合，将书房飘窗融入两侧观景阳台中，形成成片的采光面和观景面，为业主带来极致的生活享受。规划后的空间以客餐厅墙体为界，形成内外动静分区，既兼顾了空间的开放，又为业主预留出足够的私密空间，贴合当前市场对住宅的需求。

＊ 半开放式厨房

厨房的设计也采用了半开放式的做法。设计取缔了原本作为隔断的推拉门，用岛台做了区域划分，少了门框和墙体的阻隔，空间更自由。开放式的厨房与餐厅形成视线上的对接，将沟通互动的场景进一步延续，完美契合现代人喜爱分享、乐于交流的心理。

5. 空间设计

项目坐落于磅礴且富有诗意的珠江边，江水的浩渺之景赋予了本案绝佳的景观体验。设计以珠江为引，以精练的设计语言为题，缔造一种健康、富足的江岸生活文化。空间的打造意在体现精致、简约的气质，抛却繁复的装饰，以纤细的黑白线条、低饱和度的色调和统一的材质体现质朴的空间之美，从而升华空间主题。

客餐厅的设计以温暖、细腻的浅木色为主色调，几抹翠绿作为映衬，配合着珠江的江风，营造了一个现代的桃花源。诗意梦幻的空间以简单、柔和的线条为主导，在延伸视线方向的同时，凸显空间的通透感与高级感。

主卧沿用客餐厅的整体格调，吊顶天花线条简单大气，与墙上圆弧形的钟表形成视线上的碰撞，带来独树一帜的线条美。空间一侧的大面积飘窗将光线引入室内，阳光的温暖和纱帘的轻柔

为空间带来温馨、舒适的氛围。在细节装饰上，用富有质感的床品、黑色收纳柜和淡雅干花点缀。

次卧以淡灰色为主，淡绿色为辅，描摹出空间的韵律美。

儿童房的设计采用梦幻的淡绿色，清新脱俗又俏皮可爱，为儿童提供更舒适、健康的视觉感受。

四、变量空间，个性前卫——长沙金茂·国际社区样板间

1. 工程档案

开发商： 中国金茂

项目地址： 长沙市岳麓区

室内设计： 元禾大千

室内面积： 112平方米

● 改造前

2. 项目概况

    长沙金茂·国际社区坐落于长沙东山湾国际新城，与洋湖片区一桥之隔，可共享洋湖片区的商业、医疗、文化等配套资源。在项目4千米范围内，由玉赤河、靳江河形成的双河流生态长廊为其带来了绝佳的生态条件，西侧利用场地高差，形成了近6万平方米的市政公园，辐射社区及周边居民，提升城市生活的生机与活力。

    项目所有产品均为板楼设计，南北通透，产品依据地块地势和景观资源，中间布局高层、小高层，两侧布置洋房，预留出最佳的观景视野。

3. 设计理念

    新时代青年的接受度更高，对新事物更包容，他们希望家可以表达真实的自我，表达自己对生活的规划，也会希望自己的家比别人多一份不同的功能，就像入户独立电梯厅的私密感，已成为年轻人购房的重要标准。设计以年轻人不同时间段的不同需求为依据，打破家的单一形态，以回应青年人的乐趣与生活。

4. 可变空间分析

✳ 原户型变化分析

    长沙金茂·国际社区的112平方米户型规划为常规的"3+2"（三房两厅）组合模式，空间内部动静分离，功能清晰，是普通家庭青睐的模式。但此项目以新时代青年为受众群体，他们对住宅空间提出了更为具体、明确的要求，因此，设计推翻原有的布局，重新规划为"2+2+X"（两房两厅和一个可变

空间）模式，内嵌可开合的变形空间，配合个性十足的软装装饰，以回应新青年对具有明显个人标签的空间的需求。

＊ 电梯厅和厨房改动分析

新规划的空间保证了电梯房的私密性，设计以尺度合宜的围合形成独特的连廊设计，内部布局收纳柜体，使其成为户外仓的收纳空间，既可陈列业主的摆件，也能满足日常收纳需求。考虑到年轻人更青睐低油烟的西式烹饪方式，以及烹饪时的互动需求，所以将围合的厨房拆除，搭配通顶的隐藏柜体和岛台式餐桌，形成开放式的餐厨空间。

＊ 客厅改动分析

客厅的改动别出心裁，以可移动的柜体代替原有的实体墙面，通过柜体的移动和变化，形成不同功能的空间，满足年轻人对住宅的多维需求。原来连通南向次卧和客厅的超宽观景阳台也是改造的重点，阳台的推拉门被拆除，然后抬高地面，内置健身器材，打造私人健身场所，满足业主日常的运动需求。

● 改造后

5. 空间设计

　　客厅用大面积的米灰色打底，配以充满活力和前卫个性的"活力橙"和"克莱因蓝"，大胆的色彩碰撞形成新奇且年轻的空间氛围，而沉稳的空间基调，为智能化、科技化的空间布局提供了更多可能性和选择。落日氛围的灯光配合新巧的艺术品，营造出清爽、时尚的潮玩氛围。

　　餐厨空间的布局以乐趣分享为主题。开放式的空间为有趣的话题与思想碰撞留足余地，黑灰色调的俏皮座椅与玻璃桌腿的餐桌是不同材质的碰撞，通体雪白的橱柜呼应着白色暗纹的墙砖。

主卧内，音乐与熏香唤醒听觉与嗅觉，让人沉浸其间，目光也随之柔和下来，休憩时的宁静主导着空间氛围。

次卧延续客厅的大色块波普风。蒙德里安式的橙色、蓝色边柜呼应着墙面上的立体挂饰和梦幻插花，黑白线描的马蹄莲装饰画与千鸟格的床品相映成趣，前卫与趣味成为空间的主角，呼应着年轻人追求新奇和个性的特点。

第四节　健康人居空间

一、世茂产品体系

针对居住需求和用户痛点，2020年，世茂凭借30年的精研深耕，不断探索居住的本源与意义，推出世茂标准化健康人居新品，力图打造安定、幸福、健康的人居环境。

在户型设计上，通过对玄关、洄游动线、客厅、餐厨空间、卧室、阳台等各个功能区的精细化设计，从入户到入眠，把控每一个细节，为居者营造一个安心、幸福的居所。

1. 玄关区

作为从室外到室内的过渡区域，玄关是第一道"关卡"，承载着重要的安全使命。传统玄关存在种种局限，如受空间所限无法设置消毒隔离区、没有南北通风、需要消毒的衣物必须穿过客厅移至阳台等，这些在无形中增加了病毒入侵的风险。世茂的产品在玄关处设置中转空间，将玄关与家政区结合，让玄关承担起更多日常家政功能，让居者在入户后可以第一时间洗手消毒、更换洁净衣物等。

2. 双流线

入户区设置了轻度和深度处理两条洁污流线，轻度处理流线用于简单消杀、衣物收纳等需求，而深度处理流线则用于应对长时间外出活动后的清洁需求。

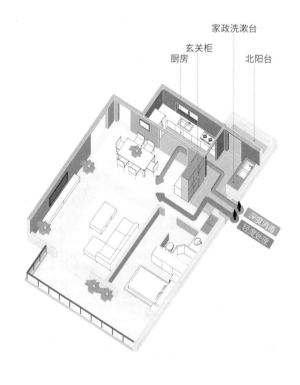

3. 客厅

世茂标准化健康人居新品以"透、亮、趣、变"为设计原则，力图营造一个"全家总动员"的美好客厅，以欢聚交流满足人们对幸福生活的遐想。

＊"透"：南北通透

通过合理、科学的户型规划，形成南北对流的通风设计，保证居家的舒适度，同时在有限的空间中尽可能让居者的视线开阔，避免产生逼仄、困闷的空间体验。

＊"亮"：阳光横厅

利用超大面宽横厅设计，让客餐厅共享南向阳光，最大限度纳入光线，使用户在家即可享受一场日光浴。

＊"趣"：趣味空间

通过合理的设计布局，在活动区域为每个家庭成员保留一个趣味小天地，如男主人的手办展示区、女主人的下午茶空间、儿童的游戏天地、宠物的娱乐区、一家人的电影天堂等，让家庭成员都能在此享受属于自己的美好时光。

＊"变"：灵动空间

以X空间设计为家庭预留一个灵动可变的多功能区，让家庭成员能在隐藏的办公区开启远程办公，在可折叠的运动区"云健身"，在拓展出来的手工区陪孩子DIY。X空间既能适应日常生活，也能满足特殊时刻的临时需求。

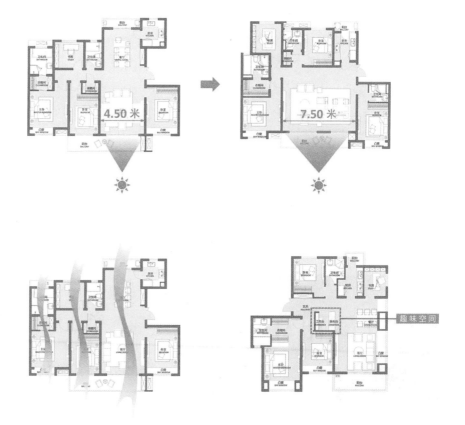

4. 餐厅

世茂标准化健康人居新品把餐厅和厨房合为一体，强调餐厅和厨房贯通设计，采用更高效的厨房布局，将各种现代化设备融为一体。通过贯通空间的大餐厅将餐厨空间化零为整，配以分区明确的U形布局，为全家上阵预留作战空间。西点工作台便于居家时刻培养新技能。

5. 卧室

卧室作为个性化专属空间，是避风港般的存在。世茂标准化健康人居新品通过卧室转角飘窗打造居者独属的自在港湾，通过在百平方米左右户型中设计独立主卫，增加居家幸福感。

6. 阳台

世茂标准化健康人居新品将工作阳台和生活阳台分离，南北双阳台各有分工，为居住扩展出更多可能，生活从此拥有更多纯粹的空间。家政北阳台承担消杀、晾晒功用，阳光南阳台用作休闲小院。

二、星幕大宅，健康人居空间——北京世茂·天誉

1. 工程档案

开发商： 世茂集团

项目地址： 北京市丰台区

室内设计： 赛拉维设计

室内面积： 215平方米

2. 项目概况

北京世茂·天誉择址于北京东三环分钟寺板块，属于北京市新兴的CBD国际生态区。项目所在区域不仅是北京绿色生态景观带与北京生态融合发展带的唯一交会处，CBD向南与城市公园环的唯一交界点，更是位于中心城市一级通风廊道，拥有约45万平方米城市林海和3.5万平方米运动公园。

3. 设计理念

北京世茂·天誉秉承世茂健康幸福人居理念，基于高端改善型客户的需求，通过构建多元家庭活动宽厅、玄关以及全屋空气治理等优化户型配置，切实提升购房者居家生活体验，为现代人居带来新的可能。

4. 空间设计

＊ 玄关区

玄关作为室内外的衔接空间，主要承担着杂物收纳、着装整理、迎送客人的功能。同时，玄关需要承担80%以上的消杀重任。世茂·天誉

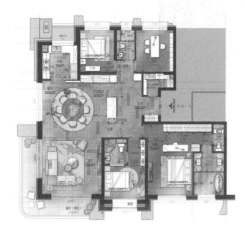

215平方米样板间在玄关处设计衣帽间，居者入户后除了可以完成手部的清洁外，还可将有污染风险的衣物换下清洗，最大限度地阻止病原体进入核心区。

* 活动区

本案215平方米样板间将客厅、餐厅与厨房、阳台布局于一条直线上，以LDKG设计打破空间隔断，通过动线的重叠形成一个将近百平方米的活动空间，不仅使得活动区域倍增，也丰富了此空间的功能使用，使住宅空间可以成为居家时期家人间亲密交流和畅谈的多功能场所，让多种场景能在同一个空间演绎。

* 客厅

客厅空间连通270°转角景观阳台，采光面长达13.5米，如此宽阔的尺度也将活动空间的场域延伸。在此，或品茗下棋，或静看浮云，抑或栽下盆盆绿植，皆可随心而行，随性而动，意趣满满。

* 阳台

阳台通过三面全景落地窗连接室内空间，将空间彻底融入室外景观中，形成内庭外院的居家秩序，完成与生活的无界对话。

＊ 多功能区

多功能区可随主人心意随时变换功能，既可成为男主人的手办展示区，也可以是女主人喝下午茶的场所，还可以是儿童游戏天地。

＊ 餐厨空间

大尺度U形厨房分区明确，配合开放式餐厅，全家齐上阵为美食奋斗，在满足味蕾的同时，也能感受到家人间的爱意流转。

＊ 软装设计

软装设计选用现代奢华风格，意在打造温暖且富有高级感的空间。设计以暖棕色调营造了奢华温馨的室内气氛，细腻的大理石纹理和暖棕色调自然地搭配在一起，构成富有现代质感的室内空间。精细雕琢的艺术品和高级质感的面料，呈现了一个兼顾现代美学与精神力量的艺术空间。

空间主材选用了胡桃木和橡木，木材的纹理致密而庄重，细节的呈现更提升了空间整体品质。空间局部以石材及硬包嵌金属装饰，冷硬的材质利落且明晰，极具现代感和时尚感。软装的面料以沉稳的暖棕色为主基调，缓和硬材的刻板印象，让空间质感更柔和，为居者提供一种舒适且放松的空间体验。

　　主卧兼具审美与本质力量的表达，将居住者的思想情感与生活方式融入其中，打造安放身心的精神居所。

　　空间引入四季酒店式的格局，以恰到好处的格局改动，将主卧套间内各个功能区轻松串联，引导出流畅的生活动线。四分离式洗手间干湿分离，能同时满足家庭不同成员的卫生需求，生活品质诠释在细节之中。卧室配备独立的步入式衣帽间。

三、随趣而动，自在起舞——南通招商·公园道样板间

1. 工程档案

开发商： 招商蛇口

项目地址： 南通市崇川区

室内设计： 万品设计

室内面积： 195平方米

2. 项目概况

南通招商·公园道选址于南通市城市规划中心——中创区，生态、商业、人文、医疗配套设施成熟。项目意在依托得天独厚的地理优势，打造一批高品质住宅，重新定义都市生活方式。

3. 设计理念

室内空间的健康、宜居、舒适都非常重要，如今，室内环境不但要满足人们的居住需求，也要承担办公、健身、娱乐等使命。因此，对户型设计提出了更多要求。本案通过人性化的细节设计，试图打造一个理想的居住环境。

4. 空间分析

南通招商·公园道195平方米样板间整体户型方正，四开间朝南设计，北向厨房、书房、卧室、公卫均有窗户，形成南北对流，有良好的通风效果。同时，大面宽阳台和落地玻璃设计带来了大面积的采光，室内宽敞明亮。

整个社交空间位于尽头，拥有270°采光和景观面，"LDKG+X空间"的联动设计形成复合的

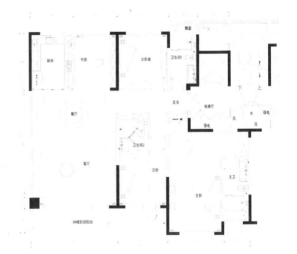

多功能活动空间，各功能区相对独立，又能借助洄游动线串联成一体；既能满足不同家庭成员独立活动的需求，也保留了空间的通透，可以有效改善长期居家的困闷感，满足居家办公、上网课、运动健身等活动需求。

开放式的餐厅既承担用餐的基本功能，也能作为品酒、亲子互动、烹饪交流的功能区域，设计师着力于空间的功能美学，在极具潮流韵味的色调中，运用精致的餐具摆件，打造出了一个晚宴场景。

多功能区是兼具学习、玩耍、工作的多元空间，充满趣味的潮玩手办、多媒体纳米智能互动黑板，为孩子提供能够自主学习的氛围，增加亲子之间的互动，同时也能培养父母和子女的创造力。

本案为三室三卫设计，南向两个卧室均为套房，带有独立卫浴，不管三代同堂还是二孩家庭，都能游刃有余地应对。公卫设计在玄关入户处，满足入户后的深度消杀需求，避免病菌入户。

四、自然律动——嘉兴长荣置业·至善春山可望样板间

1. 工程档案

开发商： 长荣置业

项目地址： 嘉兴市嘉善县

室内设计： 杭州其然装饰工程有限公司

室内面积： 265平方米

2. 项目概况

嘉兴长荣置业·至善春山可望位于嘉善县中心，附近有万联城、银泰百货、世博大酒店等商业资源，博物馆、图书馆、艺术中心等城市精神地标交相辉映。

3. 设计理念

随着人们生活水平的不断提高，对高端住宅的要求已不再停留于地段、面积、配套等硬件设施上，舒适度、精神场域、社交性等高层次需求被不断提出，继而衍生出新的空间概念。尤其是现在，人们对于居家的健康保障更为关注，一方面，要求家庭活动空间满足场景多元的大尺度格局；另一方面，作为个人私享的卧室也需要包含除睡眠外的其他个性、私密的功能，如独立卫浴空间、个人工作空间、兴趣爱好空间等。

4. 空间分析

本案265平方米户型样板间为"5+4+2+X"结构，入户处宽敞的玄关能够满足一家人的消杀需求，在特殊时期，玄关处保姆房可改作衣帽间，连通生活阳台，脏衣换洗、晾晒一气呵成。活动空间为LDKG一体化设计，多功能客厅连通大面宽景观阳台，形成一个大尺度社交空间，营造多元生活场景。寝区为4卧4卫设计，其中3个南向卧室为带独立卫生间的酒店式套房设计，尽可能保障家居环境的健康。

5. 空间设计

项目空间以"自然律动，生命孕育"为概念，以大自然中的景象为设计元素，通过空间形态的转化，以一种优雅的态度，恰到好处地展现自然风景的纹理。自然元素的植入让空间更贴近生活，室内空间与室外景观相呼应。

客厅秉持低调、奢华的设计风格，以大理石、皮革、布艺、金属等不同材质之间的碰撞营造出不同层次的居住空间。浅色背景的空间点缀黑色、蓝色、棕色和银色，不多不少，恰如其分，让整个空间流露出高贵与雅致的质感。

主厅一侧的落地玻璃
凸显出空间的宽敞、开阔，
明亮的玻璃结合纱帘光影
效果，在虚实之间，室内
外情景交融，带来愉悦的
空间感受。

　　餐厅与厨房间没有明显隔断，相对独立的两个空间以另一种方式相连，使两个空间的风格相融合，营造出温馨的就餐环境。大理石的自然纹理搭配现代时尚的曲线造型，辅以合理的装饰细节，让居住者体会另一种空间品质。

主卧以自然色系为主，设计师在空间中布置有规律的竖向线条，形成韵律之美，让空间更显层次。在主卧与主卫之间，设计师巧妙地用衣帽间作为隔断，茶色玻璃衣柜配以恰到好处的灯光，让衣帽间如时装陈列室般呈现在居住者眼前。

儿童房依据男孩和女孩的不同个性打造。男孩房以活泼的色彩、个性卡通摆件为媒介，打造独属于男孩的肆意奔放。女孩房以大面积的温柔粉色铺陈，点缀独特小摆件，营造出一种女孩独享的轻盈、柔美。

长辈房的设计延续优雅的风格，在细节处对装饰与色彩合理调度，居住者在这里以最舒适自在的方式享受光影斑驳的生活意趣。

书房小而精致，结合光线与色彩的搭配，内敛而含蓄。身处其中，似乎也远离了繁忙的都市生活。

第五节　卧室小家化

一、奢享自在，鎏金年华——南通招商·公园道

1. 工程档案

开发商： 招商蛇口

项目地址： 南通市崇川区

室内设计： 万品设计

室内面积： 330平方米

2. 户型设计

　　本案为330平方米样板间，户型采用动静分离设计，将空间分为静区、动区和后勤区。双入户动线设计保障了主人生活的私密性，从后勤区入户，家政收纳区连通独立保姆房和餐厨空间，后勤动线非常流畅，且不会打扰在客厅和卧室起居的人。从玄关入户，宽敞的玄关过渡空间可以

让主人从容地换上洁净衣物后再进入起居室和卧室，避免携带病菌入室。玄关往左，是大尺度的客餐一体空间，L形跑道式阳台配合逾百平方米的活动区是亲友欢聚的地方。玄关往右，三个独立的酒店式套房和可变书房空间构成舒适静区：南向以男女主人衣帽间、专属美妆空间、起居休闲空间以及三分离式主卫构建多功能主卧空间，实现卧室即小家，以从容的个人独属空间卸下主人一天的疲惫。

3. 空间设计

　　本案空间设计以"新奢华主义"为概念，营造声、色、味俱全的多维沉浸式场景，满足人们对高端住宅提出的新要求。

　　门厅融入绿色抽象艺术装置，超越了时间和空间的界限，用独特的造型让人驻足欣赏。空间内，纯粹的配色、多元素的碰撞带来奢华的质感，

优雅的大理石、高级的皮面，再辅以质感冷硬的金属，展现了高端的生活品质。

客厅内，270°景观视野将迷人的景致尽收眼底。大尺度客厅内配置音箱，搭配充满律动的歌词特效，带来具有感染力的视听体验。听歌、赏画即生活，客厅是音乐厅，也是美术馆，更是美好家园。巨幅装饰画是对编织元素的致敬，手工编织穿插的皮革带来独特的空间气质，彰显艺术的品位。

餐厅延续了客厅的大理石餐桌和皮质餐椅，搭配精致的器皿和简洁的几何金属灯具，灯光均匀地洒落在每个角落。灯具的设计引入了模块化几何光元素，将不同的模块组合在一起，使得多种组合物构成单独的枝形吊灯，每个单元都简单地连接到前一个单元上，让发光链完美平衡。

小小的餐吧台既有围坐的团圆氛围，也可以营造音乐小酒吧的绵绵意境，满足人们对"家"的无限想象。

扫码后长按小程序码
获取更多信息

　　主卧将有温度的物件与美学相融合，床尾的编织茶几、皮质绑带的吊灯增添和谐的品质感，几何图案的地毯带来视觉上的层次，彰显了空间不张扬的理念。

书本是一叶叶小舟，而书房是所有爱书人的岛屿。书房内，阅读灯为阅读角带来流线风格，由亚光黑色精钢制成的灯体格调雅致，带有编织皮革的装饰呼应编织风的主题，与住宅内的现代家具融为一体。

高脚装饰桌的设计源于流线型的手包，提炼了手包的光滑、流动感及优雅，以抽象的表达形式作为艺术形象，借以反映艺术家低调的审美。

男孩房采用独具个人特性的篮球主题，充满活力的篮球元素对应居住者的爱好，创造每个男孩心中的篮球梦，陪伴男孩成长。

女孩房的设计以珠宝为题，形似珠宝的装饰配合着绿色调，一侧的床头灯选用了形似经典珍珠的单品，流光溢彩的灯具呼应着珍珠化妆镜，诠释着优雅与尊贵。

二、花艺筑梦，纳景入巢——广州中海保利·朗阅

1. 工程档案

开发商： 中海集团、保利置业

项目地址： 广州市荔湾区

室内设计： SNP室内设计

室内面积： 185平方米

扫码后长按小程序码
获取更多信息

2. 项目概况

广州中海保利·朗阅位于广州市荔湾区广钢新城南区，地处广钢中轴线，基地周边交通便利，教育、商业、健身等生活配套设施完备。

3. 设计理念

在广州这座有着"花城"美誉的城市里，一边是高耸入云的建筑森林和川流不息的繁忙车流，一边是遍地盛放的木棉、洋紫荆和凤凰花。

万紫千红的花季期给了这座城市停下快节奏脚步的理由，也给设计方的慢生活空间以无限遐想。凭借对都市人群的洞察与了解，设计师通过提炼城市的形象特征，将慢生活方式与极简抽象派风格融入室内空间，以花、香薰与茶艺的主题联动每个空间，让人们在花香中放慢匆忙的步伐，打造一个拥有诗意与远方的多元主题空间。

4. 动区设计·复合型功能区

本案为185平方米四室两厅三卫户型产品，采用动静分区的常规设计，动线清晰，格局方正。动区以客厅、餐厅、厨房、阳台一体开放布局构筑复合多功能活动空间，客餐厅外接L形跑道式阳台，配合宽幕落地窗，最大限度地容纳阳光与美景，同时利用阳台转角空间，以吧台的形式延展阳台的功能。在软装设计上，项目整体从游艇的外形流线中取得设计元素，将深海畅游的流畅感融入其中，贯穿室内外的每一个空间，弧线与韵律伴随着空间舞动，表现出极简艺术的纯粹。

5.静区设计·卧室小家化

静区采用双套房设计，主卧与长辈房朝南布局，拥有良好的采光和视野，设计利用转角飘窗凸显空间优势，构成第二层次的起居空间。

主卧有L形衣帽间、独立卫浴、宽敞的化妆区以及270°广角休闲飘窗，充分运用转角位的广阔视野打开空间的各种可能性，提升业主居家幸福感。原木材质的天花与地板相呼应，搭配精巧雅致的花灯，自然在天地之间恣意生长。

　　长辈房以深棕色为主色调，飘窗上安放茶几，即便在有限的空间里，也能对坐品茶，回味芳香。

　　北向卧室规划为儿童房和多功能区，儿童房以跳跃的色彩和多元形状筑就童趣，多功能区则巧用U形空间，将转角飘窗用作业主钻研喜好的桌面。墙壁两边排列制作香薰的工具，花香与记忆在此不停流转。

三、见山映湖，奢居体验——南昌华侨城万科·世纪水岸上、下叠样板间

1. 工程档案

开发商： 华侨城（南昌）实业发展有限公司、万科集团

项目地址： 南昌市西湖区

室内设计： LSDInteriorDesign进化设计

室内户型： 上叠B3户型、下叠A1户型

2. 项目概况

南昌华侨城万科·世纪水岸坐落于南昌市西湖区，靠近地铁4号线，横跨南昌市的一环与二环，交通路网丰富，可多路径通达全城。项目周边有14万平方米的商业综合体，西湖万达广场、九州天虹广场、曲水湾滨水特色商业街在周围环抱，同时周边还有玛雅乐园、象湖湿地公园等文旅IP。项目位于南昌湖滨高端地区，意在打造一个集生态自然、教育、文化艺术和精致居住体验于一体的住宅区。

3. 上叠B3户型

上叠B3户型以"映湖"为题，空间的设计意在通过一种轻巧的艺术力量关注平静的生活，使每一位进入空间的人都能产生一种如同游湖般自在、舒畅的体验。

多功能家庭活动室能够满足聚会、观影、举办沙龙等多样化的生活场景。纹理天然的透光背景奢石、镜面水纹不锈钢，幻化成熠熠生辉的发光源在空间中闪耀，为聚会增添热闹的氛围。墙面上悬挂的是马克·布拉德福德（Mark Bradford）的艺术画，充满活力的艺术色彩和画面，象征着乌托邦现代主义的抽象从未远离过现在的城市景观。

整个空间由清浅的灰调铺陈，局部以跳脱的蓝色和精致的金属点睛，营造出舒缓而具有艺术气质的生活氛围，并形成整个空间的视觉与感受节奏。

客餐厅由一个主要沙发作为空间的稳定面，造型简洁、飘逸的灯饰犹如流星掠过的痕迹，灵动跳跃在空间之中，精致、优雅且不失稳重。

　　在家人各自的卧室中，针对不同成员的使用习惯进行了空间元素、材质与色彩的调配。长辈房利用飘窗结构，设置了一个可以放置物品的壁龛，整体色调以素雅为主，营造静谧、平和的空间基调。

　　主卧入户门采用了双开门入户形式，配备了功能完备且尺度宽阔的全定制衣帽间及独立卫浴室。极具包裹感的浅蓝色床，惬意而温暖，独特的造型成为主卧的视觉亮点，展现着主人时尚大气的品位。

跨过浩瀚星空，步入儿童梦幻的殿堂。儿童房是一个星空探索的主题空间，科技感十足的家具是量身定制的点题之作。在这里，孩子可以和星星对话，在自然中获得成长的快乐。

4. 下叠A1户型

下叠A1户型以"见山"为题,强调一种宽广、壮阔的诗意生活。基于建筑条件中极具优势的景观资源,整体空间以"向外打开"的通透意境处理界面与层次关系,浑厚而莹润的古铜色调匹配大开大合的空间尺度,营造出居室特有的生活氛围。

入户采用了内外双玄关的设计,外玄关连通车库,内玄关通过一个双层挑高的内庭院,进入与顶部全透明泳池天窗相连的开放式会客厅。

负二层会客厅被打造成男主人的社交空间,精致的酒吧台和私享的专业酒窖,是和朋友闲谈的专属场所。阳光通过泳池形成摇曳的波光,映射在空间中具有蚀刻纹理的内壁上,形成迷人的交错光影,庭院墙面的"时光的朋友"艺术装置,在阳光的照射下,金属的材质像棱镜的折射,默默记录时光的流转。

　　由旋转步梯向上，进入以家庭聚会和亲子活动为主的多功能生活空间。由于夹层空间层高有限，设计在一端借助了玻璃泳池的超大采光面，另一端则打造了一个可供采光的天井，通过双天窗营造采光的设置，打破了传统地下室夹层空间昏暗的刻板印象。

夹层与一层通过悬浮楼梯相连，依托于外部独立庭院景观与恒温泳池的资源优势，空间中做了"能开则开，能透则透"的减法，最大限度地消弭室内外的界限。与此同时，室内以简约、雅致的设计语言铺展空间，莹润的金属色彩作为主色调修饰其中，并结合不同材质、肌理、色泽与造型的运用，以克制的平衡之道呈现湖居生活的品质感。

与自然为邻的一层卧室设置为长辈房，淡雅的青绿色搭配家具的橙色，为老人打造了一个舒适、典雅的空间，与客厅的橙色形成了对比。

随着人们居住需求的不断提高，卧室，尤其是主卧的设计不再只满足于休憩功能，而有了如工作、交流、观景等更多属性，实现卧室即小家。本案采用酒店环岛体验的主卧套间形式，配备270°超大景观窗、独立卫浴和衣帽间等，为主人打造一个独立而完整的全功能空间。二层主卧将装饰的重点放在了色彩的呼应关系、面料触感与肌理给予人的真实体验之上，随处可见的进口家具呈现了一处格调高雅的休憩空间。

榻榻米结构的儿童房区别于传统儿童房的布局形式，从人物定位出发，营造空间情绪，陈列的儿童马术装备，使孩童天真率性的形象更为立体。

四、温润触感，松泛居所——绍兴融创·黄酒小镇下叠样板间

1. 工程档案
开发商： 融创东南区域浙中公司
项目地址： 绍兴市越城区
室内设计： 孙文设计事务所
室内面积： 170平方米

2. 项目概况

黄酒小镇位于素有"绍兴老酒出东浦，东浦十里闻酒香"之誉的东浦镇，是连接柯桥区与越城区的重要节点，也是未来的城市中心与发展门户。项目依托当地悠久、厚重的历史人文底蕴，以千年古镇为基础，意在打造一个集住宅、商圈、旅游景点于一体的TOD（以公共交通为导向的城市空间开发模式）商业综合体，形成绿色、生态、休闲的观光生态圈。在住宅形态规划上，黄酒小镇汇聚了联排、洋房、叠墅、高层等住宅形态，本案为170平方米下叠样板间。

3. 设计理念

本案在建筑立面的设计上以在地性为指导，加入中国古代江南建筑常有的支摘窗的元素，选材以再造竹材为主，形成质朴而亲和的立面质感。而室内设计则以建筑元素为源，力图重新阐释二次元的结构。

4. 活动区·生活再定义

一层空间主要设计为活动区域，全敞开的客

厅面朝餐厅，把家庭的互动与交流演绎得淋漓尽致，半围合的客厅空间通过"一"字形沙发，在功能上把客厅与餐厅分隔开。对新一代的城市居民而言，餐厨已经不再是"工具间"一般的封闭存在，而是一个相聚和交流的核心场所，都市的生活再忙碌，也需要用食物来表达内心的细腻情感。洄游动线从厨房延续扩展到餐厅吧台，也延伸出更加多元化的现代生活模式。

扫码后长按小程序码
获取更多信息

5. 睡眠区·卧室小家化

考虑到老人上下楼梯不便，长辈房被设置于一层的一端，主卧与儿童房布局于二层。卧室的设计细节关乎居者最真实的放松状态，当回归到亲密而真实的状态里，依然需要保留一些独立空间。本案以"卧室小家化"为目标，进行空间规划。

私享式卧区、开放式书房、宽敞的衣帽间、三分离主卫共同构成主人静谧的自我空间。在软装陈设上去掉多余的装饰，以现代风格的灰白调为主视觉基调，低调的棕色包裹着皮革，热情的红色点缀一角，浪漫而多情。衣帽间的每一处细节处理都带有人文关怀，柔和的色调让视觉得到放松，而音乐与香薰则带来听觉与嗅觉的沉浸感和舒缓。盥洗室简洁、明净，抚慰居住者一天的辛劳。

儿童房的设计将卧室与学习空间分隔开，满足孩子在成长过程中的个性化需求。卧室的"动"与学习室的"静"相互制约，入室即静，出室即动。粉色与白色构筑一个梦幻诗意的空间，圆形泡泡球灯点亮了孩子心中对卧室的归属感，这里就是属于他的天地。

CHAPTER 2

第二章

精装设计（硬装）

第一节　精装设计发展趋势

在资源日趋紧张的背景之下，设计、建造、装修等工程环节一体化的精装交付是行业的必然趋势。一方面，住宅精装标准化的推进可以降低能耗、优化资源成本、提高交付效率；另一方面，在快节奏的时代，拎包入住成为趋势，精细化设计的精装房可以有效降低后期业主的改造难度，因此，精装交付可以说是行业和市场发展的必然结果。

对于房地产企业而言，摸索出一套行之有效的精装交付标准体系是基于对行业与市场双重风向标的响应，也应争当引领行业和市场导向的先驱者。纵观近几年各大房地产企业提出的精装体系理念，都不只是围于装修层面，而是基于时代发展和人居方向，以具有前瞻性的目光挖掘用户潜在痛点，以多维覆盖体系的理念塑造健康、理想的人居环境。

从整体上看，室内环境的绿色健康、家居设备的智慧系统、家居收纳系统、人性化的设计细节等维度是房地产企业产品价值的提升点，也是未来人居不可阻挡的发展趋势。这方面的例子有海伦堡的"5H健康+"精装体系。

一、室内环境的绿色健康

人们的生活理念随着时代的发展而变化，对居住环境的要求已不仅是居住而已，室内环境的健康也对人们的生活质量有着关键的影响。因此，健康的精装理念也就成为精装体系中的第一个要素。纵观近年来各大开发商对理想人居的阐述，绿色与健康都是高频词语。

绿色健康之于室内，涉及的是方方面面的影响。在环境要素上主要表现为以阳光、空气、水质、声环境、温湿度等为主要代表的生命元素；在装饰要素上表现为各类建材的环保性和安全性，各

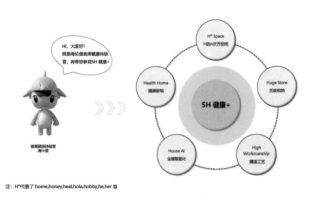

• 海伦堡"5H健康+"精装体系

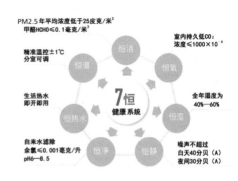

• 世茂七恒健康系统

类灯具、电器的节能性和减排性等。不同维度的健康要求，需要给予对应的落地标准。比如，基于环境要素的健康要求，应结合现代智能系统实现室内自然生态环境的"恒"，如世茂集团在健康宅标准体系中提出的恒洁、恒氧、恒湿、恒静、恒净、恒热水、恒温"七恒健康系统"，以高于用户预期的标准打造健康的室内环境。

二、家居设备的智慧系统

如果说健康是人类内心孜孜不倦的追求，那么家居的智能化发展则是住宅设计对时代发展的积极响应。家居的智能化指向三个方向：其一是健康智能系统指向的健康人居，如净水系统、垃圾处理系统等；其二是智能家具解放双手带来的生活便捷，如电动窗帘、自动感应灯等；其三是智能产品带来的入户与家居的安全性，如智能门锁、智能健康系统等。科技的发展带来家具设备的革新，也带来了全新的生活方式。

三、家居收纳系统

在家庭生活中，布局合理、功能强大的收纳系统直接影响着室内空间的整洁与美观度。随着精装房的普及，配置一定的收纳家具已经是不少房地产企业提升产品竞争力的选择。收纳家具的配套设计要考虑诸多因素，如具有可持续性的柜体材质、合理的功能配置、合理的动线规划、符合人体工程学的尺度等。同时，在精装房收纳家具的设计中还需要着重考虑人群的通用性和储存空间的精细化功能分区。另外，对收纳空间的需求受家庭人口结构的变动而变化，因此，家庭的成长性和可变动性考虑也需要纳入收纳体系的打造中，以求尽可能降低后期业主整改的难度。

四、人性化的设计细节

房子的主体是人，因此，住宅的室内设计应从人本理念出发，将人的使用体验放在首要位置。

对弱势群体的关注是文明时代的特征，全生命周期的住宅设计也就意味着对老与幼这两个特殊群体的全维度关怀，通过适老化设计和适幼化设计给予老幼群体居家保障，如全屋无高差、无障碍设计等，使家庭中幼得其乐、老得其趣。

1. 适老化设计

随着我国人口老龄化的趋势日益明显，老人居家的健康与安全问题也更加凸显。基于适老化原则，精装设计应以安全性、简便性为主。安全性设计旨在尽可能规避老人在居家生活中可能发生的意外风险，如摔倒、磕碰等；简便性旨在降低老人学习、使用家居设备的难度，尽可能地保障老人的生活需求以最简便的方式获得，如智能设备的操作简化、一键求助等。

2. 适幼化设计

基于适幼化原则，精装设计应考虑安全性和成长性。安全性如防触电设计、防夹手设计、危险物品收纳等设计；成长性原则则要求在设计之初就要考虑到家庭人口结构变化的方案，预留儿童成长空间，如主卧的婴儿空间、独立的儿童成长空间、卫生间的儿童用品收纳空间等。

对用户而言，住宅空间的健康指数、智慧程度、收纳性能及人性化设计的细节、亮点等都是敏感点。因此，一套合理且系统的精装价值体系离不开对这四个方面的阐述和架构。从趋势到理念、从理念到体系、从体系到产品落地，地产行业正以在摸索中修正、在实践中创新的姿态越走越远，也越走越稳。

第二节　保利产品体系

一、保利"全生命周期居住体系Well 集和社区"

保利集团经过从室外到室内、从整体到个体的深入洞察后，着重研究用户对健康人居的需求变化，结果发现更健康的环境、更大的家居空间以及更智能的生活是用户迫切希望得到的。

1. 精装：细节品质

精装品质与住宅的舒适度和健康系数成正相关关系，家装中常见的渗漏、气味、安全等问题直接影响用户的居住体验。保利集团通过适老、适幼化设计，防水防渗漏体系，居家安全体系等精装细节，运用前沿的精工技术和标准，消除业主的担忧。

＊ 适老、适幼化设计

全生命周期的精装设计，是基于对全龄段居住者的关怀，考虑到老幼群体的特殊性，室内精装要遵循成长性、安全性和人性化的原则，通过精装细节，为老幼居者提供安全性和舒适性等多方面的关怀。

亮点7-推拉门为断桥铝合金双层low-e推拉门，单扇宽度1.5—2米。（竞品为普通铝合金推拉门，单扇宽度最高1.2米）

亮点1-一线品牌—威能地暖配置功能增配（竞品无地暖配置）

亮点2-客餐厅—品牌蒙娜丽莎

750×1500规格大版砖提升品质（竞品为800×800规格常规砖）

亮点3-实木烤漆户内门+到顶门头板提升品质（竞品为普通PVC覆膜门）

亮点6-阳台400×800大规格仿石防滑砖（竞品为300×600普通防滑砖）

亮点4-仿石材纹路1200×2400大板砖背景墙提升效果（竞品无背景墙配置）

亮点5-黑钢面不锈钢踢脚线提升品质（竞品为PVC木塑踢脚线）

亮点8-适老适幼化全生命周期亮点设计（助力扶手+紧急呼叫按钮+无极差门槛）（竞品无）

亮点9-一线品牌老板三件套—含嵌入式洗碗机（竞品为水槽式洗碗机）

亮点10-实木贴皮亮面柜体面板（竞品为PVC覆膜柜体面板）

亮点11-墙地面400×800大版仿石瓷砖（竞品为300×600规格常规）砖亮点

12-淋浴间石材防滑面（竞品为瓷砖防滑面）

＊ 保利天汇厨卫精装亮点

主卧预留婴儿床： 方便新手爸妈夜间照顾婴儿；

卫生间预留婴儿浴盆位置： 为家庭人口变动做好充分准备；

全屋无级差设计： 采用全屋无级差设计与防滑处理，在各个功能区交接处将门槛石做斜切的过渡处理，高差控制在5毫米以内，保证长者与小孩的活动安全；

长辈房房门加宽： 将长辈房的房门宽度加宽至1米，自然过渡，满足轮椅通行，活动自如；

淋浴房门外开设计： 为长辈潜在的摔倒风险提供快速救援；

卫生间设置安全扶手： 避免长辈滑倒而造成伤害；

开关式插座设计： 厨房等电器不需要插拔，一键开关。

＊ 防水防渗漏体系

增加前挡水条设计，防止清洁台面时水溢到柜体及地面，保持地面清洁。厨房采用石英石台面，坚硬耐磨，不易渗透。防腐、防锈、防臭、防断裂"四防地漏"有效避免污水腐败变质的二次污染。门套石材柱脚做防水防腐设计，给予家居精致保护。

室内厨房、洗手间无级差设计原则

· 无级差定义：
满足各空间地面的高差的无障碍过渡的措施，满足轮椅
通行及防止绊脚的工艺做法。

· 无级差设计原则
厨房、洗手间与干区交界处门槛石应做斜切的过渡处理，
斜切面角度≤45°出现高差时，应控制在小于5毫米以内。

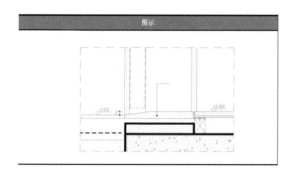

图示

＊ 居家安全体系

居家生活离不开水、电、煤气，但利弊共存，这些资源在带给人们便利生活的同时，也带来了安全隐患。保利集团通过煤气透气孔、插座漏电保护开关、等电位、燃气泄漏报警器等细节设计构筑起一道安全防线，减少安全隐患，保护人身和设备安全。

2. 收纳：贴心舒适

作为家居生活必不可少的一部分，收纳空间的多少影响着家居环境的美观整洁与住户的生活舒适感。保利集团通过构建全屋收纳系统，以强大的收纳功能满足用户的日常需求。

＊ 玄关收纳系统

玄关收纳系统根据业主进门后的行为习惯设计，基本满足不同尺寸的鞋子、雨伞、鞋具、包等物品的空间储藏及使用需求，入户挂钩、活动换鞋凳的体贴设计让生活更有品位。

＊ 厨卫收纳

卫生间采用一体化台盆，壁挂式台柜释放空间，满足婴儿浴盆等浴室大件物品的收纳需求，提升空间利用率。橱柜配置升级，各项功能布局更加清晰，让烹饪从容有余。

3. 健康：环保洁净

营造良好的生活环境，健康舒适是第一步，如何才能打造出一个健康的家？

＊ 节能、洁净

在卫生间设计上，通过台下盆水槽实现卫生无死角，防止细菌滋生；室内照明灯具统一采用超节能LED光源，绿色环保；户内使用节水龙头及坐便器，响应国家节能环保及节约资源的号召。

＊ 环境健康

利用全屋环保板材保障人体身心健康，全屋所使用的夹板、饰面板、柜体、门板、木地板等所选用的板材，甲醛释放量符合国家E1级规范标准。

4. 智慧：便捷、通畅

保利集团以客户需求为切入点，充分考虑生活的便捷性、安全性和智能性，以科技的力量打破有关家的设计的固有思维，构筑立体、多维的生活方式。通过数字可视对讲，提供访客视频语音通话、远程便捷开锁、一键求助监控中心、物业服务信息推送等功能，搭建畅享智慧社区及"互联网+"的美好生活模式。同时，床头紧急呼叫按钮以及老人卫浴室拉绳式紧急按钮、入户门指纹智能识别等设置，在关键时刻保障老人的安全。

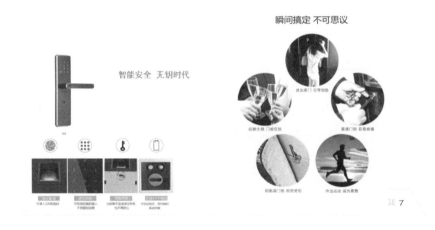

二、"Well集合社区"——长沙保利·天汇

1. 工程档案

开发商：保利发展

项目地址：长沙市岳麓区

占地面积：100 526平方米

建筑面积：383 348平方米

2. 项目概况

长沙保利·天汇位于长沙市岳麓区洋湖生态新城，毗邻洋湖湿地公园，位于岳麓山以南，东临湘江，南抵三环线，西至靳江河，北至二环线，城市资源与自然资源优越。项目坚持以人为本，总体以建设绿色健康居住区为目

标，同时为片区提供商业、幼儿园等配套设施，在体量及天际线处理上兼顾对城市与周边的影响。基地内部规划公寓式酒店及住宅塔楼，间距充足，视野良好。小区主入口与商业配套沿规划道路分布，小区内部设有景观花园、运动健身场地，为居民提供一个健康的生活环境，力图打造高品质现代居住社区。

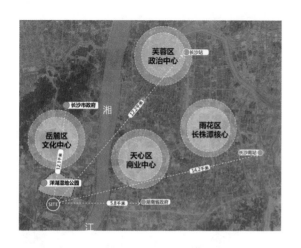

3. 户型设计

T4高层：室内空间开阔，客餐厅呈"一"字形布局，南北通透。南向客厅容纳家庭影音、儿童亲子空间，形成家庭多元场景；大阳台拥有极致视野，容纳生活百态。

T2洋房："泛客厅"空间，餐厨厅呈"一"字形布局，南北通透。半开放式厨房采用推拉门，可开敞，与餐厅形成岛台，中厨、西厨兼顾。南向横厅容纳家庭影音、办公阅读、儿童亲子空间，形成家庭多元场景环。

4. 精装设计理念

长沙保利·天汇是保利集团在长沙的天字系产品，承袭保利的营造标准，秉承"Well集和社区"理念，从长沙人居需求、客户敏感点出发，打造更具品质、更健康、更绿色、更智慧、更优选的产品，通过全方位精细化考量，形成产品、生活和服务的多方面提升，让家更宜居。

5. 精装细节

本案落地了保利集团"Well集和社区"的理念，从健康、智慧、收纳等方面进行精装设计，从人性化的角度提升家居品质。

✳ 选材

通过选用节能环保的家装材料，如夹板、饰面板、柜体、门板、木地板、灯具等，保证健康人居，同时利用净水系统、防渗漏系统等为绿色、健康的家保驾护航。

＊ 收纳

通过玄关、厨卫等处的收纳系统满足家庭存储需求，保证室内洁净。

＊ 人性化细节

通过智能系统设计和适老、适幼化设计提高室内居住环境的安全性和成长性，为家庭人口的迭代进化赋能。

第三节　金茂产品体系

一、以科技构造健康生活空间——金茂十二大科技系统

1.智能家居控制系统

智能家居控制系统打造舒适的居家环境，客餐厅灯光及窗帘控制可实现多种场景模式，让空间主题随心而变，让人的生活方式变得简单而有意义。

2.防霾、防PM2.5除尘系统

采用集中式新风系统，每栋楼集中设置高效热回收新风除湿机组，通过四级过滤系统，有效过滤室外空气中的PM2.5，过滤效率大于90%，将温湿度适宜、洁净新鲜的空气送入住户家中。

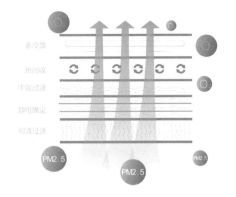

• 金茂防霾、防PM2.5除尘系统

3. 24小时全置换新风系统

置换式新风系统能保证室内24小时均有新风，新风量标准满足人体需求。每户的新风换气频率为0.6—0.8次/小时，将室内热浊的污染空气由房间顶部的排风口排出，从而有效提升房间空气的品质。

4. 抗干扰隔音降噪系统

金茂旗下的金茂府的住宅户门选用钢木防火隔音入户门，下设隔音防尘条，外窗采用双玻中空LOW-E充氩气外窗，有效隔绝室外噪声，营造安静宜人的生活环境。

布局降噪优化

[270毫米隔墙系统墙体减少外来噪声]

[上下层1.2米层间结构跳槽 减少层间噪声]

[墓式装甲锁门 减少户外噪声]

• 金茂新风置换系统

真正的全置换新风系统

利用温差形成空气流动 在室内制造新风潮

低处送风 高处抽风

杜绝交叉污染

[高气密性]

[厨卫独立排风]

布局降噪优化

[双玻+氩气LOW-E玻璃]

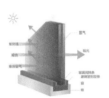

[建筑布局隔音优化]

[分户墙封堵]

• 金茂抗干扰隔音降噪系统 2

5. 毛细管网辐射系统

毛细管网采用3—4毫米德国进口PPR管材，铺设在室内天花板和局部侧墙外，通过面辐射的方式，与室内进行热量交换，保证室内的舒适度。

6. 循环地源热泵系统

金茂府采用地源热泵系统作为主要冷热源，地源热泵利用土壤深处的恒温特性，夏天向地下释放热量，冬天从地下吸收热量，从而实现能量的转换平衡。

7. 安防系统

金茂府采用七级安防系统，以由外而内、层层设防的理念，保护业主安全。

8. 全屋净水系统

金茂府采用前置过滤器和末端净水双重过滤系统，过滤精度达100微米，能有效去除管道中的杂质，从而使过滤后的水达到国家直接饮用的规范要求。

9. 高效节能外窗隔热系统

金茂府采用高效保温隔热系统，全面的热阻隔系统通过多重保温材料保证室内生活的舒适性。

10. 分户热水系统

分户设置大功率即热式燃气热水器，采用智能热水循环装置，每户独立调节与运行，无集中热水系统运行风险与问题，有效控制各卫生间热水出水的相应时间，提升用水舒适度。

11. 同层排水系统

金茂府采用瑞士先进的同层排水技术，选用专用静音排水管材及连接管件，卫浴洁具等排水支管在同一楼层内敷设，不穿越楼板，实现低噪声、无异味、无卫生死角的居住体验。

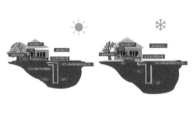

• 金茂毛细管网辐射系统、循环地源热泵系统

12. 楼宇自控系统

　　金茂府采用完善的楼宇自控系统，通过各项技术对建筑物内的设施及系统运行状态进行自动控制及管理，并上传数据至总部能源管理平台，以达到安全运行、优化控制、有效预警等效果。

双重净水过滤系统

前置反冲洗过滤系统+末端净水器

净化效果：有效过滤小固体悬浮体、残留铁砂、余氯、有机杂质、水碱水垢等物质，使水质口感甘爽、新鲜

● 各入户给水管道上安装前置反冲洗过滤器，过滤精度达100微米，有效去除管道中杂质

● 厨房末端设置直饮水设备，通过高精度的纯净水机，去除水中绝大多数所含杂质

● Ro过滤膜有效去除源水中的无机盐、重金属离子、有机物、胶体、细菌、病毒等杂质，从而使过滤后的水达到国家直接饮用的规范要求

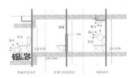

让水源特供

成为标配

60%	97%	1.1亿
全国657个城市400多个饮用地下水	118个大中城市7年连续监测，4个基本清洁、39个轻污染、75个严重污染	邮饮地下水污染的农村人口已高达1.1亿

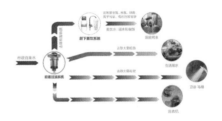

瑞士同层排水技术

噪音值降低约15分贝

[吉博力全系统同层排水技术]

新采用HDPE管材及墙阴隐藏式安装技术，有效降低降噪不需穿楼板空间，暗接均可在本户内进行不再穿越楼板，加上热熔对接焊链接，减少渗漏机率

五恒系统

系统性创建居住微生态

绝非设备拼凑可达成

能除湿加湿但无法确保净水很洁

前降低PM2.5但关窗则闷，开窗则无效

能制冷制热但无法维持恒温

二、"五恒"理念，科技舒居——成都东叁·金茂逸墅

1. 工程档案

开发商： 中国金茂

项目地址： 成都市龙泉驿区

占地面积： 38 666平方米

建筑面积： 58 386平方米

容积率： 1.5

2. 项目概况

　　成都东叁·金茂逸墅位于成都市龙泉驿区十陵街道，总体规划为"两轴、一心、两组团"的空间布局，即东西轴、南北轴、中央院落景观和南北两组团。项目占地约38 666平方米，容积率仅为1.5。建筑由2栋13层、17栋6层、1栋4层的住宅围合而成，形成空间开放、共享友好的社区。

3. 产品设计

　　本案共规划了18栋南北向叠墅，共计320户住宅。建筑采用层层退台式的设计，在保证每户的采光及景观视野的同时，也赋予建筑形态以变化，同时将"一字叠"和"L叠"两种叠拼设计相互穿插布局，并为每户配置独立地面庭院、独立电梯入户、独立地下空间等，实现独门、独梯、独户，以此打造更纯正的墅居体验。

4. 科技系统

金茂十二大科技系统将绿色健康理念与先进智能科技系统相结合，打造出一套符合时代潮流与人文诉求的理想住宅。基于市场需求和当地气候特征，金茂从温度、湿度、空气、水、声音5个方面出发，将科技系统应用于本案中，打造出"五恒室内环境"——恒温、恒洁、恒净、恒湿、恒静。

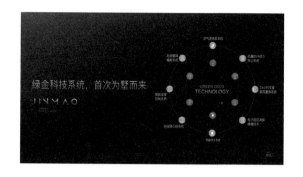

＊ 恒温系统

基于成都昼夜温差大的气候特征，本案利用循环地源热泵系统和毛细管网辐射系统将室内温度维持在最舒适的20—26℃。循环地源热泵系统以空气为媒介进行室内外的能量转化，形成夏季供冷、冬季供暖的循环体系，而毛细管网辐射系统则利用仿生学原理，将PPR毛细管植入天花板和部分侧墙，让室内温度保持在舒适的范围内。

＊ 恒洁系统

考虑到雾霾天气，本案采用24小时全屋置换新风系统和抗霾、防PM2.5除尘系统，以保证室内空气的洁净。24小时全屋置换新风系统利用"地送顶回"的方式形成温度较低的新鲜空气下沉，热浊废气上升外排的循环系统，有效提升室内空气质量。而抗霾、防PM2.5除尘系统则可有效过滤室外空气中的PM2.5和粉尘等，经双重医用级过滤，过滤效率可达90%以上。

＊ 恒净系统

水质的洁净、卫生对人体健康来说同样重要，本案通过全屋标配的末端净水系统实现"恒净"水源。该系统可有效过滤水中的重金属、细菌等有害物，实现水源洁净。

＊ 恒湿系统

本案通过智能湿度控制系统调节室内空气的

湿度，搭载双冷源新风机组的智能湿度控制系统可根据室内情况自动调节空气湿度，通过双重冷却除湿或自研湿膜加湿等方式，春季除湿、冬季加湿，保证室内空气一年四季的清新干爽。

＊ 恒静系统

采用"粒子阻尼减震降噪"技术，降低噪声影响，有效保证室内的静谧、舒适。

第四节　龙湖产品体系

一、现代都会，璀璨星河——苏州龙湖首开·湖西星辰

1. 工程档案

开发商： 龙湖集团

项目地址： 苏州市吴中区

建筑设计： 上海睿风建筑设计咨询有限公司

景观设计： 上海澜道佑澜环境设计有限公司

占地面积： 103 319平方米

建筑面积： 320 018平方米

容积率： 2.2

2. 项目概况

苏州龙湖首开·湖西星辰坐落于苏州市吴中区东部，坐拥全城立体交通网络和成熟的生活配套设施，地理位置得天独厚。项目将传统水乡的特点和现代住宅结合，在传承苏州地域文化的同

时，在项目中融入现代元素，打造一站式共享生活社区，创造更为丰富的共享生活体验场景，营造生活的温度。

二、精装设计——五大"善住体系"

本案意在打造诗意的栖居地，注重建筑与人的关系、人与空间的交融，旨在创造更加宜居的社区环境，促进建筑艺术与生态的和谐。在精装方面，龙湖推出人性化五大"善住体系"，从品质、便捷、收纳、安康、交融5个维度出发，以188项人性化细节体现精装质感。

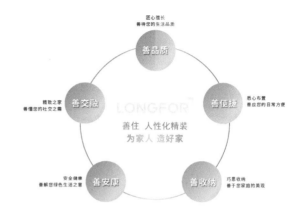

善品质	善交融	善便捷	善安康	善收纳
匠心擅长 善待您的生活品质	精致之家 善懂您的社交之需	悉心布置 善应您的日常方便	安全健康 善解您绿色生活之意	巧思收纳 善于您家庭的美观
工程标准 品牌优选、仿石砖 石英台面	通高柜体 柜体挑空 台下大单盆 功能插座 （餐厅、电视、柜体、USB、卫生间门外厨盆、冰箱、马桶、镜柜）	深浅橱屉 隐形镜柜 便捷侧格	静音系统 （静音锁、缓降马桶盖、阻尼合页） 阻光窗帘盒 风暖浴霸 安睡小夜灯 防溅插座	双大堂归家动线 空间规划 （一体化空间、人体工程学水电点位、管道管井合理位） 三重灯光 叠级吊顶 质感背景墙
橱柜踢脚板 柜体拉手 柜体防潮铝箔 防尘踢脚线 木地板 过门石放大角 铝扣板吊顶 淋浴隔断 单柄龙头 恒温龙头 淋浴花洒 PVC 门板调直器 检修口	智能控制 入户挂钩 一键开关 厨盆＆定位 抽拉高抛龙头 厨盆防雾筒灯 手盆宽台面 洗手柜开敞隔断 双控开关 防尘角	柜体容量 平开柜门 抽屉柜 浴室柜侧格	柜内透气孔 柜体材质 （橱柜、卫浴） 燃气热水器 人造岗石台面 生命系统 （中央空调） 防滑地面 （卫生间、阳台） 指纹锁 淋浴防雾筒灯 红外系统 报警按钮	室内动线 合理空间规划 （主卧空间、功能阳台、卫生间） 精装风格 厨房移门

1. 善品质

龙湖首开·湖西星辰在质量、环保、工艺、健康、品牌等多个专业层面，以高标准把控每个和质量相关细节，如功能插座、台下大单盆等的设计。

2. 善便捷

本案在每一处都考虑了业主的实际需要与便利性，设置了各种巧思，方便生活所需，以人性化的角度落地每个细节。

3. 善收纳

为了满足日常生活中各种杂物的归类与收纳，本案从玄关、厨房、卫浴、卧室、阳台等维度增设储物空间，从空间应用到生活习惯，通过人性化细节，使每个生活场景都能让业主更便利，并兼具空间美感。

4. 善安康

除选用全屋环保材料外，本案重点关注在各种细节方面解决安全隐患，在细节处保障室内安全，如防溅插座、风暖浴霸等。

5. 善交融

本案通过归家动线、空间规划、跌级吊顶、三重灯光等设计提高居室的精致和高级感，保障业主的生活品质。

1	强化地板	采用定制强化木地板纸,纹路清晰,颜色清爽统一
2	踢脚线	整体美观,底部增加防尘条,隐藏式固定,钉孔不外漏,精致实用
3	电视插座	电视插座:按高度 300 毫米 /900 毫米设置,避免外露线头,使用美观 使用场景:电视壁挂使用上部插座,电源线不外漏。机顶盒、路由器等外置设备放置在电视柜上,可以使用低位插座,电源线不外漏
4	餐厅备用插座	餐厅备用插座:既可以做就餐时的火锅插座,又可以做地面清洁插座
5	灯光营造	一体式 LED 线条灯,3000 开尔文色温,70 勒克斯柔和照度,营造舒适温馨的浪漫氛围,也解决了传统灯管连接不牢、尺寸不合适、高耗能等问题
6	阳台收纳	两侧端墙预留收纳装饰柜摆放空间,实用、美观两者兼得(预留条件、柜体不设置)

1	地面仿石砖	仿石地砖一体铺贴,简洁大气、防滑、易清洁
2	铝扣板吊顶	集成铝扣板吊顶,防潮、易清洁、易检修、整洁、美观,厚度为 0.5 毫米
3	仿石墙砖	光洁、易清洁,为专利定制产品,集采专供,墙面、地面效果协调
4	石英石台面	英石是一种由 90% 以上的石英晶体加上树脂及其他微量元素人工合成的新型石材。它的主要材料是石英,其表面硬度可高达莫氏硬度 7.5,不会被刮伤。传统亚克力材质台面硬度低、强度差、不耐油污,不耐高温。采用挡水沿和滴水线双重防滴落设计
5	深浅抽屉	上抽屉:浅抽屉、刀叉等小餐具 中抽屉:浅抽屉、碗盘等小容器 下抽屉:深抽屉、锅盆等大容器
6	调料拉篮	合理利用空间,放置调料、小工具,方便烹饪操作
7	洗菜盆	不锈钢大单盆,选型考虑使用及清洁方便,盆体内部边角采用圆弧,无卫生死角,台下安装更便于台面清理。抽拉式高抛龙头,单手开关、左右旋转,方便厨房清洁,向锅里注水也更轻松方便
8	备用插座	操作区墙上 3 个备用插座,自带开关、防溅盒,使用安全方便,减少电器插拔次数
9	防雾筒灯	洗菜区安装防雾节能筒灯,夜间洗菜时亮度足够,无阴影,使用舒适
10	冰箱备用插座	高度按 1300 毫米靠边设置,遵循人体工程学,便于插拔

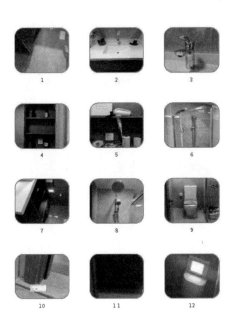

1	地面仿古砖	仿古砖卫生间地面,防滑、易清洁
2	人造岗石台面	便于清洁、强度高、不易留划痕,边沿设置挡水边、下部滴水线,保护柜体
3	单柄混水龙头	起泡器:出水口起泡器,节水环保,防溅水 限流设计:准确控制水温变化 调节方便:单手柄开关,水温、水量一次调整到位 无铅健康:无铅龙头(结合产品选型)
4	镜柜	用于收纳洗面奶、牙刷、牙膏等体积较小且常用的物品,两侧正向开启。 镜柜灯:化妆光线更明亮、无阴影;柜门可开启,便于检修 镜箱柜门开启:结合造型暗扣手,无拉手、指痕
5	镜柜备用插座	电吹风收纳:合理收纳及取用吹风机 镜柜备用插座:方便吹风机、电动牙刷、剃须刀充电使用
6	淋浴筒灯	镜前筒灯,增加淋浴区灯光
7	侧格	利用台盆柜侧面做的侧格,便于放置手机、眼镜、纸巾等物品
8	淋浴花洒	主次卫双花洒淋浴柱,顶喷+手持花洒,使用舒适
9	马桶缓冲盖板	选用马桶缓冲盖板,减少噪声
10	门槛石方大角	门槛石将门套及基层隔断,防止门套受潮变形
11	柜底挑空	柜底挑空,消除卫生死角,方便清洁打扫,可放置体重秤、洗脚盆等物品
12	小夜灯	智能马桶盖预留插座:马桶后方,方便业主自行安装智能马桶盖 安睡小夜灯:光线柔和,低照度、低色温,起夜安全保障,避免强光刺眼。 0.5瓦的功率,常亮情况下30天耗电约0.3度

1	强化地板	采用定制强化木地板纸,纹路清晰,颜色清爽统一
2	主灯双控	主灯双控,开灯、关灯更方便,一般设置于门边及远床头柜位置。双控开关须增加1.5倍的电线敷设,双控面板较普通面板贵30%
3	衣柜备用插座	衣柜内预留插座,方便后期增加除湿机等小电器
4	预留插座	主卫门口处预留插座,方便清扫或增配小夜灯使用,多功能扩展应用
5	窗帘盒	按五星级酒店标准设置,暗藏轨道,整体美观,避免窗帘上端漏光,确保遮光功能 6床头USB插座 床头柜处设置USB插座,高度750毫米,方便手机充电

第五节　海伦堡产品体系

一、"健康+"理念

海伦堡于2016年首次推出"健康+"理念，通过环境健康、社会福利及社区内的平衡关系构建身心健康的理想人居。2018年，为进一步提高产品质量和服务，适应客户不断变化的需求，海伦堡推出迭代产品——"健康+2.0"。升级后的"健康+2.0"从建筑规划、景观园林、室内精装、智能生活及全周期服务五个方面描绘健康及生态特征，并制定和完善了标准化设计程序，为客户提供舒适的设施及绿色的环境，兼顾个人、家庭及社区三者的关系。

二、"健康+2.0"体系

"健康+2.0"体系涵盖三大产品主张、五大健康价值体系、十大健康生活体验标准。

1. 三大升级主张

"健康+2.0"体系从产品思维、空间设计、生活营造三大维度切入思考，完成产品迭代升级。

2. 五大健康价值体系

"健康+2.0"以健康·宅（Healthy）、体验·家（Experience）、宜居·舍（Livable）、智能·居（Smart）、温情·社区（Warmth）五个维度，覆盖建筑规划、景观园林、室内精装、智能生活、全周期服务五大专业板块所有价值点，各个维度之间相辅相成，最终形成一条完善而精密的"健康人居"价值链。

3. 十大健康生活体验标准

"健康+2.0"以"健康+1.0"八大健康系统为基础，整合原有系统与细节，并纳入更多健康标准，覆盖范围更广，内容更完善，形成示范体验、

生态规划、经典建筑、尊享归家、健康园区、共享配套、宜居户型、全屋细节、智能享受、全周期服务等十大健康生活体验标准，共涉及69个价值点、200余项细节。

三、海伦堡第六代产品精装标准手册

海伦堡为提高开发效率，保证设计质量，支持集体采买这一购进方式的推进和落地，优化成本投入的方向，形成海伦堡产品品牌，从成本维度确定了精装住宅的A标、B标（含B+标、B-标）、C标、D标四级标准分级，基于对客户痛点和消费观念的深度调研，并结合行业现状，针对空间标准、主材标准，对标准化产品进行详细阐述。

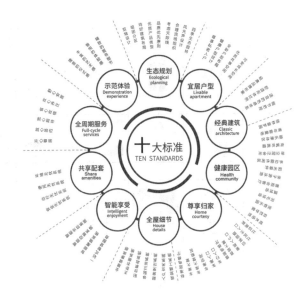

方案输出 | 客户需求分析

高级阶段	艺术需求	更具有设计艺术性	A+标
	品质需求	高端，低奢	A标
	空间需求	能提升家庭生活幸福指数的空间布局	A标
	智能化需求	全屋智能化	B+标/A+标
中级阶段	品牌需求	中高端品牌影响力	B标
	材质需求	时尚，环保，健康的新材料	B标
	设备需求	中央空调，地暖，新风，净水等	B-标/C+标
	功能完善需求	柜内五金及功能人性化设计	C标
初级阶段	收纳需求	足够的收纳空间	D标

以B标为例，海伦堡在交付标准、收纳体系、铺地材质、各分区细节等维度全方面搭建了精装体系，以产品标准化体系为住宅赋能。

B标主要配置标准一览表									
玄关客餐厅阳台	入户重力挂钩	智能门锁（四合一）	PVC覆膜门	多功能玄关柜	VRV一拖一空调（客厅、主卧）	全屋交换新风系统（客厅、主卧）	阳台洗衣机地漏	地面大板砖	
厨房	厨房整体橱柜	科勒抽拉式龙头	科勒大单槽洗菜盆	方太大吸力油烟机	方太燃气灶	方太消毒柜	末端净水	飞瓶桌露	
厨房	厨房挂件	碗碟拉篮	不锈钢易洁板	调味拉篮	卧室		实木复合地板	人造石窗台板	
卫生间	海伦堡定制卫浴柜	科勒龙头	科勒智能马桶盖	科勒花洒	科勒台下盆/台上盆	飞雕暖风机	华艺地漏	智能化	配置详见智能篇

注：主卫与次卫淋浴花洒为不同款型。以上品牌型号皆为参考，实际以采招为主

①玄关空间（玄关柜1.6立方米）		④厨房空间（上柜0.85立方米）	
长度（L）	1920 毫米	长度（L）	3130 毫米
宽度（W）	350 毫米	宽度（W）	350 毫米
高度（H）	2380 毫米	高度（H）	780 毫米

②主卫空间（柜子0.5立方米）		⑤厨房空间（下柜2.42立方米）	
长度（L）	950 毫米	长度（L）	4750 毫米
宽度（W）	600 毫米	宽度（W）	600 毫米
高度（H）	850 毫米	高度（H）	850 毫米

③次卫空间（柜子0.5立方米）	
长度（L）	1040 毫米
宽度（W）	550 毫米
高度（H）	850 毫米

固定收纳空间：5.87 立方米
21寸行李箱：370毫米×230毫米×525毫米　容量0.045立方米
约等于130个21寸行李箱

交付
非交付

B系配置标准

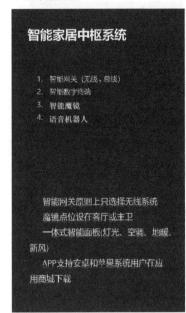

智能家居中枢系统

1. 智能网关（无线、总线）
2. 智能数字终端
3. 智能魔镜
4. 语音机器人

智能网关原则上只选择无线系统
魔镜点位设在客厅或主卫
一体式智能面板(灯光、空调、地暖、新风)
APP支持安卓和苹果系统用户在应用商城下载

智能网关

数字终端(对讲分机)

21寸大智能魔镜

语音机器人（样板间选配）

1. 玄关

在玄关交付标准中，除常规的玄关收纳柜、穿衣镜等配置外，还纳入了智能门锁、入户感应灯、换鞋凳、大件收纳等，有的放矢地解决用户痛点。通过对玄关柜体内部的精细分区，让过季物品、防护用品、包、常规鞋、长靴等各类物品都有独立的分区，方便收纳和拿取。

2. 客餐厅

客餐厅一体化的设计旨在增加功能区的互动，海伦堡利用大移门阳台让客餐厅和阳台变为一个整体，同时设置阳台柜等作为杂物收纳区。地面使用仿石材抛釉砖，墙面使用大面积浅灰色乳胶漆、成品铝合金踢脚线，顶面使用石膏板吊顶，并有造型灯槽设计。

3. 厨房

厨房地面采用抛釉砖，墙面为抛釉砖饰面和银色拉丝不锈钢易洁板，顶面为成品铝扣板吊顶。橱柜采用PVC柜门和三聚氰胺板柜体、石英石台面。电器配备抽油烟机、燃气灶、消毒柜、凉霸等。针对厨房操作台面不足的痛点，海伦堡通过交付抽拉式台面增加操作空间，同时通过台面挡水沿、可抽拉龙头、净水系统等人性化细节提升厨房价值点。

4. 卫生间

卫生间采用仿石材防滑砖和人造石铺地；墙面使用仿石材墙砖；顶面使用成品铝扣板吊顶；台盆柜采用PVC门板、三聚氰胺板柜体和台下盆；镜柜为电热防雾银镜饰面和三聚氰胺板柜体。洗手柜下方预留空间，用作儿童刷牙凳、澡盆凳等物品的收纳，同时设置镜柜光源，满足美妆需求。

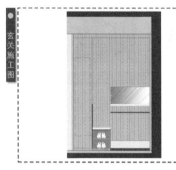

玄关施工图

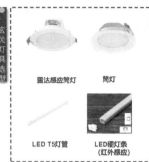

玄关灯具选型

雷达感应筒灯　　筒灯

LED T5灯管　　LED硬灯条（红外感应）

玄关主材

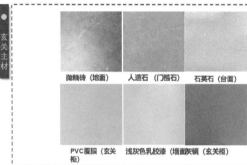

抛釉砖（地面）　人造石（门槛石）　石英石（台面）

PVC覆膜（玄关柜）　浅灰色乳胶漆（墙面灰镜（玄关柜）

注：以下品牌皆为设计建议，最终以采招定标为准

玄关铺地配置表			
材质	品牌	型号	规格（毫米）
抛釉砖（亮光面）	蒙娜丽莎	120FMB0502PCM	600×1200
人造石	欧神诺	墨梅F4103SSS	18

玄关墙面配置表			
材质	品牌	型号	规格（毫米）
乳胶漆	美涂士	N6500	/
石英石	欧派	纯色Q6037	16厚
灰镜	欧派		5厚
PVC覆膜	好奇	SF60025-79PC	/

玄关天花配置表				
材料	吊顶方式	灯具信息		
双层石膏板	造型石膏板灯槽	品牌	雷士	品牌	雷士
		类型	感应筒灯	类型	筒灯
		型号	T-NLED9314IR	型号	NLED9123
		功率	7W/3000k	功率	6W/3000k

玄关——开启美好生活的钥匙

玄关价值点

遵从入户行为流线，衍生出多种收纳模块，满足日常精细化收纳需求。

1. 入户挂钩解放双手　2. 智能化可视对讲、四合一指纹密码锁　3. 柜内设置活动的层板，灵活处理收纳　4. 魔术置鞋架适合各种鞋型　5. 玄关柜底部悬空250毫米，存放拖鞋和临时鞋

6. 开架的台面收纳临时小物件，并配有USB插座和小挂钩　7. 抽屉内设置格子，更好地收拾小物件　8. 柜体内暗藏灯带，方便查找物品　9. 琐碎物品收纳抽屉，家庭账单、小杂物收纳　10. 强弱电箱暗藏，保持美观，电箱门开启处勿设置层板

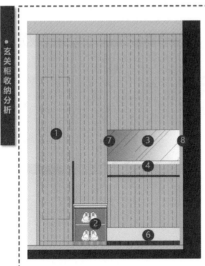

① 穿衣镜　　② 穿鞋凳

③ 玄关凹龛

④ 格子抽屉（口罩、一次性手套等物件）

⑤ U形魔术鞋架

⑥ 透气孔　　⑦ 小挂钩　　⑧ USB插座

35双鞋子+ 3~5包+4~6个收纳盒

·1700毫米玄关柜配置：适用于90平方米以上的中型户型。入口玄关空间相对充裕，除900毫米玄关柜的收纳配置以外，增加了穿衣镜、雨伞架和换鞋凳，储藏鞋子的功能大大增加，面向客厅那面做成开架，存放书籍以及业主喜欢的物件，满足收纳功能的同时，又增加了展示空间

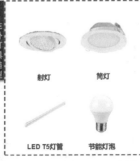

射灯　　　　筒灯

LED T5灯管　节能灯泡

主卧铺地配置表

材质	品牌	型号	规格（毫米）
实木复合地板	和邦盛世	HB-723-B	15厚
人造石	欧神诺	墨梅F4103SSS	18厚

主卧墙面配置表

材质	品牌	型号	规格（毫米）
乳胶漆	美涂士	/	/
PVC覆膜	万拓	WC22TY0213	/

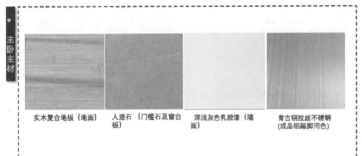

实木复合地板（地面）　人造石（门槛石及窗台板）　深浅灰色乳胶漆（墙面）　青古铜拉丝不锈钢（成品铝踢脚同色）

主卧天花配置表

材料	吊顶方式	灯具信息			
双层石膏板、	造型石膏板吊墙	类型	射灯	类型	筒灯
		型号	NLED1185	型号	NLED9123
		型号	NLED1185	型号	NLED9123
		功率	5瓦/3000开	功率	6瓦/3000开

厨房效果图

厨房灯具选型

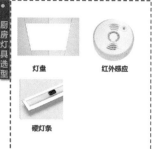

灯盘　　　　红外感应

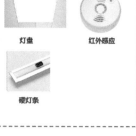

硬灯条

厨房主材

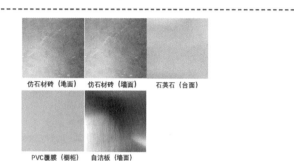

仿石材砖（地面）　仿石材砖（墙面）　石英石（台面）

PVC覆膜（橱柜）　自洁板（墙面）

厨房地面配置表

材质	品牌	型号	规格（毫米）
抛釉砖（亮光面）	蒙娜丽莎	120FMB0502PCM	600×1200

厨房墙面配置表

材质	品牌	型号	规格（毫米）
抛釉砖（亮光面）	蒙娜丽莎	6FMB4278PM	300×600
石英石	欧派	纯色Q6038	18厚
自洁板	欧派	不锈钢	1.5
PVC覆膜	好奇	SF60025-79PC	/

厨房天花配置表

材料	吊顶方式	灯具信息	
成品铝扣板	成品铝扣板	品牌	雷士
		类型	灯盘
		型号	NJ-MB3030LB-B-1B
		功率	18W/4000k

厨房收纳分析

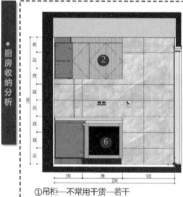

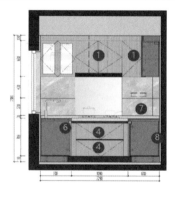

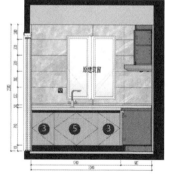

①吊柜—不常用干货—若干
②吊柜—常用干货—若干
③下柜—调味拉篮、菜板—约5大瓶12小瓶
④下柜（抽屉）—一层刀叉筷—约12套，二层常用碗盘—约30件，三层常用锅—约4件
⑤下柜（水槽）—抹布、洗手液、净水器
⑥下柜（消毒柜）—若干
⑦台面—刀具等—若干

主卫立面效果

主卫灯具选型

射灯　筒灯

暖风机

主卫主材

亚光面抛釉砖（地面）　亮光面仿石材砖（墙面）　石英石（台面）　亚光面PVC覆膜（台盆柜）

厨房价值点

1.欧派防污易清洁不锈钢板，吊柜下侧感应LED灯带
2.凉霸
3.水槽下预留插座
4.嵌入式消毒柜
5.台面挡水沿设计

6.橱柜成品扣手设计
7.墙面收纳五金配件
8.热水器暗藏柜内门板做百页便于散热
9.嵌入式水槽和可抽拉龙头
10.末端净水系统

注：以上品牌型号皆为参考，实际以招采为主

注：以下品牌皆为设计建议，最终以采招定标为准

主卫地砖配置表			
材质	品牌	型号	规格（毫米）
抛釉砖（亚光面）	蒙娜丽莎	6FMB4278M	600×600

主卫墙面配置表			
材质	品牌	型号	规格（毫米）
仿石材砖（亮光面）	蒙娜丽莎	6FMB4278PM	300×600
石英石	欧派	纯色Q6038	18厚
PVC覆膜	好奇	SF60025-79PC	/

厨房天花配置表			
材料	吊顶方式	灯具信息	
成品铝扣板	成品铝扣板	品牌 雷士	品牌 雷士
		型号 NJ-MB3030LB-B-1B	型号 NLED9123
		类型 灯盘	类型 筒灯
		功率 18瓦/4000开	功率 6瓦/3000开

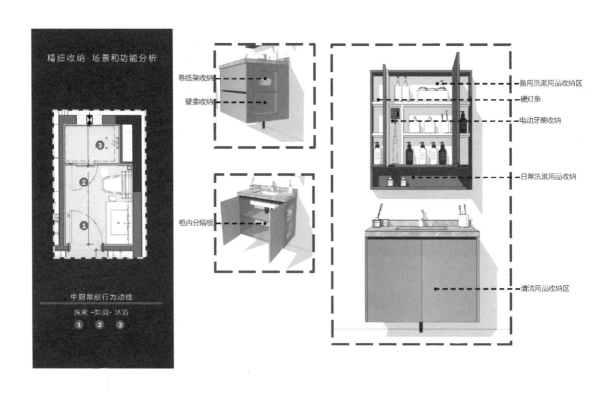

精细收纳·场景和功能分析

卷纸架收纳
壁龛收纳

柜内分隔板

备用洗漱用品收纳区
硬灯条
电动牙刷收纳

日常洗漱用品收纳

清洁用品收纳区

中厨常规行为动线

洗漱 - 如厕 · 沐浴
① ② ③

卫生间价值点

1.电热防雾镜　　2.插座设有防水盖板　　3.智能马桶盖　　4.台盆柜收纳空间

5.柜内预留电动牙刷插座　　6.台盆柜侧边悬挂抽纸架　　7.隐藏式地漏　　8.高端品牌智能马桶边预留插座

四、"5H健康+"精装体系

为打造独具特色的精装产品，海伦堡对未来主力客群——"90后"的消费观念进行了深入调研，并对这类客群的生活习惯、使用痛点等进行分析，搭建出"5H健康+"精装体系（第124页图）。

五、落地项目——珠海海伦堡·玖悦珑湾

珠海海伦堡·玖悦珑湾落地海伦堡第六代精装产品体系，通过对玄关、客餐厅、厨房、卫生间、卧室、阳台六大空间的深入研究，以"Max"玄关、无界客厅、交互餐厨、闲适阳台、悦己主卧、尊享主卫等精细化模块设计，凸显空间的可生长性和互动性，打造精致宜居的家居空间。

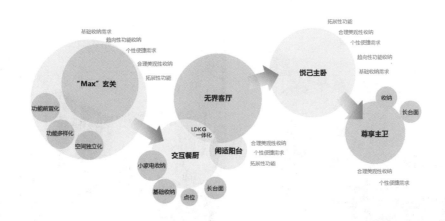

第六节　阳光城产品体系

一、阳光城"绿色智慧家"理念

2018年，阳光城集团基于室内居住环境的污染问题，首次提出"绿色智慧家"理念，旨在以绿色健康、智慧生活、家文化等维度探索未来理想人居，营造安心无忧的健康生活环境。

经过几年的迭代升级，"绿色健康家"系统已从1.0走向3.0，从对健康人居的初步探索，逐渐成为成熟、全面的健康住宅打造指南。

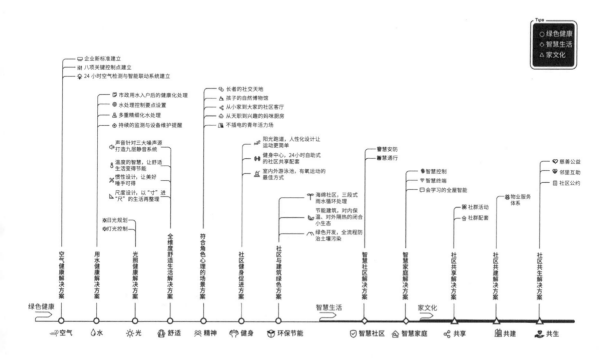

二、阳光城"绿色智慧家3.0"

阳光城"绿色智慧家3.0"体系包含两大价值主张、六大产品理念、21个价值模块以及73项细节控制，涵盖内容从理念到落地细节，从社区到家庭，从整体到个体，最终形成全维度覆盖的理念体系，为构筑健康理想人居提供范本。

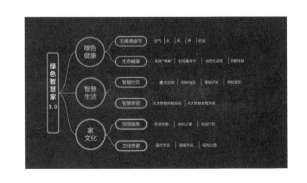

1. 绿色健康价值主张

＊ 五维健康宅

五维健康宅即从空气、水、光、声、舒适度五大维度构建健康住宅。

空气健康：为实现更洁净的空气，阳光城利用全屋纳米级监测系统、智能新能系统、可溯源环保材料、五维五步管理系统等方式保障室内空气健康。

水质健康（净水系统）：通过前置过滤水系统、末端净水系统、饮水系统等落实居家用水解决方案。

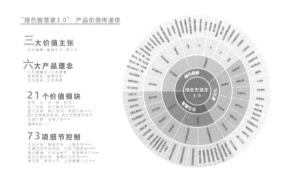

光环境健康：通过日照规划、光照环境、遮光系统、智能灯光场景切换、暖心光源等设计营造良好的光环境。

声环境健康：利用社区规划植物降噪隔音系统、外围护结构隔音系统、户内隔音系统等打造社区三重隔音体系，创设更安静的环境。

舒适（"三恒系统"）：通过多元化户型设计以及智慧联动"三恒系统"（恒温、恒氧、恒静）改善人居环境。

更环保的材料

致力打造绿色智慧家高品质环保材料，优化企业供应链，从进材到交付，实现全流程管控，保证产品本身的安全性、功能性及耐用性等
户内全环保材料精装，同时实现材料数据智控可溯源管理

五维五步空气解决方案

材料预检
42个鱼采品质单年实验抽测

01

空气健康验收与复检
正常通风检测与24小时密闭双重检验机制

05

11月

室内装修空气污染预评估
开发室内装修空气预评估软件

优秀

02

现场材料检测
现场抽检完整工程施工监督程序

04

03

协助材料采购实现主辅材料全控制
协助调整焦采库品牌及采招流程

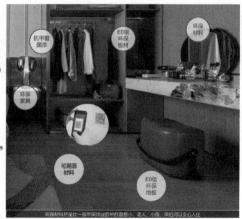

抗甲醛面漆

E0级环保板材

环保材料

环保家具

可溯源材料

E0级环保地板

环保材料其占比一般要保守边的甲醛最最小、老人、小孩、孕妇可以安心入住

更洁净的空气

24小时空气检测智能联动系统：专业级空气监测系统和除霾新风联动系统让家时刻保持新鲜健康的空气

新风系统

空气检测仪

强效净化

强效净化

新风除霾系统

室内颗粒物浓度监测
两侧PM2.5浓度监测
二氧化碳浓度监测

智能主机

入户门气密性考虑

污气排出

更健康的水环境

根据不同地域情况，制定符合中国家庭的健康用水方案，通过前置过滤系统、软水系统、末端净水系统等，落实居家用水健康解决方案

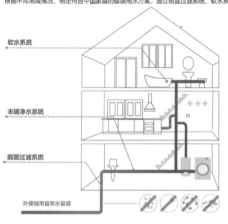

软水系统

末端净水系统

前置过滤系统

外接城市自来水管源

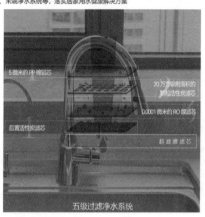

5微米的PP棉晶芯

20万方吸附面积的颗粒活性炭滤芯

0.0001微米的RO膜滤芯

后置活性炭滤芯

超滤膜滤芯

五级过滤净水系统

更健康的光环境

定制全场景健康家居照明，科学调配室内灯光，进行防眩光设计，打造舒适室内色温环境，实现全屋光生态，赋能健康室内光环境

▶ 针对主卧、客厅、卫生间、厨房等空间分区调节

> 客厅色温数值参考
> 3300—5300开
> 餐厅色温数值参考
> 日间：3300—5300开
> 夜间：<3300开
> ▷ 玄关色温数值参考
> 全天 ≤3000开
> ▷ 厨房色温数值参考
> 全天 ≤4000开
> ▷ 主卧色温数值参考
> 日间：3300—5300开
> 夜间：<3300开
> ▷ 卫生间色温数值参考
> 全天：3000—4000开

橱柜、吊柜等以人尺度隐藏灯带

美颜灯、藏镜

暖心小夜灯

主卧转角飘窗

光氛巨幕

舒适色温、防眩光

暖心光源

根据时间段、自然采光、场景模式等，结合日光顺应系统综合调节室内色温环境，提供**舒适化**也可**个性化**的室内光环境

小夜灯　衣柜内置灯带　酒柜内置灯带　吊柜内置照明　橱柜灯带　美颜灯　镜面灯　背景灯　阅读辅助灯　隔板灯带　景观灯　…

更舒适的光环境

从规划层面增大楼间距，增加日照时长；优化窗地比提高户内采光面积，最大限度将自然光引入室内，营造室内健康光环境

光照环境

1 大尺度楼间距日照
拉大楼间距，满足日照时长
最大程度引阳光入室

2 窗地比控制
尽可能带更多阳光引入室内
实现更多的采光与遮风

3 户型全明设计
各功能腔室实现全明
来实现每一个空间都能呼
吸到阳光的味道

遮光系统

4 中置百叶
节能环保效果高达40%
保持室内光环境的舒适与健康

隐形纱窗

转角飘窗　　双面宽全景阳台　　270°转角阳台　　电梯厅飘窗

更安静的声环境

通过多重绿植降噪系统、分户隔音系统、户内隔音系统打造社区三重隔音体系，给你最安静舒适的家

1 社区规划植物降噪隔音系统
通过园林规划进行植物降噪
把好社区降噪第一关

2 分户隔音系统
通过墙体隔声、外窗隔音系统、门窗周边投标、
上下楼板隔音、同层排水等高标准隔音措施
减少噪音进入室内

3 户内隔音系统
通过室内隔音门（户内门静音铰链等）、消音
设计（静音马桶盖、柜门以及吸胶等）
针对性处理打造美好室内生活

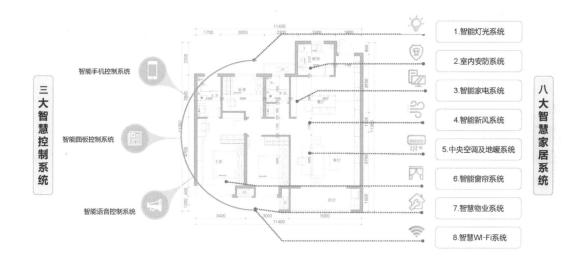

＊ 生态健康

"阳光热练"：以阳关环跑道、热力运动场、健康加油站连接人与人之间的情感记忆，追寻更健康的生活方式。

时光嘉年华：通过"橙风之旅""橙堡之家""时光之橙""橙长乐园"等社区场景搭建，营造让儿童快乐成长的游乐天地。

自然生活馆：通过社区会客厅、森林呼吸草坪、市树广场、林荫剧场、自然疗愈花园等设计构建人与自然共享、共生、共融的探索乐园，打造属于阳光社区的自然生活馆。

节能环保：通过海绵社区、环保监测、外墙及屋面保温系统、节能门窗系统等达到节能环保的目的，通过小环境的绿色健康，带动城市环境的逐步改善。

2. 智慧生活价值主张

＊ 智慧社区

通过"壹生活馆""阳光悦泊""零触归家""智慧安防"等体系构建，形成社区智能联动，全面提升业主的安全感和幸福感。

＊ 智慧家庭

通过三大智慧控制系统和八大智慧家居系统，形成全屋智能家居联动，营造更舒适、惬意的生活环境。

三、落地项目——重庆阳光城·天澜道11号

1. 工程档案

开发商： 阳光城集团

项目地址： 重庆市江北区

占地面积： 136 128平方米

建筑面积： 761 100平方米

2. 项目概况

　　重庆阳光城·天澜道11号位于重庆市江北区。如今，人们对生活有了更高的要求，健康成为人们选择高端住宅考虑的首要因素。作为阳光城在重庆的第一座智慧豪装大平层，本案秉承"科技引领健康，科技服务于人"的理念，引入阳光城特有的"绿色智慧家"系统，通过国际一线品牌与室内智慧体验的完美融合，以精细化生活细节设计，诠释绿色环保的健康和智慧生活。

　　本案在精装设计上除参照重庆一线高端住宅的配置标准之外，还综合考量了上百项精装细节、全套智能系统和全屋环保材料。从人的居住本质出发，运用阳光城独有的"绿色智慧家3.0"精装体系，从绿色健康、智慧生活和家文化三大主题出发，为业主打造奢华、典雅、健康和智慧的生活。

3. 精装细节

＊ 入户区设计——材质与收纳

　　本案入户门采用工艺复杂的铸铝门，厚重、结实、耐用，并且造型精细；玄关处放置了集实用性和艺术感于一体的超强收纳玄关柜，柜体内部进行精细的功能划分，方便各类物品的收纳，同时，玄关柜体使用阻尼铰链，有效减小柜门的冲击力，营造更安静的环境。

＊ 客厅设计——美观与个性

　　客厅地面采用石材铺装，保加利亚灰细腻而深邃，简约的金属质感线条精致、典雅，庄重中透露着强烈的个性，营造出低调不张扬的质感。墙面采用乳胶漆装饰，电视墙为木饰面和陶瓷薄板，顶部是石膏板乳胶漆吊顶。天花上

嵌磁吸灯，方便业主灵活地安装和拆卸灯具组件，便于灯具的日常维护与保养。

＊ 厨房设计——细节与功能

厨房顶部采用防油、防污、方便清洁的铝扣板吊顶，顶部配置凉霸，即使是在炎热的夏天也能实现清爽烹饪。整个厨房细节力求体现人性关怀，台面高度为符合人体工程学的840毫米，操作更顺畅；内置抽屉承重性能优良，平稳性强；吊柜配手扫感应照明，避免用油手开吊柜，导致导电；下沉式单盆设计让操作空间充足的同时，能够有效防止水外溢，也更易于清洁。

＊ 卫生间设计——人性化处理

卫生间采用静音马桶和浴缸，浴缸采用60%的天然石英石和顶级亚克力混合而成，具有吸音、隔热、高防滑性的特点。U形防臭地漏在保证排水通畅的同时，也保证了地面的美观。加热浴巾架具备加热、消毒、杀菌的功能，为业主提供更加安全、舒适的生活环境。

4. 智慧系统

＊"三恒系统"

本案采用恒温、恒静、恒氧的"三恒系统"智慧调湿新风机组，完美实现输送新鲜空气、除湿加湿、除霾净化等功能。此外，该系统与室内智慧化家居系统联动，实现与自动控制窗帘、灯光氛围、安防系统、背景音乐，甚至电视机、冰箱、烤炉、蒸箱等家用电器的互联互通，以"一屏到底"的解决方案完成全屋的科技智慧控制系统，并将室内控制终端显示屏，用于设置系统参数值，显示系统运行参数。

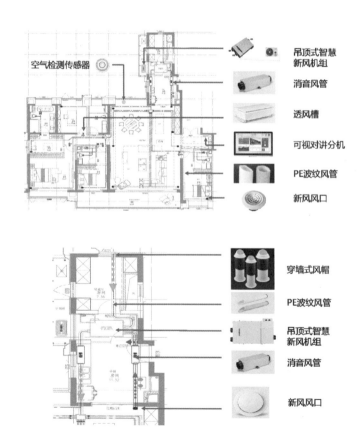

空气检测传感器

吊顶式智慧新风机组

消音风管

透风槽

可视对讲分机

PE波纹风管

新风风口

穿墙式风帽

PE波纹风管

吊顶式智慧新风机组

消音风管

新风风口

* 净水系统

本案通过前端净水器和末端净水器两道过滤系统，使用水达到直饮水标准，保障用户的用水健康。

* 垃圾处理系统

厨房水槽下方安装了垃圾处理器，与排水管相连，利用离心力将粉碎腔内的厨余垃圾粉碎后排入下水道，轻松实现即时、方便、快捷地清洁厨房，同时也能避免厨余垃圾因储存而滋生病菌、蚊虫和异味等。

第七节　融信产品体系

2020年，融信顺应时代号召，以健康人居的打造为产品理念，推出"CARE+全心健康家"体系，完成产品力的迭代升级。所谓"CARE"是指基于产品方对用户的关怀，以用户的需求为首要出发点进行服务和内容上的延展和创新。

计，体系包括60项价值细分，从理念到落地，从生活方式到功能引导，力图以全方面、多维度的产品理念实现用户使用产品时的放心、安心和舒心。

一、"CARE+全心健康家"理念体系

"CARE+全心健康家"体系以四大产品系统和暖心家设计理念五个维度为核心展开产品设

二、五个维度

1. 绿色健康系统

融信从与人们健康息息相关的空气、声、光

"CARE+ 全心健康家"——产品体系				
☀ Comfort 「舒心」绿色健康系统	📶 AI 「放心」零触安全系统	💧 Retain 「安心」毛细清洁系统	🔋 Energy 「乐心」活力运动系统	♡ + 「暖心」亲密·私密·家
风环境　　lowE玻璃 光环境　　新风系统 微环境　　智能空调 降温除尘　浊气封堵 芳香（疗养）植物　环保建材 环境监测　隔音木门 南北通透　静音壁布 自然通风　隔音墙体 阳光生活　隔声楼板 宽景阳台　净水系统	人脸识别 车牌识别 访客二维码 自动单元门 无触梯控 独立侯梯厅 零触入户 智能关爱 智能报警	玄关收纳 干湿分离/全明卫 感应龙头 智能马桶·便圈 感应垃圾桶 感应皂液器 柜体消杀 消毒柜 厨余粉碎机 三合一暖风机 电热毛巾架 智能晾衣架 阳台点位	活力跑道 活力场 阳光草地（多功能） 林下休憩 共享花园 儿童互动嬉水场地 运动楼梯 多功能架空层 环境更新 环境评估	超大宽厅 洄游动线 亲情LDK 儿童天地 动静分区 代际双动线 多套房设计 私享书房

等环境要素入手，通过新风系统、智能空调、环保建材、净水系统、隔音系统等20个细节构建绿色健康系统，保证家居环境的健康。

2. 零触安全系统

零触安全系统通过人脸识别、无触电梯、无触入户等方面实现无触归家，为健康社区加码。

3. 毛细清洁系统

毛细清洁系统通过玄关收纳、感应龙头、智能马桶等清洁家具和设备，打造如毛细血管般的渗透清洁，不留卫生死角，实现全屋洁净。

4. 活力运动系统

活力运动系统通过在社区打造活力跑道、阳光草地、共享花园等活动空间，实现在家门口运动。

5. 暖心家设计理念

融信以人性化为出发点，通过超大宽厅、洄游动线、LDK一体化等设计筑就一个亲密私享的空间，营造出一个既可强化家庭互动，又能保留个体独立空间的生活氛围。

现代雅致风格，有效扩大电视背景墙空间　　　　　　　　木饰面+皮革硬朗+造型软包搭配　　　　　　　　　　　　　精装博享处理，采用百搭灰色
台壁绿合了大数据，不锈钢收边过轮板　　　　　　　　充见于酒店的处理手法并运用于室内　　　　　　　　　　将高级酒店艺术感官寄寓于日常生活
采用菜斑打磨凸出背景墙的层次，集合造型板等材质　　突开主卧调性，静谧相逻空间，只想更舒适

CERAMIC TILE 全屋瓷砖	WOOD FLOOR 卧室木地板	WHOLE HOUSE SWITCH 全屋开关	SKIRTING LINE 全屋踢脚线	KITCHEN SLIDING DOOR 厨房推拉门

DRAWING ROOM
智慧客厅

BACKGROUND MUSIC
背景音乐

TMALL GENIE
天猫精灵

PORCH ARK
玄关柜

BEDROOM CLOSET
主卧衣柜

WARDROBE
双次卧衣柜

三、落地项目——南京融信·世纪东方

1. 工程档案

开发商: 融信集团

项目地址: 南京市栖霞区

占地面积: 106 002平方米

建筑面积: 321 516平方米

室内面积: 122平方米

容积率: 2.2

2. 项目概况

　　南京融信·世纪东方位于南京市栖霞区仙林湖,三山环绕,周边配套设施完备。项目本着"以人为本"的理念灵活布局,旨在打造全周期、复合式现代东方园林社区。

3. 户型空间设计

在122平方米户型样板房的规划中，空间整体划分为几大区域，空间动线流畅、简洁，整体采用大面积的深沉灰色，屏弃冗余的色彩和装饰，营造出沉静、安稳的空间氛围。根据业主的日常需求，在设计上有意识地增加了厨房和衣帽间的面积。双门设计的书房，既可单独使用，也能与主卧相连，成为主人私密的工作空间，同时预留工作阳台点位，空间功能和基础设施更加完善，空间使用率也得到了提升。

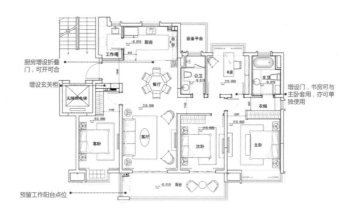

4. 精装设计

在精装设计上，本案参考了南京高端住宅市场，并针对客群对精装的关注点和需求点进行打造升级，力图以高品质、重细节的交付标准降低后期改造率，提高业主满意度，提升业主的居住体验感。

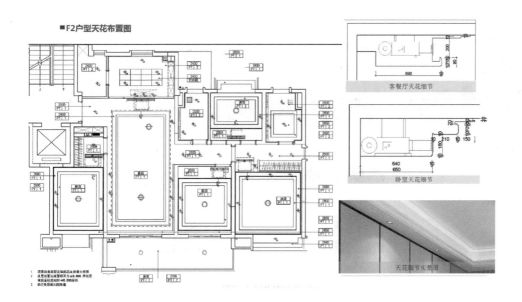

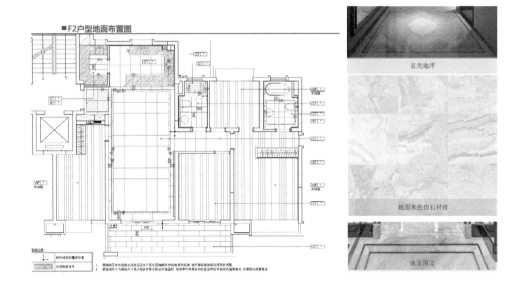

■F2户型地面布置图

玄关地坪

地面米色仿石材砖

地面围边

5. 精装细节

＊ 厨卫设计——品质与细节

在精装设计中，厨卫空间是施工要求和成本最高的空间之一，直接影响后期业主使用的体验感。为保证交付质量，融信在严格把控施工质量之余，将厨卫用具作为重点关注对象，厨具、橱柜、卫浴洁具等均采用国际一线品牌产品，保证用户的使用体验。同时通过细节化设计及人性化设计提升厨卫精装的亮点，如厨电内嵌式设计、卫生间配置地暖等。

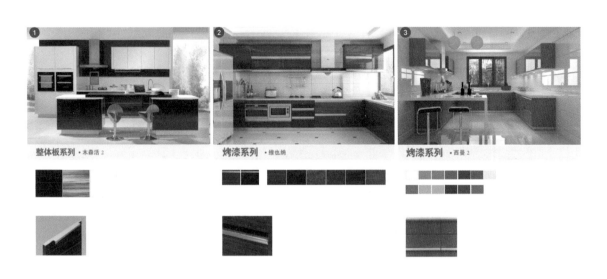

整体板系列 · 木森活2　　　　烤漆系列 · 维也纳　　　　烤漆系列 · 西景2

✳ 卧室设计——用材质营造高级感

　　卧室的设计简约大气，地面使用高端品牌实木地板；天花顶部为石膏板并镶嵌金边；飘窗为大理石台面设计，作为休憩小空间。此外，卧室中增添了人性化的设计细节，如在衣帽间配备LED面板，方便业主取衣、穿衣，橱柜加设抽屉暗格方便存放重要物品，室内门安装静音器和防撞条，保证室内声环境健康。

* 客餐厅设计——艺术感打造

客餐厅与卧室空间氛围保持一致,地面采用大理石拼花设计,天花顶部为石膏板吊顶,局部镶嵌金边,以简明、流畅的线条展现空间品质。此外,项目通过在墙面增设挂画轨道,电视背景墙采用布艺和木饰面装饰顶面等设计增强客餐厅的艺术性,降低用户后期改造的可能性。

6. 智能居家系统

在室内智能系统方面,融信通过打造中央除尘系统和"三恒系统"为智慧生活护航。除中央空调、新风系统、地暖、可视对讲等常见配置外,另外配备厨房独立空调系统、家具智能App控制系统等,满足室内呼梯、一键呼救等功能,给予业主全维度的关怀。

7. 收纳系统

收纳空间对每个家庭来说都必不可少,本案通过橱柜、卫柜、主卧衣柜、洗衣柜、玄关柜等配套交付家具设计,以及电视柜、次卧衣柜、书柜等活动家具满足家庭收纳需求。

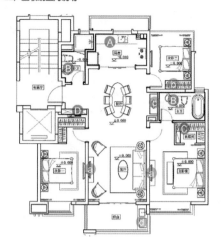

■ E2户型收纳空间说明

配送家具
Ⓐ 橱柜
Ⓑ 卫柜（主卫送卫洗丽）
Ⓒ 主卧衣柜
Ⓓ 玄关柜

活动家具
ⓐ 电视柜
ⓑ 次卧衣柜
ⓒ 餐边柜
ⓓ 工作阳台洗衣柜

第八节　世茂产品体系

一、世茂健康宅标准体系

如今，人们越发意识到健康生活的重要性，健康人居成为新趋势。为此，世茂提出了健康宅标准体系，体系包含16个类型、147条策略，从安全无忧（Carefree）、节能便利（Convenient）、舒适康养（Comfortable）、社区服务（Community）四个维度构建健康生活的"4C保障"。

二、"七恒"健康环境

世茂针对业主对室内健康的需求，精选智能家居产品，从配置方案选择、部品部件做法、智能控制逻辑优化、人机交互友好等方面，营造"七

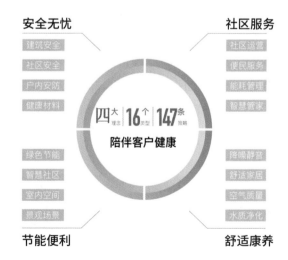

恒"健康环境，细化健康环境的具体精准测量指标。所谓"七恒"健康环境指的是恒洁、恒氧、恒湿、恒静、恒净、恒热水、恒温七个方面（第124页图）。

三、"世茂健康认证体系"

世茂在"健康宅"的基础上强化家居健康，应对人们在各个层面的健康需要，进而总结出一套完整的"世茂健康认证体系"。

该体系基于人体工程学、环境舒适、心理健康等方面进行科学设定，涉及阳光、空气、水、热、声等门类，91个分类，关联建筑、景观、室内、机电、采购、施工、物业运营等多个管理环节，使健康需求更加精细化、数字化、可衡量。

1. 新风系统

空气对一个家来说再重要不过了，新鲜的空气，是"健康宅"的第一步。新风系统是在非过渡季节获取室外空气最适合的方式。世茂选择最安全可靠的单向流正压新风系统，保证室内各个房间在正压状态下空气的单向流通，从外窗渗透、自然排出，在确保空气流通的情况下，还能避免各房间的交叉影响。

2. 除霾除菌

除了常规的初效过滤，世茂还设置了空气过滤器溶菌酶高效过滤，对直径0.3微米以上的微粒去除效率可达99%，有效过滤烟雾、灰尘等污染物。

针对空气中的一氧化碳、氮氧化物、碳氧化

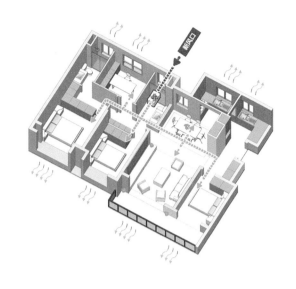

物、醛类等有害气体，特别是细菌、病毒、霉菌等危险物质，在采用等离子静电（闭环技术控制臭氧）、光触媒催化等被动式的科技灭菌方式之外，还增加了纳米水离子等主动式灭菌方式，杀菌率高达99%。

为防范不同住户间的串气风险，厨房安装精准匹配油烟机和排气道的止回阀；卫生间采用防返臭地漏；卫生间排风和户内新风机联动，保持卫生间负压，通过空气污染细节控制，让每家每户都能拥有清新的空气。

针对不同的室内外空气环境，世茂通过计算流体力学模拟仿真流体流动与传热分析，力求每个区域都保持合适的温度和风速，让室内环境舒适无死角。同时根据室外空间的设备布置和散热方式综合分析气流组织，防止积层现象和短路问题。

3. 全屋净水系统

紫外线杀毒装置可以避免水箱产生二次水污染，在源头保证用水安全，为全屋配置的中央净水设备，能够滤除氯、重金属、TOC（总有机碳）等物质，提升用水品质。针对不同的使用需求，世贸采用净化分级设计，如厨房配置直饮水、洗衣和洗漱配置中央软水等，同时设置水质在线监测装置，方便业主随时监控水质情况。

4. 光环境健康

研究表明，阳光能够促进人体内维生素D的合成，还可以杀菌消毒，提高免疫力，舒适的光照，对人的身心健康有着重要的作用。因此，世茂通过控制窗地比、改进玻璃性能等方式，提高室内透光率，尽可能改善屋内光照条件。

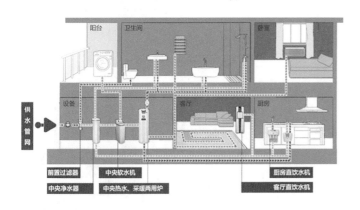

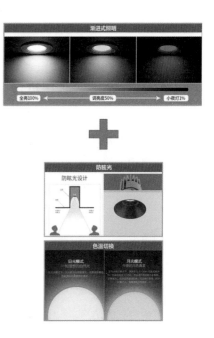

在改善光照的基础上，世茂通过光源色温控制系统为不同场所匹配适合的环境色温和均衡强度，保证休闲、聚餐、休息等不同场景下适宜的光环境。

5. 健康厨卫

厨房和卫生间是最容易滋生细菌的地方，同时上下管道的连接处容易产生污染，因此，厨卫的洁净卫生是家居健康的一大保障。世茂通过紫外线晾衣架、厨余垃圾粉碎机、防返臭地漏、中央净水器等设施打造一个密闭的"保险箱"，堵死每一个细微孔隙。

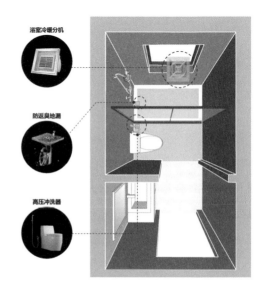

四、落地项目——北京世茂·天誉

北京世茂·天誉将空气、声音、水、温度等与健康息息相关的元素融进产品设计，力图打造一个真正具有人文关怀的空间。

1. 空气健康系统

通过四季新风系统、高效空气过滤器溶菌酶过滤网等技术手段去除99.5%的空气中有害微粒，以保证室内空气的洁净。

2. 真空静音系统

从室外噪声、电梯噪声、地铁噪声、层间隔声、户内噪声、排水噪声、设备噪声、外墙吸噪8个维度搭建降噪静音系统，实现全面阻隔噪声。

3. 微米净水系统

引入医疗级除菌网过滤技术，辅以3M净水设备尽流技术提升过滤效果，实现净水直饮。

第九节　东原集团产品体系

一、诗画生活美学，焕新东方院落——遵义东原·九章赋

1. 工程档案

开发商： 东原集团

项目地址： 遵义市新蒲新区

室内设计： 则灵艺术（深圳）有限公司

占地面积： 213 054平方米

建筑面积： 555 244平方米

容积率： 2.0

2. 项目概况

　　遵义东原·九章赋地处遵义市居住用地集中区域，以"山水聚境·雅致之居"为景观设计内核，采用现代中式建筑风格，打造院落住宅业态，以优化城市立面，筑造符合城市形象的高端居住区。

　　本案在创造可持续发展的生态建筑的原则下，通过对周边环境进行深入分析，努力开发一种居住空间与公共空间之间的互动关系，使本地块居民在归属感强、邻里交往密切的前提下，充分利用本地块提供的公共空间，体验全方位的生活配套服务，感受品质生活。

二、室内设计

1. 143平方米户型样板间

143平方米户型样板间设计以满足全生命周期的阶段性需求为基准，从家庭交互、空间复合、主卧私享、生活化阳台、主题童卧、健康入户等维度出发，将人文关怀贯彻到底。

会客厅采用大横厅设计，创造出人文景致，营造静谧、安逸、纯粹的空间体验。

开阔式书房与会客厅相连，开放式设计让办公不再是窝在房间里苦闷地工作，更多的是和家人互动与交流。

主卧为都市人群构建了相对私密的空间，强调为空间植入多元的可能，在呈现丰富层次的同时，满足人们对生活的多元需求，这里可休闲，可娱乐，可享受私人时间，也可共享二人世界。

餐厅和厨房围绕家庭成员情感交流与互动的需求，采用嵌入式蒸烤箱构成丰富的餐厨系统，为忙于工作与生活之间的都市人构建一个共享、共乐的多元空间。

主题儿童房以汽车主题的创意呈现了对儿童成长的关怀，从居住者的爱好着手，构建多元空间。

卫生间考虑到照明均匀的环境有利于梳洗、化妆，采用了正面打光的美颜灯，能够让人的五官更加清晰、立体。主卫干湿分离，从居住者体验着手，为家增添温暖。

2. 190平方米户型样板间

190平方米户型样板间的设计追求东方传统的雅致，展现当代人向往的生活美学，以丰富的空间语言满足不同年龄层次人群的生活需求，构筑一处优雅、舒心的生活居所。

客餐厅旨在打造一个华丽、精致的一体化空间，长方形内嵌式的天花展示出一个平实、规整、宽广、明亮的空间。软装上选用一系列棕色晕染色调，局部搭配现代艺术的饰品，营造出一个色彩与饰品层次丰富的空间。空间色彩以大地色系为主调，局部点缀跳跃的灰蓝色，为空间增加流动的色彩与生机感。

主卧室舒适、温暖的床品与契合空间主题的沙发，传达出干净、纯粹的格调，展现了主人对生活的追求。

贴合孩子生活习性的儿童房简单实用，考虑到男孩好动，空间使用偏活泼的元素，调动男孩的注意力。女孩房以浪漫和纯真为主题，丰富的色彩是空间最好的装饰。

三、精装设计

在精装设计上，项目深入研究了现代多子家庭的结构及都市人的需求，关注人、家庭和空间的交互与串联，以场景化、情感化和人性化的设计策略，通过智能家居、人性化细节、收纳系统几个维度打造都市人专属的美好之家。

1. 智能家居

项目通过全屋智能家居设备，提升住宅的安全性和舒适性，比如，通过在厨房配置煤气自动熄火装置、煤气泄漏报警装置等保障厨房用火安全；通过入户密码锁、玄关电子杀菌模块等设计保证入户的安全与健康；通过全屋中央空调系统、电动窗帘、电热毛巾架等设计提升居住舒适度。

2. 人性化细节

基于人本理念的考虑，项目从生活的便捷性和体验感出发，融入适幼化和精细化设计，如通过配置儿童防夹手抽屉、防触电插座、无障碍门槛等保障儿童的居家安全；通过在主卧配置直饮水设备、迷你水吧等，为主人营造一个静谧、安逸的空间；通过卫生间防滑地面、可调高度的花洒滑竿、马桶边收纳架、淋浴房置物板、静音马桶、防臭地漏等提高卫生间的舒适度；通过在厨房配置台面防滴水设备、水浸感应器、防油污板、烟道止逆线等保证厨房的整洁。

3. 收纳系统

本案除配置常规的玄关柜、家政柜、橱柜、主次卫浴室柜、镜柜、衣柜、电视柜、阳台杂物柜等满足日常收纳外，还有针对性地对柜体进行了精细分区，以满足业主多样化的收纳需求。如在玄关收纳体系中，鞋柜分为当季和过季收纳，另设杂物小抽屉、消毒用品收纳、扫地机器人收纳等分区；厨房则通过各式拉篮，如调味拉篮、天使拉篮等，满足厨房多样的收纳需求；阳台也细分为清洁工具收纳区、行李箱收纳区、纸巾收纳区、宠物用品收纳区等。

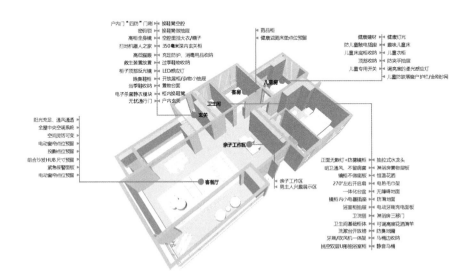

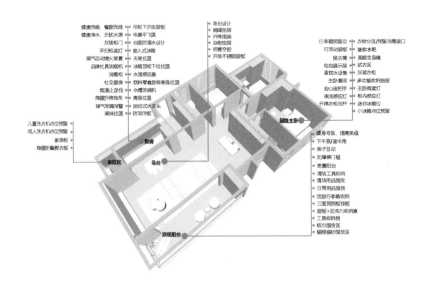

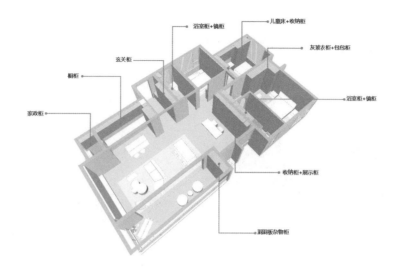

浴室柜+镜柜　　儿童床+收纳柜

玄关柜　　　　　　　　　　灰玻衣柜+包包柜

橱柜

家政柜　　　　　　　　　　　　　　浴室柜+镜柜

　　　　　　　　　　　　　　　　收纳柜+展示柜

　　　　　　　　　　洞洞板杂物柜

第十节　绿城产品体系

一、高颜值项目，功能居所——济南绿城·春月锦庐

1. 工程档案

开发商：绿城中国

项目地址：济南市高新区

占地面积：70 233平方米

建筑面积：238 857平方米

容积率：2.4

2. 项目概况

　　济南绿城·春月锦庐位于济南市高新区，基

地临近科技创新园区，周边商业、教育、医疗等配套资源丰富，南侧为蟠龙山森林公园，环境优美。

二、精装设计

　　由于成本限制，如何贴合当地客群需求，提升精装产品竞争力，最终促成该项目精装产品落地，成为该项目的难点与突破点。

　　基于用户对不同功能区的敏感度，绿城以美观度提升和功能强化为基点，将资源向业主关注度更高的厨房、卫生间和玄关倾斜，通过装饰背景品质的提升，墙纸选型的多样化，灯光氛围的

强化，墙地砖选型规格的突破等方式提升美观度；通过强化收纳功能，提升
卫浴选型的功能性，植入智能家具，优化插座点位配置等方式强化室内空间
的使用功能。

属地客户空间敏感度排序					
空间关注度排序					
厨房	卫生间	玄关	客厅、餐厅	卧室	阳台

高　　低

属地客户精装配置敏感点	
地面材料	瓷砖规格：750*1500；色调：暖灰色，纹理过渡自然、柔和；细节要求：同色美缝剂填缝；客餐厅、阳台、厨房地面以通铺，不单独设置门槛石； 木地板：多层实木复合地板为主流；暖色木纹选购频次高；山纹接受度更高；
墙面材料	瓷砖，规格：厨卫墙面，600*1200；色调：厨房墙面，白色带暗纹为主；卫生间墙面，浅灰色带暗纹为主；细节要求：同色美缝剂填缝； 岩板，规格：600*2400/1200*2400为主；色调：浅色（白色、暖灰色）暗纹为主流；细节要求：造型背景类，主流要求进行对纹拼贴；同色美缝剂填缝；
收纳系统	橱柜五金配件：碗碟拉篮、抽屉为重点项，调味拉篮配置率低；明装层板为高频选项；侧边柜：三段式造型接受度高；中段位置配置插座，顶柜采用玻璃门板； 玄关柜：柜内活动层板，收纳细分；　卫浴柜：细化柜内收纳功能，分类明确、扩展性强；可配置手扫开关，控制灯带功能；
水暖五金	抽拉功能重点关注；厨盆龙头、台盆龙头建议选用可抽拉式；厨房大单槽（长度800mm）为高频选购；　淋浴花洒：重点关注：三出水功能；
洁具	卫生间高频选用台下盆，关注深度、容量，造型以方形为主流；马桶高频选用一体式智能马桶：造型简约；带手持遥控器、踢脚冲水；
电器设备	烟机高频选用：直板款式、不锈钢+玻璃材质，关注吸力；灶具高频选用简约款，钢化玻璃材质，关注大火力；柜体式洗碗机为高频选项，12套碗碟为硬性需求； 暖风机以：300*600规格尺寸为主流，关注"换气、风暖、照明"功能；滚筒关注风力大小是否可调节档位、角度；　中央空调关注：噪音及冷暖效果；
安装	插座关注：数量及布置逻辑；高频配置：斜向五孔、七孔、带USB\C口插座、一体化面板；
智能化	关注是否预留端口，后期入住后是否可自行加装；

1. 外观优化设计

为提升材料品质，在交付标准中，选用大规格岩板作为大面材料，提升观感及整体性，同时在局部增加金属装饰线条，提升细节装饰效果。

另外，为强调空间装饰效果差异性，绿城以区别于常规的选型逻辑，对各空间墙面的墙纸进行差异化选型，以增加客户记忆点。

在灯光氛围整体的强化上，结合不同功能空间需求，进行多类型光源配置，对片光源、点光源及线形灯具进行点位布置优化，提升空间照明氛围，同一光源色温在3000开，确保整体照明效果。辅助光源数量提升，结合软装布置，增加辅助光源设计，提升局部补光，增加展示氛围。

另外，结合市场调研及客户敏感点，客餐厅、厨房地面、卫生间墙面选用600毫米×1200毫米大规格砖，进一步提升产品的差异，拉开与竞品差距，踩准属地客户关注点。

2. 收纳功能强化

利用玄关收纳、卫浴收纳、厨房收纳等板块对全屋收纳系统进行重点设计、规划，结合绿城精装收纳模块，在其基础上进行细节提升，对各类五金配件、功能造型细节、柜内功能划分进行重点优化，强化整体收纳的完整性和功能性。

在成本可控的前提下，结合客户敏感点，在主卫和次卫中设置智能马桶，拉开与竞品配置的差距。同时，本案还结合绿城标准化文件进行了点位数量提升，在厨房空间配置滑轨插座，进一步优化空间功能，强化点位配置。

第十一节　华宇集团产品体系

一、成都华宇大发·御璟云玺

1. 工程档案

开发商： 华宇集团、大发地产

项目地址： 成都市高新区

室内设计：重庆大颂建筑设计有限公司

占地面积：21 492平方米

建筑面积：76 842平方米

容积率：2.5

2. 项目概况

　　成都华宇大发·御璟云玺位于成都市高新区新川之心公园旁，项目占地约21 333平方米，除新川公园外，周边还有三大滨水游线以及若干口袋公园。

二、户型优化设计

　　本案的户型设计从生态户型、舒适空间和人性配置三个维度着手，通过合理布局与系统辅助营造舒适、自然的氛围，塑造出亲近自然的理想住宅。大平层户型的大尺度空间为现代都市轻奢风格，辅以超大尺度的功能区布局和百搭的材质。同时，从女性关怀的角度梳理空间关系，完善收纳空间，并采用高端品牌家具，智能化家居让生活更便捷、舒适。

173户型

143户型

·采光通风最大化

户型开窗面宽度最大化

户型开窗面高度最大化

对向开窗形成空气对流

主要空间自然采光通风

空间效果参考

• 南北通透布局流畅

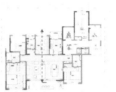

双面采光

双向通风

173户型

143户型

空间效果参考

• 独立玄关

玄关区独立方正

玄关正对入户门厅

大尺寸玄关收纳

173户型

• 超长厨房台面

厨房台面整体功能完备

厨房台面长度均超4米

台面可容纳厨房全部功能需求

143户型

空间效果参考

• 超大尺度横厅

超宽横厅布局

空间开敞尺度感极佳

方正横厅空间灵活

173户型

• 超大景观阳台

景观资源与采光兼顾

270°景观阳台

143户型

空间效果参考

173户型

143户型

- **·超大主卧空间**

  主卧空间超长进深

  主卧空间超大面宽

- **·超大主卫台面**

  主卫盥洗台面超1.5米

- **·主卧独立衣帽间**

  主卧步入式衣帽间

空间效果参考

- **·造型简洁优雅**

  现代都市轻奢风格定位

  现代潮流空间造型

  空间造型整体简洁

- **·材质干练格调百搭**

  高品质柔性质感材料

  中性色调材质搭配

  奢华材质细节

三、精装设计

本案落地华宇集团的"优+2.0"产品体系，项目精装定位以"向新而生"为题，以功能和外观打造为重点，给业主足够的想象空间。

1.功能优化提升

＊ 智能系统

本案旨在打造一个南北通透、采光优良的生态户型，为此，本案通过户型的合理布局与系统辅助，营造舒适、自然的感受，在精装方面，利用全屋

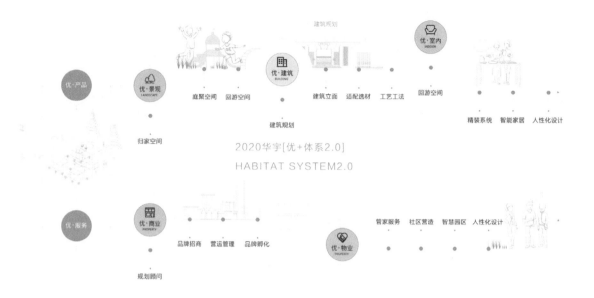

建筑规划

优·产品

优·景观 LANDSCAPE
庭聚空间　回游空间

优·建筑 BUILDING
建筑立面　适配选材　工艺工法

优·室内 INDOOR
回游空间

精装系统　智能家居　人性化设计

建筑规划

归家空间

2020华宇[优+体系2.0]
HABITAT SYSTEM2.0

优·服务

优·商业 PROPERTY
品牌招商　营运管理　品牌孵化

优·物业 PROPERTY
管家服务　社区营造　智慧园区　人性化设计

规划顾问

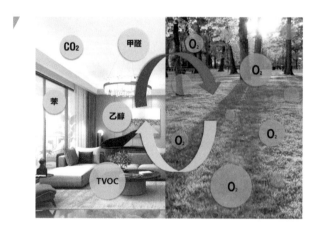

·环境辅助调节系统

全屋中央空调系统

全屋地暖制热系统

全屋新风换气系统

三大系统配合使用，
打造人性化家居健康
舒适新体验。

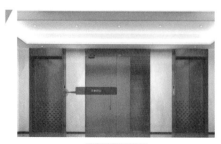

·电梯无触通行

一户一卡层控到达

访客二维码乘梯

私密更显尊贵

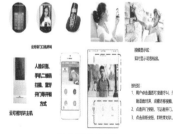

·云对讲系统

告别束缚远程应答，摆脱访客出入烦恼

无须实物认证介质

扩展支持人脸识别、二维码

扩至支持访客动态二维码

中央空调系统、全屋除霾新风系统、全屋地暖制热系统三大环境辅助调节系统改善空间环境，同时，打造全屋智能化配置，电动窗帘、背景音乐、智能网关、魔镜系统等是室内亮点。

＊ 收纳系统

本案通过完善收纳空间，提高业主居住舒适度，以入户玄关柜、厨房地柜、厨房吊柜、卫生间浴室柜等满足空间硬性收纳功能。以143平方米户型收纳体系为例，玄关柜、厨房吊柜、厨房地柜、卫生间浴室柜、主次卧衣柜、书柜、景观阳台柜等家具，达到容积约12立方米的收纳空间。

户型平面示意

• 完善收纳空间

143户型收纳空间梳理

户型平面示意

• 完善收纳空间

173户型收纳空间梳理

＊ 厨卫配置

厨卫设备采用高端品牌，厨房除了配置常规的抽油烟机、燃气灶外，还配置净水设备、柜内五金、洗碗机、凉霸等；卫生间除台盆、马桶、浴缸及龙头、花洒、地漏五金外，还增设了功能性五金，如电热毛巾架、浴霸、厕纸架等人性化设施，以提升产品竞争力。

2. 外观优化提升

为提升项目的美观度，本案重点打造了电视背景墙、餐厅背景墙、主卧床头背景墙，并将全屋壁纸、全屋石膏板、局部造型吊顶、全屋氛围灯带、定制门门套到顶等做法纳入体系标准，并通过客餐厅墙面的全装饰造型，门厅及客餐厅地面石材运用等方面设计提升美观度。

第十二节　中奥地产产品体系

一、马鞍山中奥·江南云筑

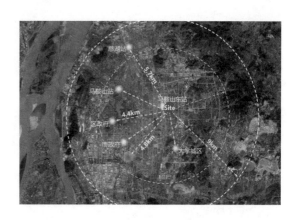

1. 工程档案

开发商： 中奥地产

项目地址： 马鞍山市花山区

建筑设计： 深圳柏涛景观

室内设计： 鲲誉设计（硬装）、尚石设计（软装）、
美域高MIYUKO

占地面积： 68 043平方米

建筑面积： 161 545平方米

室内面积： 125平方米

容积率： 1.8

2. 项目概况

　　马鞍山中奥·江南云筑位于安徽省马鞍山市市区，城市的历史文化底蕴使得项目享有独特的文化优势。项目周边交通便利，配套设施完善。

二、精装设计

　　本案为精装交付产品，在硬装配置上，整体风格以灰与白之间的浅色色阶为基调，以极具现代感的线条和原色统筹空间语言，呈现出澄静的视觉效果。全屋采用石膏板天花吊顶，墙底选用成品木塑踢脚线，墙面采用白色乳胶漆，形成了全屋统一的空间风格。

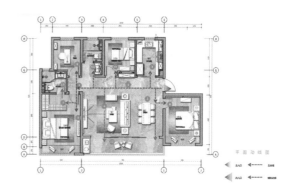

区域	厨房	主卫	次卫	客餐厅	卧室/书房	阳台	门窗	设备	收纳
配置	1.白色铝扣板	1.白色铝扣板	1.白色铝扣板	1.石膏板吊顶+灯带	1.局部石膏板吊顶	1.顶面防水乳胶漆	1.房门（PVC覆膜）	无线燃气探测器（昇辉）	1.玄关柜PVC覆膜柜门+三聚氰胺板柜体
	2.地面抛釉砖	2.地面瓷砖	2.地面瓷砖	2.地面抛釉砖	2.地面多层实木复合地板	2.地面防滑砖	2.厨房铝合金移门	无线红外入侵探测器（昇辉）	2.橱柜PVC覆膜柜门+颗粒板柜体+石英石台面
	3.墙面瓷砖	3.墙面瓷砖	3.墙面瓷砖	3.墙面乳胶漆	3.墙面乳胶漆	3.外墙涂料	3.入户门单门套+指纹锁	智能无线门磁、窗磁（昇辉）	3.台盆柜+镜子+PVC覆膜柜门+石英石台面
	4.橱柜+吊柜（灯带）	4.台盆+龙头	4.台盆+龙头	4.窗台板+门槛石	4.窗台板+门槛石	4.水电点位+五金			
	5.油烟机、燃气灶	5.淋浴房隔断+花洒	5.淋浴房隔断+花洒	5.成品踢脚线	5.成品踢脚线	5.成品踢脚线			
	6.水槽+水龙头	6.洁具	6.洁具	6.开关插座	6.开关插座	6.白炽灯			
	7.五孔带开关插座	7.开关插座	7.开关插座	7.筒灯+白炽灯	7.筒灯+白炽灯				
	8.LED扣板灯	8.LED扣板灯+暖风机	8.LED扣板灯+暖风机	8.大理石门槛	8.大理石门槛				
		9.卫浴五金	9.卫浴五金						
		10.大理石门槛	10.大理石门槛						

客餐厅地面采用仿大理石砖通铺，电视装饰墙使用了素色墙布和不锈钢。内门采用成品PVC覆膜门，卧室地面采用实木复合地板，飘窗台面选择中灰色石英石，厨卫空间采用铝扣板吊顶，厨房操作台与卫生间洗手台面选用白色石英石，墙面以瓷砖做饰面。

三、样板房软装设计

125平方米户型样板房的设计结合了秋天的主题与现代感线条，以灰白浅色为基调，以橙色的清新质感加以点缀，整体视觉效果通透而简洁。大横厅带来空间的联动，为用户打造出不同的生活场景及多样化的体验；多功能区域为家庭社交的原点，活化起居互动；卧区与浴室和衣帽间构成功能完善的套房系统，为主人的生活提供便利

和舒适。

客厅的大理石台面与皮质座椅相呼应，蒲苇与红叶点缀空间，营造满满的秋意。布艺沙发的极简线条和天然的选材，兼顾了舒适与美观，还原材料本身的特点。

餐厅素色的桌椅搭配造型别致的金属吊灯，为这个畅谈相聚的区域加入了现代的美感。

主卧延续低饱和度的色调，融入了原木色，并选用金属水晶灯在主卧营造柔中带刚的氛围。椭圆形的梳妆镜使整体线条走向柔美，简洁却不单调。

次卧延续了朴素的秋意，简洁、宽敞。暖色床品打破线条的单调感，床头的干花增加温馨的氛围。

儿童房以"飞行梦想"为主题，墙面、书桌的飞机模型质感十足，蓝色格纹与草绿色床品带来不一样的秋日感受。

书房中设置收纳空间充足的立柜和照片展示区域，黑色线条在白色座椅上不经意的构图，与地垫相映成趣，不规则的金属灯体现了非比寻常的审美情趣。

第十三节　绿发集团产品体系

一、汕头绿发·蔚蓝湾

1. 工程档案

开发商: 汕头中绿园置地有限公司

项目地址: 汕头市龙湖区

景观设计: 深圳市喜喜仕景观设计有限公司

占地面积: 96 173平方米

建筑面积: 513 288平方米

容积率: 4.0

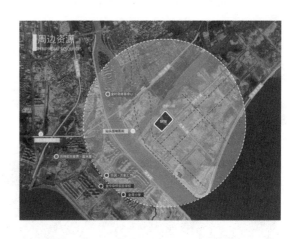

2. 项目概况

　　汕头绿发·蔚蓝湾坐落于汕头市龙湖区，占据东海岸新城核心生活片区，配套设施完善。项目依托内部景观河道，打造了近3万平方米的平滨河生态运动公园，承四季美景，享侨韵公园，绿意环绕，自然资源得天独厚。

二、精装设计——健康绿色家园体系

　　为响应时代对健康人居的呼唤，绿发集团提出了健康绿色家园精装五大体系，通过六恒健康标准（恒氧、恒静、恒温、恒洁、恒明、恒湿）、十大健康配套（健康促进中心、共享图书馆、有机食品超市、全龄运动、阳光学堂、颐养中心、绿色膳食餐厅、星级公共卫生间、疗愈花园、共享果园）、十项科技系统（智能空气系统、健康

水系统、健康隔音系统、恒温恒湿系统、健康排水系统、消杀除菌系统、智能安防系统、智能物业系统、智能监测系统、智能家居系统)、五大健康倡导(全域禁烟、全龄活动、健康饮食、文化建设、邻里交流)、300项健康价值,实现从配套到服务的健康复合社区。

三、精装细节

本案承袭绿发集团的健康绿色家园精装五大体系,从绿色健康、智能家居、家居安全、人性化、精细收纳五个维度出发,打造健康、理想的住宅。

1. 绿色健康

绿发集团通过精装修、模数化设计、10年全生命周期+可变户型、六恒健康系统等设计实现了室内空间的绿色和健康。

2. 智能家居

通过户内智联系统和智能检测系统打造智能家居,使空间与人、家与社区形成一个严密的整体,提升现代家居生活的便捷性和智慧性。

3. 家居安全

通过社区、人身、设备三者的结合交互,共同构筑安全的环境。

4. 人性化

基于对长与幼这两个特殊群体的人性化关怀,以适老化设计和适幼化设计提升家庭的成长性和安全性。

5. 精细收纳

通过橱式收纳、柜式收纳和活动收纳的结合搭建全屋收纳系统，形成玄关收纳、衣柜收纳、厨房收纳、卫生间收纳四大收纳体系。

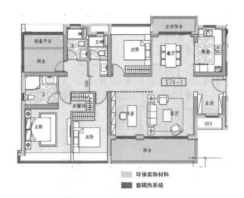

环保装饰材料

断桥铝隔热窗

环保装饰材料
窗隔热系统

周界防越报警系统

视频安防监控系统

联网可视对讲系统

电子巡查管理系统

停车场管理系统

公共广播系统

信息引导及发布系统

计算机物业管理系统

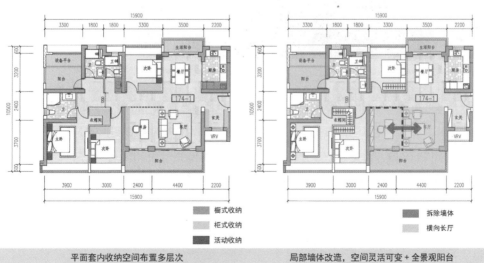

橱式收纳
柜式收纳
活动收纳

平面套内收纳空间布置多层次

拆除墙体
横向长厅

局部墙体改造，空间灵活可变＋全景观阳台

四、样板房空间设计

98平方米户型为标准的三房一厅，户型视野通透，客餐厅为一体化设计，厨房采用L形布局，主卧尺度舒适，公卫干湿分离。各个空间功能分区精细而完整，能够满足温馨的三口之家的生活需求。本案是适合新晋父母、摩登青年的现代艺术风格，空间以浅色系为主，在造型、材质、灯光上进行了简化，以简洁的设计语言营造出时尚、前卫的空间氛围。金属元素用作点缀或者强调，彰显出高雅、宁静的气氛。

129平方米户型为港式轻奢风格，设计以丝绒、皮革、布艺、木饰面共同形成丰富的空间肌理，展示出空间色调的统一，形成宁静悠远、内涵丰富的居家氛围。客厅主背景采用典雅、轻奢气质的岩板，突出空间气质。客厅视野开阔，面宽近7米的景观、休闲双阳台配置，让空间融入天海之间。

154平方米户型为新中式设计风格，采用具备独特纹理的木饰面及布艺，奠定了淡雅而有韵味的基调。主背景石材似中式山水画，软装选品亦体现了中式之美。展示空间的主色调为红色，配以面料的精致纹理，更能突出中式品位。玄关空间面积充裕，客餐厅南北通透，并带有270°大景观面，主卧套房设计打造别墅式体验。

第十四节　当代置业产品体系

一、重庆当代城·MOMA样板间

1. 工程档案

开发商： 当代置业

项目地址： 重庆市沙坪坝区

室内设计： ABD琥珀设计

室内面积： 940平方米

2. 项目概况

　　重庆当代城·MOMA坐落于重庆市璧山区科学城西，地理位置优越。项目总建筑面积约37.25万平方米，由小高层、洋房及配套商业构成，意在秉承当代绿色建筑、绿色家园、城市向美的品牌理念，并将当代置业集团的"四衡"产品理念融入其中，打造绿色公园大城。

3. 设计理念

　　本案旨在用理性的尺度分析，通改感性的生活理念，营造舒适的空间。在精装设计上，当代城从健康智能的现代生活理念出发，以人性化细节为重点考虑，通过选材、家具配置等精装设计，打造"四恒"品质人居。

二、精装设计

　　当代城样板间定位年龄段为20—30岁的热爱生活的青年人，渴望个性与时尚是他们突出的特征。为此，本案在精装设计上以年轻时尚为主，用简约大气的设计风格投其所好，并通过十二大精装工艺细节，满足年轻人开放而又保守的诉求。

三、精装细节

1. 十二大工艺细节

　　十二大工艺细节包括室内无主灯化设计、餐厨地砖通铺设计、客厅区域地面砖墙面暗踢脚设计、预留暗缝设计、燃气柜内放预留进封口设计、厨房不锈钢防污板设计、800毫米宽操作台面设计、卫生间整砖铺贴设计、卫生间洗手台石材收边设计、洗烘熨衣一体化拖布池预留设计、主卧功能可变灯位设计、阅读灯设计。

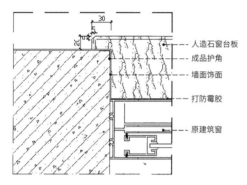

人造石窗台板
成品护角
墙面饰面
打防霉胶
原建筑窗

• 套窗收口

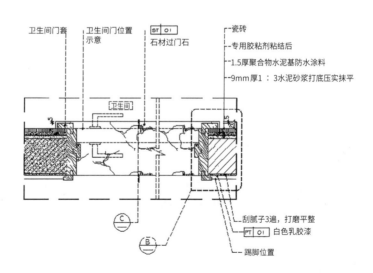

卫生间门套
卫生间门位置示意
ST 01 石材过门石
瓷砖
专用胶粘剂粘结后
1.5厚聚合物水泥基防水涂料
9mm厚1：3水泥砂浆打底压实抹平
卫生间
刮腻子3遍，打磨平整
PT 01 白色乳胶漆
踢脚位置

• 卫生间过门石平面大样图

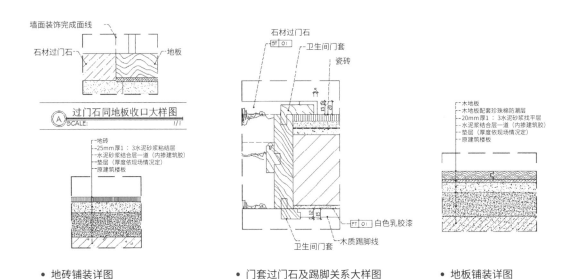

- 地砖铺装详图
- 门套过门石及踢脚关系大样图
- 地板铺装详图

2. 厨房精装细节——舒适与便捷

厨房以嵌入式洗碗机、大容量冰箱柜体暗藏、抽拉式三层收纳柜、调料拉篮置物架、多功能水槽、可抽拉水槽龙头、液晶电视或iPad、吊柜升降拉篮八大细节进一步保障厨房使用的舒适性。

3. 卫生间精装细节——人性化设计

为提高卫生间的安全性和便捷性，当代城在卫生间精装中融入六大亮点，考虑全龄段用户的使用习惯与特性，以精细化设计优化居住者的洗漱体验。比如，镜柜面光源设计方便女主人美妆；在悬空柜体下增加抽屉柜方便孩童使用；马桶区的扶手及喷枪设计为老人用厕的安全保驾护航。此外，还有优化浴室门宽便于轮椅进出、收纳柜预留多功能插座、简易升降淋浴花洒等细节设计，充分考虑业主后期的使用需求。

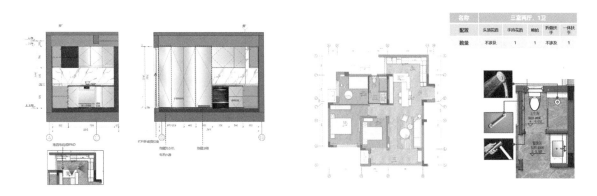

四、收纳系统

　　考虑到常规家庭对收纳空间的依赖，当代城基于建筑格局和家庭动线合理设计了收纳系统。室内有玄关柜、厨房收纳柜、餐边柜、卫生间收纳柜、电视收纳柜、主次卧衣柜等收纳家具，柜体收纳率可达15%—17%。

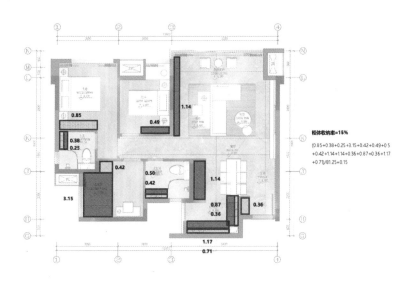

柜体收纳率=15%

(0.85+0.38+0.25+3.15+0.42+0.49+0.5
+0.42+1.14+1.14+0.36+0.87+0.36+1.17
+0.71)/81.25=0.15

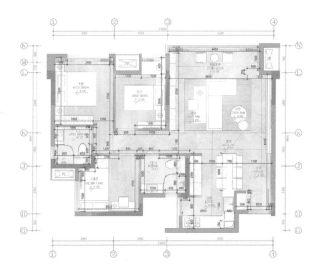

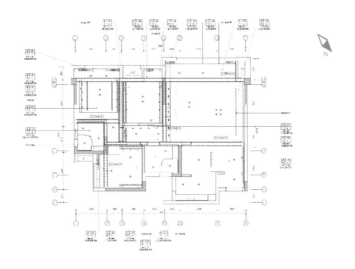

五、材质细节

为保证室内的环境健康，本案精装用材均采用环保材质，以88平方米C户型为例，全屋天花采用白色乳胶漆为饰，磁吸灯轨配合无主灯设计，加强空间的立体感和纵深感。客厅、餐厅、厨房地面为瓷砖通铺设计，提升空间整体的美观度。墙面以米色纤维板、白色墙砖、岩板作为主要饰面材料，形成整体素洁开阔的空间氛围。黑色亚光不锈钢用作全屋踢脚线设计，耐脏耐磨，延长踢脚线的使用寿命。柜体饰面整体采用香槟色亚光烤漆板，与空间内其他家具形成呼应。

①瓷砖 ②米色纤维板 ③黑色石材 ④岩板 ⑤黑色亚光不锈钢 ⑥白色墙砖 ⑦香槟色亚光烤漆板

①瓷砖 ②米色纤维板 ③香槟色亚光烤漆板 ⑤黑色亚光不锈钢 ⑥白色墙砖

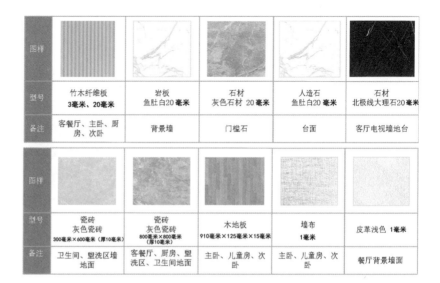

图样					
型号	竹木纤维板 3毫米、20毫米	岩板 鱼肚白20毫米	石材 灰色石材 20毫米	人造石 鱼肚白20毫米	石材 北极线大理石20毫米
备注	客餐厅、主卧、厨房、次卧	背景墙	门槛石	台面	客厅电视墙地台

图样					
型号	瓷砖 灰色瓷砖 300毫米×600毫米（厚10毫米）	瓷砖 灰色瓷砖 800毫米×800毫米（厚10毫米）	木地板 910毫米×125毫米×15毫米	墙布 1毫米	皮革浅色 1毫米
备注	卫生间、盥洗区墙地面	客餐厅、厨房、盥洗区、卫生间地面	主卧、儿童房、次卧	主卧、儿童房、次卧	餐厅背景墙面

CHAPTER 3

第一节 软装设计趋势

随着社会经济的发展，生活水平的提高，人们对居住空间的要求从"有其屋"向"优其屋"迈进，从简单的有瓦遮头渐渐叠加成对空间舒适性、精神性享受的追求。而软装设计作为一种在硬装之后对室内空间进行的二次装饰，延伸视觉空间的一种设计手段，对空间性格的塑造起着关键作用。通过对空间的色、形、质的选择和运用，软装陈设能够赋予空间独特的气质与丰富的内涵，是体现人们个性爱好、审美倾向和精神诉求的完美介质。

现如今，商品房的交付，尤其是高端住宅的交付，已从硬装交付开始走向软装交付，真正实现了拎包入住。软装交付更易于实现硬软装的和谐统一，更易于最大限度地兼顾建筑美学和空间美学。因此，软装设计同样也是产品力的重要载体。纵观当下的软装设计趋势，其产品力主要体现在空间疗愈氛围的营造和精神美学的契合上。具体可从色彩、元素、氛围、风格四个方面细看其产品力表现模式：在色彩运用上表现为打破常规、多元用色；在设计元素的提取上，更多融入和借鉴艺术元素；在空间氛围塑造上更注重年轻个性化；在风格定位上更加关注对传统文化的吸收。这些倾向最终指向的都是特定时空下，设计师对人们生活态度和审美意识的把握和再现，其背后的诉求在于提高人们的生活品质，重新定义美好生活。

一、高级色彩的运用

色彩是软装设计中重要的组成要素，它既是空间性格的表达者，也是空间情感的传递者。不同色彩的组合与搭配，能带来视觉感受的差异和空间氛围的区别，如黑与白的理性、粉与红的梦幻、蓝与黄的热烈等。在传统的软装设计中，黑白灰是经典配色，而蓝、黄、橙、粉等则以其独特的感性特征，打破空间配色局限，为室内的多元表达提供更多可能。

• 合肥正荣旭辉·政务未来

• 中原华侨城云南建水海棠城·叠墅样板间

二、艺术美学元素

作为人类精神文明的产物，艺术有着旺盛不竭的生命力，尤其在人们愈加注重精神文明塑造的时代，对艺术的提取和再现，可以说是人类永恒的设计话题。不管潮流的还是古典的，一切艺术皆可成为重要的设计来源。

三、年轻个性化设计

任何设计趋势都是基于市场需求的呈现，如今，年轻一代崛起，成为房地产企业市场的主力客群，符合年轻一代审美的，具有鲜明个性特征的室内风格在市场上的占比越来越高。事实上，生长于全面对外开放时代的年轻人具有更明确的自我意识和价值导向，因此，对居住空间的要求也更加注重能展示自我的个性风格，以及个人兴趣爱好的多元表达。

• 石家庄龙湖·天奕

• 珠海保利·镜湖墅

四、中式文化

随着我国综合国力的增强，软装设计在走向现代化、国际化的同时，也奔走在以传统文化为指南的设计道路上。设计师在追求个性化的同时，也追求传统文化意蕴的表达，将传统风格与现代手法兼容并蓄，赋予室内空间独具中国特色文化的全新风格，使室内空间在满足现代生活功能的同时，也能呈现出浓厚的古今相融的审美气息。五千年厚重的文化因子，已深深融入国人骨血之中。将传统文化融入室内设计，恰如画龙点睛般赋予了空间新的生命和精神意义，使之成为调节心理、激发人们认同感和归属感的重要依托。

• 西安天朗·唐镇样板间

第二节 色彩

一、合肥正荣旭辉·政务未来样板间

1. 工程档案

开发商： 正荣集团、旭辉集团

项目地址： 合肥市肥西县

室内设计： 孙文设计事务所

2. 项目概况

政务未来坐落于合肥市肥西县，基地毗邻公园，周边景观生态资源丰富，教育医疗配套齐全，交通便捷。作为旭辉CIFI-7产品体系的升级之作，政务未来旨在为这座城市带来更好的生活方式，打造一个全年龄段都能参与的幸福场所。

3. 设计理念

该项目样板间设计以20世纪80年代的孟菲斯风潮为设计元素，将风趣的高饱和度色调灵活运用在空间中，打破色彩的冷漠感和固有的传统设计思维，反对形式的乏味与教条，希望能于复古和新潮之间碰撞出激情，唤醒年轻人内心最强烈的情绪，让生活方式不再拘泥于时代的框架，带给居住者十足的个性与活力。

4. 空间设计

* 客厅

客厅利用玉米黄和蒂芙尼蓝等色系来强化视

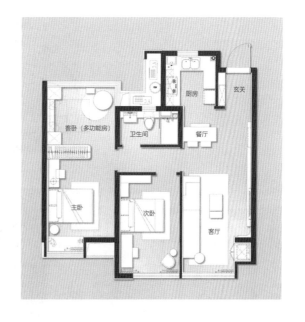

扫码后长按小程序码
获取更多信息

觉冲击，为整个项目定下颇具戏剧感的基调。蒂芙尼蓝铺满整面电视背景墙，以黄铜作为局部装饰与点缀，俏皮与潮酷中带着几分文艺气质。3D打印的"旭小熊"为空间品牌元素加深记忆，客厅的墙面连贯至餐区，圆、椭圆、方形与不规则的切割形态互相掩映，蓝与黄再次形成奇妙的配比，在不同材质的表现下充满随机性与趣味性。

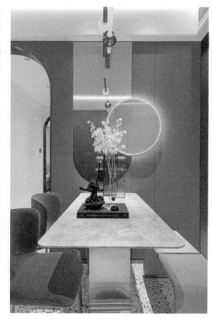

＊ 餐厅

餐厅墙上的镜面装饰由蓝过渡到玉米黄，圆镜散发出的柔和光亮如同熹微的晨光，温润而充满暖意。在日常的用餐之余，这里可成为使一家人灵感迸发的阅读、茶歇天地。设计利用比原型具有更强塑造性的椭圆元素，将其融入拱形门的轮廓之中，让空间形成一个可以到处寻宝的游乐场，在游走中随时发现惊喜。

＊ 主卧

主卧空间依旧以蓝、黄为主，但人性化地将色彩饱和度降至休憩空间该具有的强度，以保证业主休息时的舒适感。设计师对点、线、面的熟练装点让环境中展现出精致的姿态，颜色与体块的穿插多元而不拘谨，在温馨安逸的空间里调和出一种令人愉快的和谐感。由茶色玻璃组成的半开放、半封闭衣帽间是主卧的另一个亮点，在此，男女主人的衣帽、首饰被合理归置，在拿取方便的同时，保持了生活场景的艺术性。

＊ 次卧

次卧跳脱了整体的配色，在床品、灯具和画作中加入了更具有梦幻感的粉色。灰色墙布营造出雅致而安逸的氛围，家具饰品的柔和轮廓也为整体增添了可爱的属性。次卧的设计从叛逆的色彩走向柔和色彩，在不同的功用空间中做设计细节的甄别，虽然视觉刺激有所收敛，趣味与娱乐性却在一直蔓延，看似寻常，实则饱含着经过深思熟虑的动人细节。

＊ 多功能房

设计尝试将多功能房营造成一个玩乐与休憩功能齐备的复合场所。懒人沙发、地毯、乐高墙的组合营造惬意而自由的玩乐环境。当夜幕降临，将可收缩的床铺放下，白日的游戏场此刻变为温暖的卧室，伴随家人进入梦乡，空间在昼夜间变幻着无尽的可能性。

二、福州华润·万象城（三期）

1. 工程档案

开发商： 华润置地（福州）房地产开发有限公司

项目地址： 福州市鼓楼区

室内设计： 上海岳蒙设计

2. 项目概况

福州华润·万象城（三期）坐落于鼓楼福州大学东侧，属于鼓楼区传统的中心城区，经济发展活跃。项目周边人口密集，发展成熟，居民消费力较高。项目不仅衔接台江区、仓山区，具备辐射全市乃至全省的条件，同时毗邻万宝商圈及高端住宅社区，有着优越的商业氛围及区域发展前景，在未来也将进一步建设成为集购物中心、写字楼、公寓、商办空间于一体的大型都市综合体。

3. 设计理念

福州华润·万象城（三期）业态主要为写字楼和居家办公空间，项目从当代年轻人实际居住需求出发，聚焦年轻人的生理、心理需求，依托"SOHO"（小型办公和居家办公）的新生代居家办公概念，试图打造拥有大尺度、无阻碍公区和个人风格显著的住宅和办公空间。从空间的场景营造到家具的摆设均贴近青年人的喜好和个性，以迭新的姿态塑造个性空间。

4. 空间设计

　　＊ 一楼空间

项目样板间以"宠沐半甜物语"为题，以甜蜜且梦幻的粉色为主色调，点缀上灿烂多彩的花卉和可爱有趣的手办玩偶，营造出浪漫甜蜜的下午茶工作室。空间内的每一抹色彩都意指梦幻中的甜蜜瞬间，每一束粉红色的光线都照亮心属的远方，浪漫与情调在这里微笑，香气与感触在此处雀跃。

扫码后长按小程序码
获取更多信息

＊ 玩偶区

唯美梦幻的空间内，弧形的线条走向将圆舞曲的流畅曼妙引入，白色水磨石与表面光滑的玫瑰金台面、马卡龙粉色柜体相间，清纯且美好。粉白永生花组合而成的兔子玩偶立于白色鹅卵石上，形态各异的仙人掌和苔藓植群点缀于兔子两侧，别出心裁的装点，让原本平平无奇的楼梯间化身为宫崎骏笔下的童话世界，将人们带进更为甜蜜的梦境中。

＊ 二楼空间

拾级而上，映入眼帘的是波浪状的壁龛，深藕粉的色调与白色的展示台形成强烈的色彩对比。SP娃娃和金色镭射兔子延续了一层空间的格调，化身为迎客官，憨态可掬地迎接着来访的宾客。静坐于此，或谈天闲聊，或品尝可口甜点，或看书画画。光在慢舞，花在绽放，世界在变好。

三、中原华侨城云南建水海棠城

1. 工程档案

开发商： 华侨城集团

项目地址： 云南省红河哈尼族彝族自治州建水县

室内设计： TRD尺道设计

室内面积： 300平方米

2. 项目概况

中原华侨城云南建水海棠城位于建水县城西南近郊，基地周边配套设施齐全，娱乐、生活设施齐备，靠近建水紫陶街、建水奥城体育馆以及建水时代中心等娱乐生活场所。在景观资源上，本案临近五龙湖公园、广慈湖和建水古城，满足日常游玩需求。项目目标人群主要为本地有改善型住房需求的居民以及红河州周边投资者，项目致力于为目标人群提供舒适、高品质的居住环境，让住户获得环境舒适的居住体验。

3. 设计理念

本案是建筑面积约300平方米的叠墅户型，室内设计构思立足于儒家道义和朱子家训在建水传诵千年而形成的忠勇、信义等精神品格底色，设计试图以此为基，结合现代骑士精神，为古城的青年筑就一方风骨传承、傲骨不败的精神文明空间。

在空间氛围的营造上，色彩是天然的装饰，设计将黑与白、高贵的马鞍皮橙色作为本案的主色调，整体色彩统一、规整、删繁就简。简单色

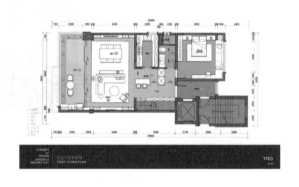

调勾勒出不凡的设计空间，
黑与白碰撞出理性，而马
鞍皮橙和蓝紫则又点染出
一些感性，感性与理性的
交织，摩擦出家的味道。
细微处的秋风、黄叶、麦穗、
干枝既是本案匠心独运的
花卉脉络设计，也将骑士
的孤傲暗喻于其中。

 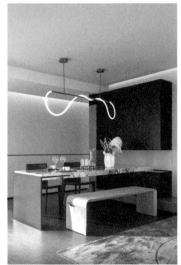

4. 空间设计

✳ 客厅

黑与白的碰撞，是理性的交锋。客厅用简单、凌厉的线条勾勒出空间的
边际线。在黑白灰的底色之上，是高贵的马鞍皮橙。角落忽然闪现的高饱和
度蓝紫色沙发像一束冷火焰，撕开了夜幕。黑与白、橙与蓝，暗喻着无处不
在的对峙与挑战，如同骑士稳坐马鞍，坚毅且从容。

＊ 卧室

卧室中沿用了橙与蓝的对比，但将色彩饱和度降至舒缓的水平。空间内，进口的皮革与木饰面、纤细精致的金属收口线、内敛的照明系统，处处都体现着一丝不苟的严谨精神和高贵典雅的卓越品质。参观者在品味空间装饰的同时，也在享受一种体验和内心的共鸣，不仅是观感上的愉悦，更是一种慰藉和希望，以及内心对勇气、风度和浪漫生活的诉求。阳光落在卧室里，清风拂过窗纱与花叶，戴着耳机听最经典的音乐，是生活至味的浪漫与优雅。

四、成都国贸·臻原

1. 工程档案

开发商： 国贸地产

项目地址： 成都市青羊区

软装设计： 则灵艺术

室内面积： 135平方米、115平方米

2. 项目概况

    成都国贸·臻原坐落于以教育、文博旅游闻名的青羊区，作为国贸地产三大产品系之一的"原系"产品，臻原将品牌文化与国际审美潮流相融合，为国贸品牌开启青羊新城之路。本案肩负着展现国贸品牌产品力的重任，并以持续进化的产品实力，落地客户研究，联合建筑、景观、室内各专业，组建专业化团队，从消费者的视野打破千篇一律的传统人居。本案将品质格调与悦享生活结合，以空间秩序、人居尺度、人文质感与艺术优雅的精致，为消费者提供全新的居住体验。

3. 设计理念

    设计方基于项目特质的思考，以感同身受的极致体验来审视项目的规划和配置特征，根据客户的生活习惯创造更好的空间体验，同时，以体现在地艺术文化作为桥梁，找到装饰的共鸣，满足人们对居住的功能性、舒适性和美观性的要求，创造出更加多元的生活场景。

    软装设计层面，本案以"不从众的审美、不固化的束缚"成就"美好必须触手可及"的人居原则，利用沉静而不失跳跃的空间配色，探索"以人为本"的精神空间。

4. 空间设计

    ＊ 135平方米户型样板间

客厅

135平方米户型样板间为大面宽横厅设计，将客厅划分成会客区和棋牌

扫码后长按小程序码
获取更多信息

区，整体以大地色系为空间奠定沉静的生活氛围，点缀其间的暗橘色家具活跃着空间的灵动姿态，在大理石与局部金属的碰撞中，诠释雅致简奢的空间。在横厅的另一端，是围绕都市高端阶层的志趣及生活品质而展开的场域设定，构筑出品质格调与舒适融合兼具的居住空间。

餐厅

餐厅承载着对生活的憧憬，在柔和的黑白色调碰撞间得以实现，木质家具、皮革、器皿摆件与雅灰地毯，场景的阵列感在简单却追求卓越的细节里，赋予场景空间新的价值。精巧的玻璃器皿与花器相呼应，映照精致的细节。

主卧

主卧试图营造出一种在都市繁华中探寻简约朴素的生活态度，自然与光影的融入为休憩体验塑造真实感知。空间挂件及艺术品通过具象与抽象的语言以及材料的转化，呈现山石、光影的元素。线条、起伏、纹理的微妙合一，呈现空间的力量感。

男孩房

男孩房引入考斯的潮酷漫画形象，空间中摆放考斯手办与画册，展现居者的个性与艺术追求。

＊ 115平方米户型样板间

客餐厅

115平方米户型样板间采用横厅设计，将客餐厅共列其中，试图营造一种暂别喧嚣，享受静谧与悠然的生活场景。"居住艺术的延伸，便是生活的艺术。"餐厅清透的艺术玻璃陈设勾勒出烟火日常的明朗优雅，顶部吊灯颇具趣味性的缠绕形态与花卉器皿的别致选择，勾勒出自然、艺术又饱含生活温度的空间。

主卧

　　纯净的自然色系点缀
清新令人舒适的水蓝与墨
色，营造了舒适、优雅的
空间氛围，演绎简约、轻
松的家庭氛围。

第三节　艺术美学

一、贵阳保利公园2010

1. 工程档案

开发商： 保利发展

项目地点： 贵阳市乌当区

室内设计： UMA伍玛设计

室内面积： 229平方米、338平方米

2. 项目概况

  贵阳保利公园2010位于有"黔中秘境，生态乌当"之美誉的乌当区。作为贵阳市生态最好的区域，该区有多个4A级景区和天然温泉，属于天赋型颐养胜地。项目背靠万亩林带，三面绿意环绕，邻近约4.5万平方米的科莫湖，资源条件优越。保利秉持"专注文化地产"的人居营造理念，聚焦贵阳，立足于"黔文化""阳明文化""山地文化"等，融合现代潮流，因地制宜，以"住宅开发+配套建设+生态融合+文化生活"的复合模式，从中国传统的山居情怀出发，演绎现代城市向往的山地别墅居所。

3. 空间设计理念

  设计以艺术与空间的融合打造生活场景，将空间的思考转变为对生活的思考，对艺术的追求，力求打造一个温暖、舒适的场景氛围，塑造触动人心的意境深度。

4. 空间设计

＊229平方米户型・艺美空间

在空间布局上，229平方米户型一层设计为主要活动区域，用于家庭成员间的交流与沟通；夹层和二层为生活休憩区与互动休闲区，兼具实用、闲适、艺术、雅致等多种空间体验；三层为私享空间，更多的是尊重居者的生活习惯和功能需求。

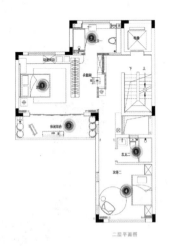

二层平面图

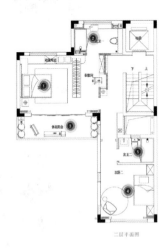

二层平面图

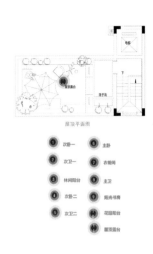

屋顶平面图

① 次卧一　⑥ 主卧
② 次卫一　⑦ 衣帽间
③ 休闲阳台　⑧ 主卫
④ 次卧二　⑨ 阳光书房
⑤ 次卫二　⑩ 花园阳台
　　　　　⑪ 屋顶露台

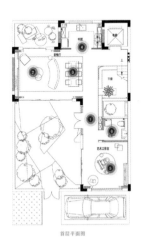

首层平面图

夹层平面图

① 玄关　⑦ 茶室
② 客厅　⑧ 亲子活动区
③ 餐厅　⑨ 次卫三
④ 厨房　⑩ 次卧
⑤ 艺术工作室
⑥ 公卫

设计师试图将巧妙的意趣融入茶室空间，通过安静的器物形成与时光交叠的效果，让金属、木材、极具质感的粗陶艺品成为生活美学的隐喻注脚，以其朴拙的自然气息，引人走进艺术交叠的绝妙之境。

客厅空间的构建力求在温润平和的环境中，以低饱和度的空间基调，浸润出独有的雅韵。烟红色的点缀丰富了空间的色彩层次，弧形沙发使几何硬朗的调性中增添了些许柔和，创造出一种可感知、充满包容性的场域，用一点儿跳脱的色彩，活化原本简单、平淡的生活。

餐厅的设计延续了客厅的优雅质感，利用奶茶般醇厚的棕色调予人温暖的感受。材质之间的呼应与碰撞，

像是一杯红酒，值得细细品味。

楼梯间既有石材的厚重，也有空间氛围的轻盈，伫立的一尊艺术雕塑，充满独特的想象力和张力，使小小角落也趣味横生。

主卧以烟红作为贯穿空间的色调，结合精致而优雅的家具饰品，打造一种精致而舒适的体验感。主卫利用大面积石材铺贴营造出雅致、静谧的高级质感，木饰面与石材台面的搭配，简约又精于品质，柔和的灯光缓解繁忙都市人的疲惫，在弱化区域边界的同时又保留了区域的独立性和私密性。

卧室回归最本质的功能需求，次卧中运用简洁的米灰色组合，营造出恬淡雅静的空间调性。设计以格调精致的床品软陈、合理得当的收纳体系，勾勒出生活空间的情景感，营造出静谧、舒适的氛围。

＊338平方米户型·艺趣空间

338平方米户型客厅布局以社交功能为核心，设计师在处理空间功能关系时，通过模糊功能界面，将延续性的故事情节植入其中，并通过诗意的方式，呈现素雅、质朴的空间气质。不同的材质碰撞，为室内带来温暖的触感，色彩变化平缓有度，增添了视觉层次，营造一种温暖的居住体验。

客厅与餐厅开放式相连，整体色调素雅大气。设计以现代艺术演变空间图案，将抽象的自然意象化为简约的视觉符号。背景墙面的艺术装置，拥有琥珀色的温暖气息，带来多维度的层次感，形成朴素、自然、温暖的情感基调。在整体淡雅的色调中，设计师以枫叶色与砖红色进行局部点缀，以虚化实，通过极简的元素将深秋枫叶的浅浅暖意纳入空间情调中，寻求一种平衡。

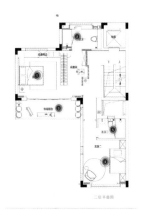

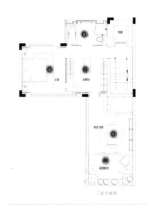

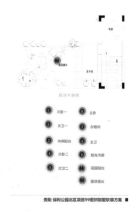

贵阳 保利公园北区项目99栋拼制墅软装方案

一层平面方案

平面方案

二层平面方案

DESIGN ANALYSIS 设计分析
MODERN STYLE

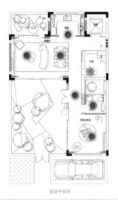

首层平面图

夹层平面图

① 玄关　　② 茶室
② 餐厅　　⑦ 亲子活动区
③ 餐厅　　⑧ 次卫三
④ 厨房　　⑨ 次卧
⑤ 艺术工作室
⑥ 公卫

开放式餐厅坐落于客厅一侧，整个空间遵循以人为主体的动线布置——用餐、工作、分享、交流，构建一个现代时尚、休闲娱乐的多功能区域，凝聚家庭的温暖和幸福感，释放生活的无限可能。

主卧利用低饱和度的色彩、简单的线条，构建自由随意又不失优雅的场域。暖棕色背景墙形成视觉延续，抽象艺术装置与花植更为空间增添了几分雅致格调。地板搭配浅色地毯，营造了一个静谧休憩之所。

次卧在设计上没有烦冗的设计和跳脱的装饰，通过金属、木质搭配、色彩的递进，回应返璞归真的诉求。棉麻的纺织品搭配，让空间充满自然、原始的氛围，身处其间，使人感受到一份宁静的淡雅。

茶室的设计以极简的形式和素雅的色彩，体现出一种生活观念和美学意识，让人沉浸式地享受人生的愉悦时光，利用枯木、花枝、山石、熏香等器物营造闲适的轻松氛围。

　　书房的陈列从居者休闲、阅览、摄影等多维度兴趣爱好出发，展现居者的精神追求，通过平和的线条，营造安静的空间，以期激发灵感。

　　儿童娱乐区布局于二楼，设计利用大胆的色彩、造型独特的壁纸和装饰画，打造出玩趣十足的梦想空间和小聚乐园，以此激发儿童的艺术灵感。

女孩房以"白夜童话"为主题进行空间架设，以柔和的色彩碰撞种下好奇的种子，赋予居者丰富的视觉体验，为孩子打造出一片专属的童趣天地。

男孩房是天马行空的想象和运动跳跃的有机结合，设计将活力融入空间中，让活力与梦幻、热血与激情在童趣空间尽数释放。

设计师将娱乐、影音、品酒等私人需求融入露台空间，户外的凉亭被绿植环绕，藤编的休闲椅、木质家具和木质地板，是生活方式的缩影。

二、石家庄龙湖·天奕

扫码后长按小程序码
获取更多信息

1. 工程档案

开发商： 龙湖集团

项目地址： 石家庄市长安区

室内设计： 纳沃设计

室内面积： 167平方米、200平方米

2. 项目概况

　　石家庄龙湖·天奕位于石家庄市繁华的中山路，作为龙湖天字系高端产品，项目从景观营造、功能规划、精装标准三大维度出发，筑就167—540平方米天幕大平层。

3. 设计理念

　　在石家庄龙湖·天奕的样板房设计中，设计师洞察当前时代、当下城市的居住需求变化与升级，从高级珠宝与稀有豪车的符号、元素中升华人群的审美个性，试图跳脱出功能与美学的单一标准，挣脱风格、图案、制式的拘束，探索一种顺应市场变化趋势而又引领居住理想的作品。

4. 空间设计

＊167平方米样板房·珠艺

　　在167平方米样板房的设计中，纳沃设计将明亮丰富的色彩哲学和精致的外形特质融入空间，营造出个性化、标志性的生活场景。

　　客厅的空间设计将珠宝的元素演绎到极致，运用进口奢石、进口树脂、水晶等材质，串联出多链式的艺术灯饰，化形为珠宝造型的雕塑餐桌底座、宝石绿的花瓣餐椅，在色泽变幻和格调流溢下，使整个空间弥漫着清新而愉悦的气息。

　　设计从近乎狂野的流行艺术和宝格丽珠宝的

强烈个性中汲取灵感，并将之灵活运用于空间场景的装饰之中：以异型沙发的个性组合，搭配材质通透、桌面具有绘彩晕染艺术的茶几，加之运用了钻石切割工艺的艺术挂镜，折射出空间的自由创意。

主卧将澄澈晶石与金属材质串联，以侧边单挂的形式点缀空间。复古墙纸、亮片靠包、皮毛搭毯勾勒出空间的品质感，映射的不只是一种审美态度，更是居者有品位的生活方式。

长辈房作为长辈日常休憩的场所，空间在雅灰与棕咖的冷暖对比下，在叶脉灯饰的点缀下，给人宁静而闲适的居家体验。竖纹烤漆板与复古墙纸的拼接，既是一种碰撞，也是一种融合。

女孩房的艺术逻辑与本案主题一脉相承，将宝格丽珠宝的色彩层次与创意形式，以场景美学的形式展示出来，赋予女孩房明朗、活泼的艺术色调、先锋的潮流装置，彰显孩童的趣味。

＊ 200平方米样板房·车艺

200平方米样板房以劳斯莱斯库里南为灵感原型，将追求生活新境的居者形象描摹得更为细致，重新定义现代奢华。

在超大面宽的客厅中，纳沃设计将优越的空间条件转化为舒适的居住场景，对设计的表达界定了至高的标准，完善新一代居住理念。设计师提取并细化劳斯莱斯库里南的遒劲线条和标志性轮廓，以双流动线串联起空间的艺术布局，给人极致的体验。

　　餐厅极具肌理美学的大理石餐桌、墨黑木艺的私藏酒柜、车轮轴线的艺术灯饰、曲线绗缝的家具走线，让空间从浸润艺术的格调过渡到生活的本真趣味，高品质细节无处不在。

　　主卧的布局采用不对称的设计手法，巧妙组合编织树脂、皮革、金属、石材，构设出雅灰系的气质。转角飘窗的全方位观景视野，令光影艺术的魅力沁入空间深处。

男孩房的设计通过跑车的意象、化形、元件等细节装饰，呈现出年轻活力的动感，契合居者的性格与审美偏好，增强代入感。

女孩房以简洁的线条感与温馨的空间色彩，突出空间的独特美感，给人阳光、浪漫的居家享受。恰到好处的平衡，富有童心的表达，使艺术气质满溢。

第四节　年轻化

一、珠海九洲保利天和镜湖墅

1. 工程档案

开发商： 保利置业

项目地址： 珠海市金湾航空新城西部中心城区

室内设计： 广州尚逸装饰设计有限公司

室内面积： 645平方米

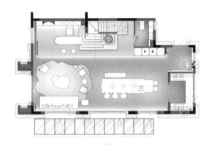

2. 项目概况

　　珠海九洲保利天和镜湖墅位于珠海市金湾航空新城，坐拥约14千米的海岸线，四面360°景观，周边生态资源丰富，同时还配建了1.5万平方米的商业邻里中心、社区餐厅、高尔夫会所、咖啡馆、健身会所、游泳池等社区资源。本案将珠海城市文脉融入保利"天"字系基因，打造高标准生态住宅。

3. 设计理念

　　年轻一代是充满个性的一代，是更具创造性和开放性的一代，对空间的设计也更加追求兴趣爱好的体现和表达。广州尚逸装饰设计以鲜明的"飞天"主题，诠释年轻人青睐的个性空间。承袭人类自古不息的"飞天"梦想基因，设计以艺术巨匠达·芬奇的《鸟类飞行手稿》为设计灵感，还原大师笔下的飞行器，以更浓厚的艺术氛围弱化空间语言。

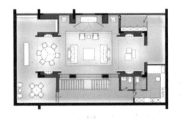

* 入户区

设计将飞行的梦想落地于入户一刻，推门而入，榫卯装置构建的"梦起源"艺术作品映入眼帘，木质材料搭建的飞翼传递质朴的生活态度。

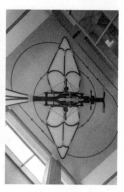

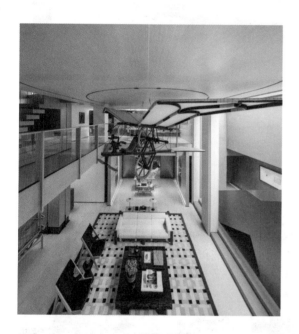

* 地下室

在本案的空间构思中，设计师以不同材质、风格的艺术品摆件展示从古至今人类对飞行工具的各种畅想。负一层空间墙面铺以整面的蓝色，正如浩瀚蓝天迎接缓缓飞入的"机械鹰"，强烈的舞台感带领观众进入飞行梦的深处。此艺术装置的独特之处在于，机翼上的襟翼是用打蜡的亚麻布仿作羽毛制作而成的。在蓝色光影的映衬下，"机械鹰"有了展翅翱翔般的动感，似是在碧空中自由飞翔。榫卯结构的艺术装置将原木的美推向极致，朴实的原始手工工艺，展现了达·芬奇对飞行最初的构想。

＊ 首层客餐厅

客餐厅在布局上采取LDKG一体化设计，结合宽屏落地窗带来大面采光和景观视野，为本就尺度宽大的家庭活动区带来更舒适的居住体验。在软装设计上，天花板悬挂的螺旋桨吊扇与飞行器图案的时钟皆以金属材料制成，搭配线条感十足的经典蓝飞行器脊背椅，蒸汽朋克风让人们领略机械美感。设计师以艺术展陈的方式，创造了一个关于茶室的空间想象，以象征和平的橄榄树为媒介，向大师达·芬奇致敬。

＊ 夹层区

夹层区打造为男主人的私人空间，设计师用高级、沉稳的黑色构成空间的基础旋律，与整个地下室形成连贯。太空梯的艺术装置打造出纵向延伸感，如通往宇宙的天梯，承载着人们对银河系的畅想。

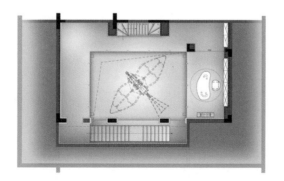

＊ 主卧

　　主卧作为主人私享生活的空间，营造了不失生活气息的艺术感。设计师用不规则的金属吊灯营造错落有致的艺术氛围，提升空间品质感。香薰蜡烛和画作装点卫生间，体现女主人的高雅品位。靠窗打造的双台盆设计简洁大方，百叶窗外的一线城市景观，让种种美好感受都在这里慢慢生发。

＊ 儿童房

　　儿童房的设计采用大量太空飞行元素作为孩子飞行梦的装点，比如，以太空舱通道为枢纽连接两个睡房与书房，在儿童房中增添带有童话感的精灵装置和宇航摆件等，用一点一滴的微设计带给孩子一个造梦空间。

二、泰安泮河壹号院

1. 工程档案

开发商： 美颐投资置业有限公司

项目地址： 泰安市泰山区

室内设计： 上海岳蒙设计有限公司

室内面积： 115平方米

2. 项目概况

泰安泮河壹号院位于山东省泰安市泰山区，地处城区核心区域，基地靠近岳麓文化公园，开窗可听鸟语、闻花香，举头可对月揽星。项目以大尺度楼间距的优势，书写社区园林的自然意趣，是现代语境下的乌托邦。

3. 设计理念

设计师试图将本案打造成"年轻化"的生活新范式，但"年轻"该如何诠释？基于前期的用户群体画像，设计师描摹出年轻的姿态，是活力满满、态度鲜明的个性精神，因此，设计师从炫酷潮流的电竞文化中提取设计元素，利用充满未来感的电竞蓝色营造精致而简约的空间，以此唤醒整个生活空间的活力。

4. 空间设计

＊ 色彩·元素

蓝色是空间的主基调，浓度饱和的克莱因蓝是热烈生活的底色，也是打破圈层壁垒的理想介质。电竞蓝与白墙褐地的搭配瞬间"燃爆"整个空间，激情蓄势待发，充满科技未来感的氛围尽情释放着工作之余的速度与激情。

＊ 基调·格局

本案试图打造出简约、时尚的空间氛围，白色的直线沙发、墙面的图形装饰、客餐厅一镜到底的通透，这些随处可见的直线元素流露出科技的理性。再搭配间或出现的曲线元素则又点缀出不合常规的个性表达，契合着不尚繁饰的年轻态度。精致与审美，

映射出年轻人居住的理想主张。

＊ 潮玩・品位

个性张扬的年轻人如何安放工作之外的意趣？设计以潮玩元素作为生活的变量，进而丰盈空间中所有可能展开的想象。家具、装饰、结构、创意……空间的每一处细节都为兴趣打造，别样的仪式感打开新的生活方式，光怪陆离的游戏收藏释放青年崇尚自我的风度与本色。由两块超薄钢板的边缘焊接制成的嘭嘭凳是通透空间中最耀目的存在，兼具玩具的外观和趣味性形状。

＊ 电竞・热力

个性鲜明的生活主张，是设计赋予生活的价值，电竞便承载着这一使命。用电竞舒缓工作的紧张，是年轻群体喜闻乐见的放松方式，不妨用兴趣的船桨，划破烦闷工作生活的茧网，在"对战"中喊出青春的张狂。

第五节　中式文化

一、西安天朗·唐镇

1. 工程档案

开发商： 天朗控股集团

项目地址： 陕西太白山国际旅游度假区

室内设计： 纳沃设计

室内面积： 138平方米、175平方米

2. 项目概况

　　西安天朗·唐镇位于陕西5A级景区太白山北麓，项目依托太白山得天独厚的自然资源，连接周边景观，以唐文化为基调，打造集旅游、餐饮、娱乐、文化、居住于一体的逾千亩温泉康养小镇。在建筑风格日渐西化的时代，本案试图以中式建筑重构唐风意趣。

3. 设计理念

　　西安天朗·唐镇项目位于太白山脚下，四周青山绿水环绕，自然和人文和谐共生。鉴于文旅项目的独特属性，其在设计上对太白山在地文化与李白所代表的唐朝文化进行深度融合，以唐风意蕴为蓝本，以诗画《辋川》为意象，再现繁荣昌盛的大唐气韵。山水人居，诗意生活，是我们对归隐生活的向往，更是文旅项目的核心价值。本案空间设计通过演绎两种不同的唐风色彩——盛世之风与雅颂之风，力图展现出隐逸闲适、浪漫豪迈的不同空间性格，打造出独特的精神内核。

　　＊ 138平方米下叠样板间·盛世之风

　　唐朝是中国历史上最大气磅礴的朝代，盛唐的豪放、婉约、尚法、空灵，造就了唐代自由奔放、气势宏大的盛世审美。138平方米下叠样板间以大唐盛世为切入点，以红色为主色调，结合太白山的历史底蕴，营造出一种沉浸

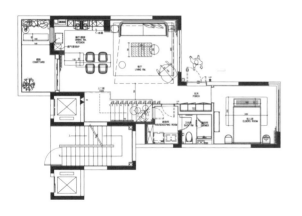
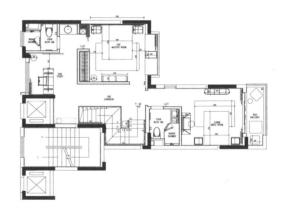

式的历史体验之感。

起居室整体空间的设计试图从形状、肌理、文化等不同维度追寻盛唐风貌，以极具唐风特色的扶椅、挂画、艺术摆件，营造出浓郁的唐朝气息。扶手椅流畅、圆润的线条传递出休闲舒适之意，飞鸟背景图为空间注入灵气。和谐统一的色调搭配，点染出宁静、舒缓的空间氛围。因空间而异的花艺选择，也让唐风气息在陈列摆设外得以进一步延伸。

骏马、锦鲤与架构花艺的运用勾勒出空间稳重又不失灵动的氛围感，进而一步步将文化韵味缓缓表露。大胆、简练的几何线条灯饰充满文艺气息，也为空间增添了一丝书香气。

茶室以中式家具赋予空间优雅的东方气质，造型独特的落地灯与书案上精心设计的摆件相得益彰，二者不仅在视觉上有所呼应，而且给了室内更多的想象空间。

主卧的设计以上元节为切入点，吊灯和挂画的选用凸显了这一主题。卧室氛围在光影的衬托下更加令人神往：在雅致的飘窗边平和身心，细细品味平凡生活中的闲适情趣。

客房以琵琶为设计灵感，通过在挂画、台灯、摆件的选型上多处提形取意，试图营造出琵琶轻弹的氛围感，让色彩、材质的碰撞传达出唐风的风雅。

在女孩房的设计中，设计师将少女情怀与含蓄的东方文化融合，这样的平衡与升华带来了意想不到的视觉冲击与惊喜，在保证古典情韵的同时，也赋予了空间温柔动人的意蕴。

＊ 175平方米上叠样板间·雅颂之风

太白山孤峰独立，势如天柱，自古便引来众多文人墨客在这里斗酒写诗，表达他们远离尘嚣、寄情山水的意志。归隐山林，自在闲适，是175平方米上叠样板间意在打造的空间性格。

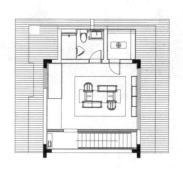

客厅的设计以"谍影丛飞"为主题，演绎不同的东方美学，于细节处打造诗意的人文生活。在色调上，设计通过青苔绿提亮空间色彩，搭配黑白灰色调，于形与意、态与势之间展露出唐代特有的尊贵风范。

餐厅是整体空间的过渡与衍生，采用的色彩与质地简洁、干净，金属与玻璃元素清朗的造型新颖而富有艺术感染力。

茶室古朴的质感与自然的肌理相得益彰，使居者可以放松享受墨香环绕的专属时光。

主卧背景挂画拟山体流线之型，搭配整体"青山绿水"的设计，营造出低调沉稳又悠远绵长的空间感受，引发人们内心归隐山林的情怀。

长辈房的设计以"竹"为引，在花艺和衣服陈列的细节之处，营造竹林的自然气息。布艺和金属的材质碰撞以柔克刚，营造空间微妙的平衡。

男孩房的设计灵感来自唐朝盛行的马术运动，墙上挂饰仿若马背上披散下来的缕缕鬃毛，床头造型亦加入马鞍元素，家具选型干练、简洁又兼具唐风底蕴。

二、济南银丰·世纪公园

扫码后长按小程序码
获取更多信息

1. 工程档案

开发商： 银丰地产

项目地址： 济南市先行区

室内设计： 鲲誉设计

室内面积： 175平方米

2. 项目概况

济南银丰·世纪公园位于有"一城山色半城湖"之美誉的济南，项目毗邻会展中心、人工智能科创园等城市地标，交通便利。周边各类教育配套设施完善，能够满足不同年龄段业主的需求。济南作为齐鲁大地的中心，自带不凡的气韵，设计师试图把传统文化与当代艺术相结合，在适度的潮流中寻找优雅与美感，借古鉴今。

3. 设计理念

设计试图在当地齐鲁人文与当代潮流中探寻适度的美感，把中国人的传统居家概念与现代居家体验结合，用国潮家具与优雅的配色打造一个具有当代情怀的宅邸，以此探寻生活中的感动。家具的选型不拘泥于统一的风格，而是注重自由的尺度，以期在不规则中寻找呼应与共鸣。在空间色调上，整体以白色为基底，巨幅的水墨丹青与白色基底浑然天成，无缝衔接，如生长在空间之中。多功能区设置内嵌式的背景墙，造型与肌理勾勒出主人的心境与空间的意境。

＊公区

返璞归真已经成了大多数现代人追求的生活

方式，设计师希望强调的是有追求的返璞和归真。对社交空间的空间构造，设计师抓住大道至简的生活理念与人文精髓，将自然人文与艺术融合成一幅生活的画卷，打造出整体通透、格局开阔的活动区域。餐厨空间延续客厅基调，用中岛将功能区隔开，在视觉上保持空间的协调、完整和统一。

在色调上，空间延续红色主题，搭配金色，以突出空间的庄重与灵动。在装饰上，瓷器和玻璃材质的茶几饰品装饰桌面，点染出当代人文气息。以黑白色调为主、烟红色作为点缀的沙发抱枕打造出高级浪漫之感，颗粒质感的花器配以各种吊钟绿植，为空间增添生机与活力。

＊ 卧室

卧区是人们寻求心灵放松和安慰的地方，也是筑就安全感的港湾。因此，在卧室空间的营造上，设计采用柔和舒适的设计手法，以图构建一个优雅的休憩空间。主卧在用色上以白色与墨色为主。大面积的墨色木饰面给人以安心之感，而优雅的墨色纹理则仿佛让空间缓缓流淌。在床头柜上，装饰盒及金属饰品打造出高级、精致的人文空间氛围，烟红色的花艺呼应装饰画，为空间增加了一抹诗意与优雅。主卧飘窗以主人品茶阅读为主题，以玻璃材质的茶具为饰，同时点缀书籍摆件及抱枕，以此营造主人闲暇时刻于此品茶、乐享生活的场景氛围。

＊ 长辈房

长辈房的整体构建更追求传统意境与文化的表达，让空间更便捷与优雅。在色彩运用上也更加克制，通过儒雅、平和的色彩、材质打造舒适、自然、温馨的空间氛围，以适应长辈们的审美。

＊ 男孩房

男孩房以科比和篮球为主题，在饰品的选择上也以篮球为主题展现。床头柜上放置篮球手办及金属童趣摆件，衣柜则以潮酷的篮球衣物及球鞋为装饰。科比主题装饰画作为墙饰，配以金属环扣与玻璃材质结合的吊灯，营造出篮球坠落的氛围感。篮球元素的床品与地毯的几何圆形相呼应，搭配墙面运动墙纸，营造出篮球氛围浓厚的儿童潮酷空间。

＊ 书房

书房以摄影为主题，陈列于书桌之上的饰品以复古相机为主，搭配墙面复古相机墙饰，营造出摄影博物馆的空间氛围。于此，用镜头定格每一个难忘瞬间的温馨情趣。镜头记录瞬间，而空间记录生活。

三、成都雅居乐·九麓仰山

1. 工程档案

开发商： 雅居乐集团

项目地址： 成都市崇州三郎镇

室内设计： 引擎联合设计

室内面积： 123平方米

2. 项目概况

　　成都雅居乐·九麓仰山位于成都市三郎镇，周边教育、医疗、商业等生活配套设施完善，交通便利，景观资源丰富。项目致力于打造具有全龄、全时、全家庭特性的度假小镇。

3. 设计理念

　　本案是一个为家庭设计的亲子度假合院别墅。空间设计的理念构思源于三郎镇承载的山水人文情怀，以及陶渊明笔下世外桃源般的静谧悠然。设计充分利用三郎镇的地域文化，提取三郎镇山林里的动植物元素，以营造山林般自由的空间为目标，打造自然质朴、温馨放松的木屋。同时，本案空间设计以对儿童兴趣和运动能力的培养为落脚点，注重引导亲子间的交流，通过对轻松惬意、寓教于乐的生活方式的探寻勾勒，打造一个益智型的儿童造梦空间。

4. 空间设计

＊ 一层空间·活动区域

　　集厨房、餐厅、客厅于一体的一层空间是主要活动区域。设计师赋予空间可生长的延展性：室内外都设置供孩子娱乐、玩耍的设施，整个空间造型选用更为活泼的曲线，挑空区域增加了与二层的连通互动性，能让居者感受自然，不消极避世。为诠释人与自然的和谐共处，沙发、餐桌、陈设柜、装饰物、地毯等都选用原木、水磨石、陶艺、棉麻等自然材料，通过大量采用留白的处理手法，营造自然放松的度假氛围。

扫码后长按小程序码
获取更多信息

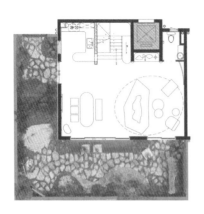

＊ 二层空间·休息区域

二层是主要的休息区域。在软装陈设上，亚麻、纯棉等物料的加入，强化了自然的属性，材质带来的柔和光线，拉近了建筑与自然的距离。这些小设计让空间比酒店更平和、温润，又比常规住宅多了一份趣味。

＊ 儿童房

儿童房的设计以"丛林探险"为主题，随处可见的动植物元素以及原木色的空间氛围是贯穿始终的设计线索。攀岩墙引发儿童对运动的兴趣，充满趣味的小床为儿童的世界注入一丝浪漫气息，简单的秋千吊椅承载的不单是游戏本身，还有童年的欢乐。

＊ 庭院

院子的设计灵感在很大程度上来源于热爱户外活动的小朋友，把孩子们对露营与探索自然的喜好融入院子的设计之中，画廊一角及院中茶桌能满足孩子们对自然的向往，生出一番别样的温情。

CHAPTER 4

第四章

架空层设计

第一节　架空层空间设计趋势

• 重庆旭辉·江山云出架空层设计

• 中山海伦堡·青云台架空层设计

　　架空层作为特殊的社区灰空间，是室内、室外的过渡区，其作用在于提供一个开放的空间来满足居民个人生活及开展社会活动的需求，为日渐丧失邻里交流的高层住宅居民保留一个人与人连接的空间。因此，架空层的功能使命并不止于建筑承重和杂物堆放，其内核实际是重塑现代生活方式的关键场所，从这个意义上说，提供全龄所需的多样化功能场所，以鲜明的场景特征为新时代人居赋能，才是架空层产品力的核心表现。然而在以往，由于缺乏规划和管理，大多架空层往往存在层高不足、功能单一、缺乏场景化设计等问题，甚至直接沦为杂物区。

　　随着共享时代的来临，架空层的设计逐步走向共享多元化，愈加注重功能性和体验性的营造，力求通过无边界限制的社区空间延伸"家"的功能需求，打造一处集复合功能体系、多元生活方式于一体，强参与、多互动的年轻化活力住宅场所。从用户年龄和功能场景两大设计维度看，架空层的设计趋势具体表现为：在场景功能上，结合居民对艺术、娱乐、社交、运动、学习、办公

• 厦门建发·文澜和著架空层设计

等多方面的需求，通过多场景、多维度的功能空间设计，打造场景多元化的共享社区空间。在使用受众上，根据少、青、老三类不同人群行为模式与功能需求的差异，设计不同年龄段的专属活动区域，构建全龄互动式架空层空间。

一、场景多元化架空层设计

在城市化快速发展的时代背景下，架空层已经成了高层住宅时代为数不多的不受天气制约、能满足居民个人生活及社会活动需求的特殊社区空间，这对人的生理、心理及物质、精神生活都有着非同一般的意义。在设计上，通过景观设计和场景打造满足居民对艺术、娱乐、互动和情感的需求，通过主题式空间设计为居民提供多样化的沉浸式共享空间，满足人们对居住环境情感化的精神需求。如旭辉的"微笑会所"设计，以主题式空间营造形成集玩乐、运动、社交于一体的多元活动场所，提高社区生活的舒适度和趣味性。

• 重庆华宇·御璟悦来架空层设计

二、全龄互动式架空层设计

全龄陪伴设计的背后是对"人本思想"的贯彻，要求设计不单单关注老人与小孩的生理和精神需求，也关注作为社区主力的中、青年群体的需求。以不同群体的空间需求为主导，让社区空间真正为全社区服务，打造容纳全生命体系需求的架空层社交会所。如华宇集团提出的"全年龄覆盖全生命周期的相伴式架空层体系"，提出以"陪伴＋社交＋体验"三大产品主张，促进不同年龄层段、不同群体之间的互动交流，强化社区凝聚力，促进近邻交流，构建和谐的居住区环境。

• 上海金茂·虹桥金茂悦架空层设计

• 温州万科时代·大都会架空层设计

第二节　多元场景

一、旭辉 CIFI-7 微笑会所——架空层设计体系

微笑元素是旭辉 CIFI-7 产品体系的一大关键理念，由此衍生出的微笑立面、微笑生活馆、微笑会所等，都反映出旭辉浓浓的人文关怀及其对人、社区、城市三者关系的深入思考。架空层作为微笑会所的具体落地形式，所承载的使命在于筑就一个欢乐、幸福、有温度的邻里互动空间，消除邻里陌生感。在此背景下，旭辉以"37℃空间"理念构筑共享式社区，用心打造"欢·宴""儿·戏""书·迷""动·身""和·气""邻·语"六大主题空间，通过主题式空间营造集玩乐、运动、社交于一体的多元活动场所，提高社区生活的舒适度和趣味性。

1. "37℃空间"设计理念

"37℃空间"是旭辉在社区内打造的物业服务中心，目的在于借助架空层空间为业主提供集物业服务、社区经营、休闲娱乐功能于一体的美好生活空间，重新唤醒邻里间的温情，形成良好的人际关系生态圈。

在功能布局上，"37℃空间"从邻里交流、身体健康、儿童成长、居民共享等方面出发，结合园区整体布局，覆盖全龄段，打造"共享厨房""图书观影区""休闲健身区""棋牌娱乐区""四点半课堂学习区""儿童游乐区""妈咪荟""物业接待区"等活动空间，从而营造一个有温度、有色彩、有人情味的社区，提供丰富多彩的社区活动。

• 旭辉架空层六大主题

人体正常体表温度是 36℃多，37℃稍高于这个温度，让人感觉温暖而不灼热。"37℃空间"正是旭辉给予业主的温度最合适的社区居住体验。

● 重庆旭辉·江山云出——儿童区设计

2. 六大主题空间设计理念

＊ 欢·宴——共享厨房

旭辉在架空层设置共享厨房，配备各式烹饪工具及容器，打造功能明确、设备充足的社区共享厨房。除开放式厨房外，同步布局开放式餐厅和多功能游戏区，满足用餐、聚会、娱乐等多种需求，让妈妈在与邻里切磋厨艺的同时也能照看孩子。

＊ 儿·戏——共享儿童盒子

共享儿童盒子是为学龄前儿童智力开发、学习交流、玩耍互动而打造的场所，整体空间设计以"旭小熊"IP 为特色主题，为孩子们提供一个安全、有趣的童梦空间。

● 重庆旭辉·江山云出——儿童阅读区

＊ 书·迷——共享儿童阅读区

游戏与图书都是儿童智力开发必不可少的元素，旭辉在架空层开辟儿童专属阅读区，打造"我家楼下的小小图书室"，让孩子们可以快乐地徜徉于知识的海洋，打开奇幻世界的大门。

＊ 动·身——共享健身空间

旭辉利用架空层打造共享健身空间，配备专业、安全的健身器材，满足各类器械健身和有氧运动需求，摆脱传统健身房在空间与时间上的束缚，让居者可以随时享受运动带来的酣畅淋漓。

＊ 和·气——专属长者空间

长者空间是半围合开放式的空间，保留了空间景观的通透性和一定的社交私密性，功能上满

● 重庆旭辉·江山云出——运动空间设计

足老人喝茶叙旧、弈棋论道、挥洒笔墨的邻里社交需求，为老人提供一个健康的惬意空间。

＊邻·语——共享会客空间

旭辉把架空层设计成"第二会客厅"，业主可约上挚友欢快畅谈，也可随手工作、写作。共享会客厅不仅为满足功能需求而生，更核心的作用是吸引业主走出家门，拥抱真实的社交，真正融入社区生活之中。

二、重庆旭辉·江山云出架空层

1. 工程档案

开发商：旭辉集团西南区域

项目地址：重庆市渝北区

室内设计：重庆美纵室内设计有限公司

容积率：2.4

扫码后长按小程序码
获取更多信息

● 区位图

2. 项目概况

重庆旭辉·江山云出位于重庆悦来生态新城的 TOD 中心区，西临嘉陵江，紧靠高义口轻轨站，两条反向的江湾左右了附近的城市肌理，形成了城市区域内宏大的自然背景。地块外围与临崖的桥湾公园和临江公园相连，形成完善的慢行体系。项目立足地块形态和优势，整体设计顺应自然山体肌理，在融入自然的同时，也形成了层次丰富的城市天际线，打造出无边际的绿色综合体，形成具有地域特色且有极高辨识度的项目特征。

● 建筑外景

● 项目总平面图

3. 架空层设计理念

重庆旭辉·江山云出架空层空间从设计的角度出发，思考分析社群与邻里关系沟通窗口的构建与协调，以及对产品功能性与使用体验的综合权衡，将设计出发点回归到"人"，着重将用户生活方式、空间感受与情感体验纳入设计考量，关注人与空间更深层的连接与互动，力求营造一处能具象表达艺术与生活的社区配套空间。

4. "童享空间"趣幻天地

"童享空间"的设计意在营造一个富有童趣，能给予人们艺术启发的天地。有限的空间内规划了闭合动线，以此连接起空间内不同的功能区域。智拼区、阅读区、游戏区、钢琴互动区、汽车跑道……功能区的划分兼顾多龄层、全方位的儿童发展需求，丰富的活动内容满足孩子和家长的社区活动需要。

空间整体借用色彩带来的视觉感受与材质产生的情感共鸣来调动人的感知力，营造出一个自由幻想的童话世界。

空间内的软装陈设以趣味性为主导，力求形成与空间色调相得益彰的空间感受，让空间情绪更为饱满、丰富。此外，设计严格把控陈设物品的材质、规格和色彩三者的关系，使其能达成一个相对平衡的状态。陈设的排布和材质的应用也是空间设计着重考查的要素，设计力求其能在满足空间功能性的同时，为之注入呼吸感。

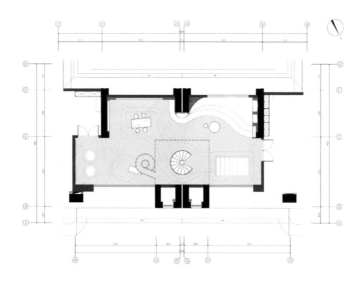

"童享空间"内穿插着色彩各异的动物玩偶，在串联起空间情绪的同时，带来不同的娱乐趣味。阅读区布置于整面落地窗前，在拥有足够的采光之余，将空间的审美趣味延展开来，为社区生活带来无限的想象。

5. 健身空间 · 活力之境

　　健身空间规划于入户门厅的左右两侧，分别布置为健身区和瑜伽区，两个区域以 π 形跑道连接，拉伸区、休闲区和自由活动区均匀分布于跑道角落。设计以活力橙和清新绿配合低调灰，赋予不同区域独有的空间氛围，而线条的勾勒配合着墙绘的色彩，打破区域的空洞与沉闷，在调动人的感官情绪之外，使空间更具动感之美。格栅处布置几盆植物，亮眼的绿色在纯白格栅和深沉的跑道间跳跃出生机，让健身区更富活力。

三、中山海伦堡·青云台

1. 工程档案

开发商： 海伦堡集团

项目地址： 中山市五桂山镇东区

设计团队： HELENBERGH 设计

2. 项目概况

　　中山海伦堡·青云台为海伦堡集团倾心打造的中山城市别墅标杆，项目择址于中山东区核心中央商务区，坐享便捷交通网络。地块背靠狮头山，拥有丰富的生态资源，周边休闲商务配套设施成熟，能够一站式满足人们生活、休闲、娱乐的需求。海伦堡集团意图在此打造宜居、休闲的湖光山水精致生活区，带给住户时尚轻奢的生活体验。

扫码后长按小程序码
获取更多信息

3. 架空层设计理念

海伦堡针对现代社区营造缺乏开放、半开放的多功能公共空间与服务设施这一痛点，立足人本观念，将"共享社区"和"泛会所"理念融入第五代架空层空间设计之中，试图赋予社区公共空间更多的变化与可能。在设计上，通过室内与景观、硬装与软装的融合设计，进行故事性和场景性的植入，创造出现代居住环境的变革，引导使用者从封闭的室内环境和受限于诸多因素的户外环境走向架空层，探索出一种全新的社区生活模式，在空间上提供更多改善邻里关系的可能。考虑到住户在使用架空层空间时产生的痛点，设计师增加了宠物桩、购物手推车停放区等人性化细节，为各住户在此交流互动增添便利。

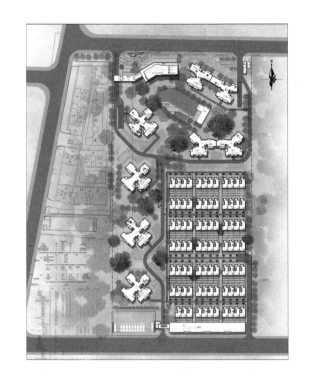

4. 主题空间设计思考

根据项目具体的位置、人群活动状态与使用痛点，设计师对项目原有的架空层空间进行重构，将架空层结合入户大堂统一设计，实现空间一体化打造，底层自然形成半室外空间。在架空层空间打造书享社、艺趣社、健乐场、聚乐场、童乐场、童学堂、动乐场七大主题场景，在延展社区文化服务的同时，也将现有的居住空间延伸，落地共享社区概念，架构出一个全龄层、全时段、全能化的，真实的、极富人情味的共享空间，以此引领美好的社区共享生活。

　　书享社是为全龄层人群打造的休闲场所，空间功能上以阅读和办公为具体落点，旨在为居者提供一个"与书为友""以书会友"的空间，同时也为中坚一代提供一个家和公司之外的舒适安静的办公空间。使用者通过知识的分享，不仅可以连接更多志同道合的好友，也能随着"诗与远方"暂时远离现代生活的喧嚣，感受慢生活的乐趣。

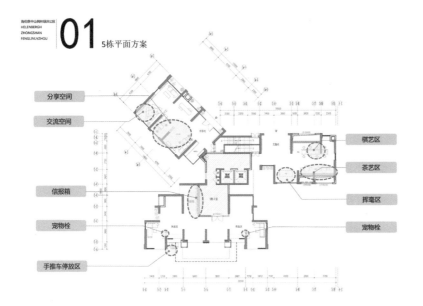

01 5栋平面方案

海伦堡中山橄榄林绿洲公区
HELENBERGH
ZHONGSHAN
FENGLINLVZHOU

分享空间

交流空间

信报箱

宠物栓

手推车停放区

棋艺区

茶艺区

挥毫区

宠物栓

艺趣社是专为老年人打造的活动空间，设有"棋艺区""茶艺区"和"挥毫区"。在这里，长辈们茶余饭后可约上三五好友对弈解闷，也可以挥毫泼墨，怡情养性，或是煮上一壶清茶，细细品尝。丰富的主题活动在增加邻里互动的同时，也为社区生活添上了精彩的一笔。

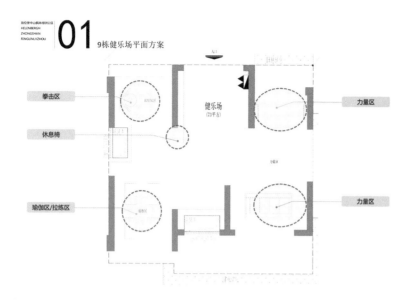

01 9栋健乐场平面方案

拳击区

健乐场
(73平方)

力量区

休息椅

瑜伽区/拉练区

力量区

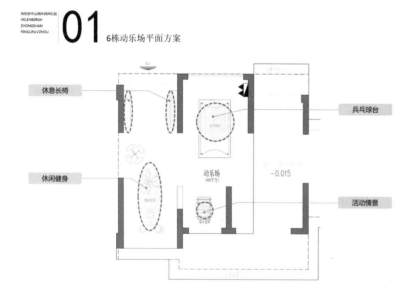

01 6栋动乐场平面方案

休息长椅

乒乓球台

休闲健身

动乐场
(60平方)

−0.015

活动情景

　　为满足青年人群运动健身的需求，架空层空间设置了集健身、瑜伽、舞蹈于一体的运动空间——健乐场。现代专业的运动器械与功能分区明确的运动空间相得益彰，为社区健身爱好者免去往健身房的麻烦，实现随时、随心运动，释放疲劳。

　　动乐场是健身运动区的补充，通过设置乒乓球、桌球等，打造全龄适宜的运动场所。

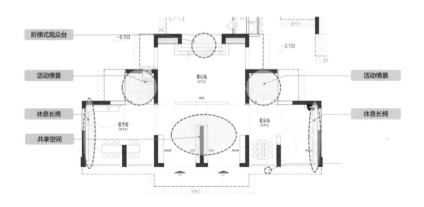

阶梯式观众台
活动情景
休息长椅
共享空间

活动情景
休息长椅

聚乐场布局于七号楼架空层空间，是基于全龄活动理念而构建的社区共享空间。功能上包括观影区、童学场、童乐场和互动区。观影区可用于放映影片、周末派对等活动；童学场和童乐场是为儿童打造的儿童乐园和学习天地，互动区的设计也方便家长看护儿童，满足大家的互动需求。

四、湖州仁皇·金茂悦

1. 工程档案

开发商: 碧桂园集团、中国金茂

项目地址: 湖州市仁皇山新区

室内设计: 鲲誉设计

软装设计: 美域高

室内面积: 1000 平方米

2. 项目概况

湖州仁皇·金茂悦位于浙江省湖州市仁皇山新区核心地段,毗邻约50万平方米的城市综合体,周边商业、教育等生活配套设施完善,景观资源丰富,交通便利。

3. 架空层设计理念

基于对时代所需和现代都市人生活需求的了解,本案试图在整体社区的规划和设计中打造活力鲜氧空间,通过架空层社交空间、运动空间、老人空间和儿童空间这四个不同功能的区域板块,植入社交、运动、娱乐等活动,营造多种生活场景模式,让社区人群都可以会聚于此,寻找属于自己的生活与社交领地,以此打造一个当代生活社区范本,给未来社区模式提供一种方案。

扫码后长按小程序码
获取更多信息

＊ 社交空间·艺术符号

社交空间功能定位于全龄段共享的社交模块,以当地艺术文化为切入点,打造出一个充满艺术气息的综合社交空间。设计师借用湖州当地特色艺术文化符号、"笔中之冠"——湖笔,进行东侧空间功能区的设计。西侧空间墙面的绿竹阵结合文化主题,搭配围合的卡座,让邻里之间形成和睦、舒适、健康的相处方式。北面则是为年轻人打造的网红打卡点,3D 立体涂鸦增加了空间趣味性。

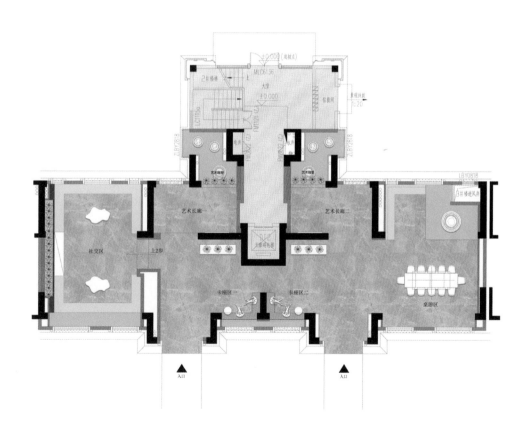

＊ 运动空间·感官激发

基于全龄段人群运动需求的考虑，设计师将东西两侧空间设计为青年、中年、老年都喜爱的乒乓球运动区和偏安静的青年拉伸区域，北侧相对安静的空间内补充了供老年人使用的康体器械，方便又实用。另外，设计利用 6 米层高的空间优势，在天花上大量使用走边灯带和造型艺术灯光，让空间形成动感的视觉效果。灰色与黄色的墙面对比鲜明，可以刺激人们的感官系统，激发身体的运动器官机能。大色块的立体字母墙面涂鸦结合定制的拉伸器械组合，不论在实用度还是感观上都是一大亮点，舒适且方便。地面则采用了环保的塑胶材料，在呼应墙面色系的同时，也可以作为运动时的缓冲。

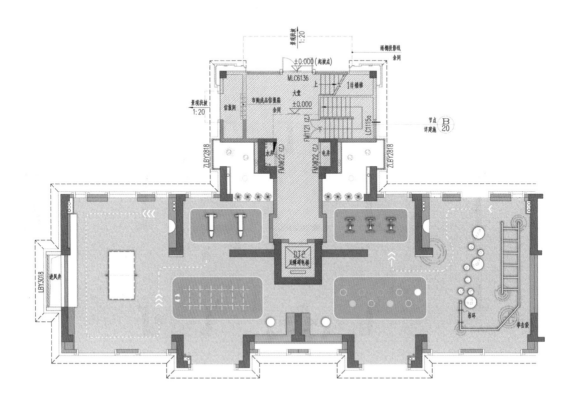

＊ 老年空间·颐养颐居

老年空间融合湖州市的地标性建筑"仁皇阁"的文化特色，墙面勾勒的简笔画营造出飞屋檐建筑形式与江南水乡的特色，浓浓的地域性令业主存有浓厚的归属感和亲切感。

在空间设计上，东侧布置了棋牌桌和书画交流区，西侧设置了休闲以外的老人康体健身活动区域，简易的器械可以让老年人活动筋骨。局部空间放置装饰绿植，净化空间。

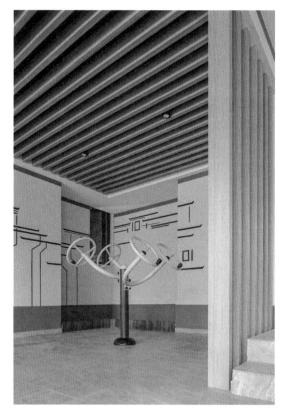

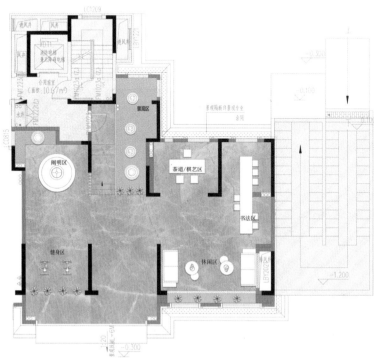

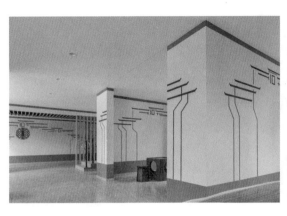

＊ 儿童空间·童趣森林

儿童空间以《大森林里的小木屋》这本书为设计灵感，设计师设计出了一个能激发孩子们探索求知欲，让他们"野蛮生长"的空间，并将空间演绎得高低错落、生动有趣。在空间规划上，设计师通过系统的空间分析，在有限的空间里多维度地创造出不同的儿童穿行路线，以此提高儿童探索的欲望，释放儿童纯真的天性。西侧的活动空间通过不同形状、符号、线条、弧度创造草地、树林、岩石、隧道等各种元素，让儿童感受不同触感，尽情释放天真与好奇心。东侧的墙面装饰了珠片涂鸦，环保又有趣，错拼的动物小桌椅营造着亲子阅读氛围。北侧为儿童设计了欢乐小舞台，预留派对和社区节日活动的展示空间。热气球形态的岛台设置了金茂独有的 IP 小卫士角色——金豹豹，守护森林，并带领孩子们开启探索的旅程。

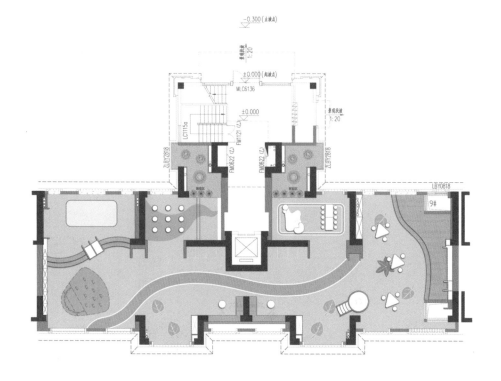

五、厦门建发·文澜和著

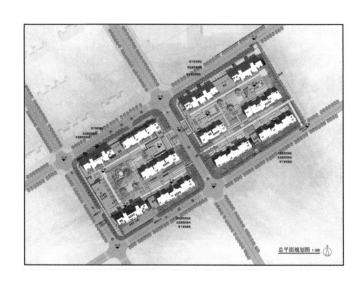

1. 工程档案

开发商： 建发集团

项目地址： 厦门市海沧区

室内面积： 416 平方米

容积率： 2.8

2. 项目概况

    厦门建发·文澜和著位于海沧区马銮湾核心区域，毗邻厦门一中。项目以疏阔的楼间距与低密度社区空间为依托，打造低密度、高绿化率的新中式社区。

扫码后长按小程序码
获取更多信息

3. 架空层设计理念

本案以多维场景塑造为出发点，构筑集会客、休憩、邻里交流等功能于一体的架空层空间——"邻鲤荟"。设计通过社区生活的多元场景架设，立足全龄段业主需求，设计出茶艺区、棋室、儿童乐园、健身区等功能空间，满足少、青、老三代的休闲娱乐活动。同时，通过加强景观的渗透与延续，让业主享受更齐全的社区配套、更好的社区体验。在风格营造上，本案架空层秉承建发集团一贯的新中式风格，以古典淡雅为原则，整体基调温暖明亮，传递着新中式风格特有的儒雅的空间氛围。

茶艺区是为社区茶艺爱好者精心打造的清静场所，设计以浩渺的水墨山水图为背景，桌面以迎客松盆景为饰，木质的茶桌镂刻出"曲水流觞"的意境，营造出一种淡然的气息。

棋室秉承极简风格，没有多余的装饰，配以木质的桌、椅、棋，是年长者喜爱的对弈氛围，也是稚子触摸传统文化的时代介质。

儿童乐园的设计从学习和玩乐两个方向出发。在学习上，以容纳观影和阅读功能的影音阶梯书吧为中心，用阶梯式儿童座椅代替传统座椅，既能满足儿童的看书需求，又可方便儿童观影；在玩乐上，以海洋为主题的球池极富吸引力，壁面浮雕式的自然元素张扬着创意与浪漫。私教室是促进亲子交流的绝佳场所，里面的创意树如一抹色彩点缀在幼儿纯澈的童年天空中。

健身区是为社区爱好运动的人群打造的专属天地，在功能上分为瑜伽区、跑步区和有氧区，满足人们各类健身需求。配备专业健身器械的社区空间，有着令人无法抵抗的吸引力。

第三节　全龄互动

一、陪伴式架空层体系

2019 年，华宇集团发布了"优 + 体系 2.0"，从细节着手，从多维度制定了 1800 多项产品标准。景观作为关注的重点，率先成为"优 + 体系 2.0"的落地板块。为完善"优 + 体系 2.0"，华宇集团以"相伴"为立足价值点，提出了全年龄覆盖、全生命周期的陪伴式架空层体系概念，以"一星四景"的模式构建出架空层模块四大系统、10 项空间场景营造、"40+"功能模块，以及一项互补会所空间。

架空层不同产品系配置级差关系

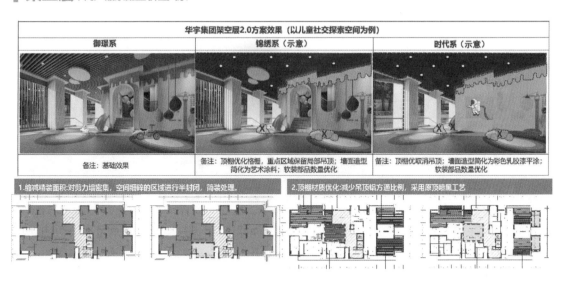

星之轩

(共享书吧/亲子剧场)
架空层交流区

星之辰

(四点半课堂/儿童游艺/社交探索)
架空层儿童区

星之梦

(会客空间/轻氧健身)
架空层青年区

星之语

(老年乐活/康养健身/老年书画)
架空层老年区

架空层模块

配置功能场景		面积限定(平方米)	功能模块	主要空间			开放/封闭状态
				御璟系	锦绣系	时代系	
星之轩 架空层交流区	共享书吧	40	共享书吧、亲子阅读、双人对坐阅读、	○	○	○	开放
	亲子剧场	60	秀场、摄影展、书画展	○	○	○	开放
星之辰 架空层儿童区	四点半课堂	40	四点半课堂、涂鸦、手工制作、乐高	○	○	○	封闭/开放
	儿童游艺	30	泡泡池、幼儿学步、滑梯、	○	○	○	开放
	社交探索	50	冒险屋、秋千互动	○	○	○	开放
星之梦 架空层青年区	轻氧健身	80	乒乓球、瑜伽、器械、休闲	○	○	○	封闭/开放
	会客空间	40	休闲洽谈、邻里交流	○	○	○	开放
星之语 架空层老年区	老年书画	40	书法区、绘画区	○	○	○	开放
	老年乐活	40	对弈区、牌桌区、品茗区、休闲区	○	○	○	开放
	康养健身	80	康体健身	○	○	○	开放

○ 选配

不同档位空间封闭需求：根据项目成本及营销需求在4大场景中选择功能模块。御璟系可选封闭模块2个；锦绣系可选封闭模块任意1个；时代系不可选封闭模块。

架空层平面布置原则

楼栋平面功能布置原则

1　面积控制

　　1-1 架空层方案需统计架空层面积表

　　1-2 各功能面积可出现±10%浮动，封闭精装、开放精装分别平衡面积，保持完整功能包面积不变

2　流线设计

　　2-1 主动线应布置精装空间（含封闭、开放精装）

　　2-2 次动线上应带有开放精装空间

　　2-3 次动线上的简装空间应集中打造

　　2-4 主、次动线区域外空间应为简装空间

3　视线设计

　　3-1 主视线上应全部为精装空间

　　3-2 次视线上应为集中打造的简装空间

　　3-3 封闭精装空间应有视线分析，形成对景、框景效果并对景观提资

　　3-4 架空层的入口不应该有高于视线的植物的遮挡，并设置明显的标识或LOGO进行引导，当入口设置在建筑体侧面时，景观应铺设硬铺地面至架空层入口

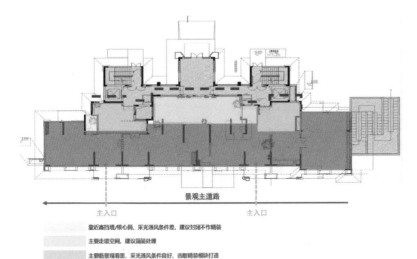

景观主道路

主入口　　　　　　　　主入口

靠近高挡墙/核心筒，采光通风条件差，建议封闭不作精装

主要走道空间，建议简装处理

主要临景观看面，采光通风条件良好，选取精装模块打造

架空层人性化痛点分析

环境专篇	色系专篇	人性化专篇

人性化痛点分析

① 阅读区域光线不足；　② 玩耍时手机没电，没有安全感；　③ 湿漉漉的雨伞无处安放；　④ 安防没有全面覆盖；　⑤ 雨水过后，架空层内四处积水；　⑥ 架空层位于首层，空间阴暗，夏季蚊虫较多；

⑦ 垃圾纸屑较多，环境意识有待提高；　⑧ 儿童身高不足，座椅使用不便；　⑨ 奶妈长期抱孩子，双手酸痛；　⑩ 紧急情况下，不能及时发现危险所在；　⑪ 架空层内部分尖角容易导致磕碰；　⑫ 架空层内墙面阳角导致磕碰；

1. 四大系统

* 星之轩·架空层交流区

此空间以促进亲子、邻里交流为设计导向，以共享书吧和亲子剧场为具体落点，满足各年龄层的阅读、观影、交流、花艺、摄影以及书画鉴赏等活动需求，打造一个儿童、青年、老年以及爱宠物人士喜爱的场所，并针对架空层常见痛点，如阅读区光线不足、雨天积水、雨伞无处安放等问题一一对点解决，完善人性化设计，如增加雨伞沥水槽、转角阅读灯、阳角防撞等细节。

○ **功能菜单**

空间场景：共享书吧、亲子剧场

适宜人群：儿童、青年、老年各年龄层，同时爱宠一族也可在此找到去处。

○ **布置原则**

位置：

　　共享书吧：设置于景观绿植相对多样化，同时周边环境相对安静明亮区域；
　　亲子剧场：设置于人群聚集区域(景观会客厅)，设置于小区相对中心区域。(靠近景观中轴区域)

　　共享书吧：总面积控制在30—40平方米
　　亲子剧场：总面积控制在40—60平方米

星之轩 平面布置分析

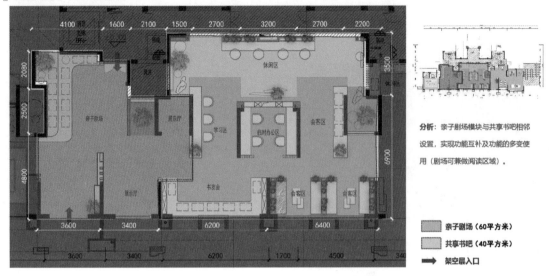

分析：亲子剧场模块与共享书吧相邻设置，实现功能互补及功能的多变使用（剧场可兼做阅读区域）。

▢ 亲子剧场（60平方米）
▢ 共享书吧（40平方米）
➡ 架空层入口

✳ 星之辰·架空层儿童区

星之辰则是专为儿童打造的童乐园。设计以四点半课堂、儿童游艺、社交探索为主题，为1—12岁儿童构建专属的社区空间。场地设施的设计以滑梯、秋千、涂鸦、手工、攀爬等多种娱乐形式为核心，旨在促成亲子之间、儿童与儿童之间的陪伴与交流，让社交与成长自然发生。

星之辰 产品主张

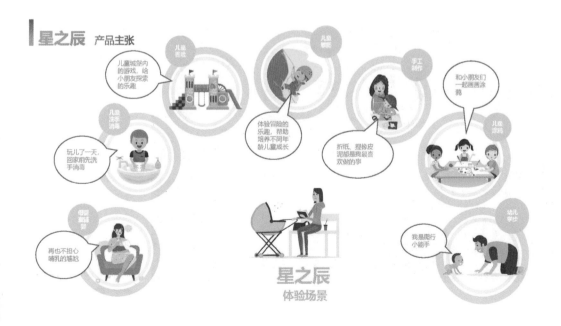

在空间布局上，社交探索区和四点半课堂相邻而设，以便于同龄儿童的娱乐学习，四点半课堂为封闭式架空层，有效隔绝室外喧闹；儿童游艺区作为低龄儿童学步娱乐区域，在空间布局上以开敞围合为主，避免儿童磕碰、脱离监护视线。

（四点半课堂/儿童游艺/社交探索）
架空层儿童区

功能菜单

空间场景：四点半课堂、儿童游艺、社交探索

适宜人群：四点半课堂：4—8岁儿童
　　　　　儿童游艺：1—3岁幼儿
　　　　　社交探索：8—12岁儿童

布置原则

位置：临近景观儿童娱乐区域设置，与景观功能延伸互补。
四点半课堂：设置于相对安静，光线明亮区域（邻里花园）。
儿童游艺：设置于人流相对缓慢区域（邻里花园）。
社交探索：设置于架空层内空间开敞区域，与室外景观联动。

四点半课堂：总面积控制在40平方米
儿童游艺：总面积控制在30平方米
社交探索：总面积控制在50平方米

▌**星之辰**平面布置分析

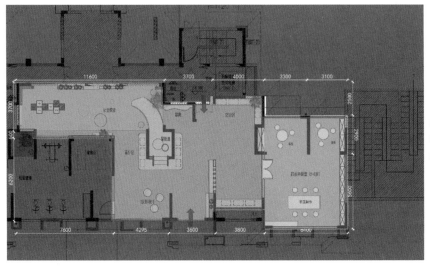

分析：社交探索与四点半课堂相邻设置便于同龄儿童娱乐学习。四点半课堂为封闭式架空层有效隔绝室外喧闹。

　　社交探索（50平方米）

　　四点半课堂（40平方米）

➡　架空层入口

＊ 星之梦・架空层青年区

星之梦以中青年会客、健身为主题，以会客空间和轻氧健身空间为具体落点，为中青年打造一个专属的健身区域，实现青年人运动自由。于此，社区青年可随时开展乒乓球竞赛、共享办公、冥想瑜伽、青年论坛、手游竞技等活动。而针对一般架空层运动会客区域 Wi-Fi 不覆盖、夏天闷热、运动时衣物无处可放、缺少电源等痛点，"优＋体系 2.0"架空层通过设置无线 AP、USB 插座，在封闭架空层区域设置中央空调等策略完善解决，为中青年人群打造了一个理想的社区活动空间。

○ **功能菜单**

空间场景：会客空间、轻氧健身

适宜人群：中青年

○ **布置原则**

位置：临近景观重点打造区域设置。
会客空间：设置小区入口区域，周边景观闲适；
轻氧健身：临近景观健身区域设置，满足室内健身需求；

会客空间：总面积控制在40平方米
轻氧健身：总面积控制在80平方米

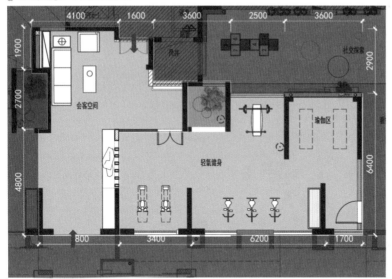

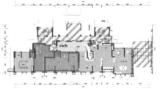

分析： 轻氧健身为封闭式架空层，与会客空间临近设置，实现功能互补，提升空间互动。

■ 会客空间（40平方米）
□ 轻氧健身（80平方米）
➡ 架空层入口

＊ 星之语·架空层老年区

星之语以老年乐活、康养健身、老年书画为主题，以对弈、书画、健身、茗茶等活动为落点，满足不同老年人的需求。健身、棋牌、书画区域相邻的布局设计也满足了老年人喜好热闹的心理诉求。同时，以拐杖挂钩、紧急呼叫按钮、防撞条、台阶防滑条、起身拉手等人性化设计为老年人的安全保驾护航。

星之语 产品主张

星之语

(老年乐活/康养健身/老年书画)
架空层老年区

○ **功能菜单**

空间场景：老年乐活、康养健身、老年书画

适宜人群：中老年群体

○ **布置原则**

位置：与景观老年区域临近设置
老年乐活：架空层安静，人流量较小区域；
康养健身：临近景观健身区域设置，周边景观布置优良；
老年书画：设置于安静，人流量较小、光线充足区域；

老年乐活：总面积控制在40平方米
康养健身：总面积控制在80平方米
老年书画：总面积控制在40平方米

星之语言平面布置分析

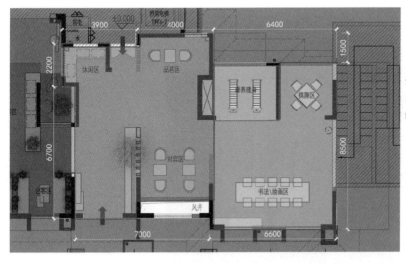

分析： 健身、棋牌、书画相邻设置满足不同老年人功能需求，同时实现功能互补，满足老年人喜好热闹的心理诉求。

■ 康养健身（80平方米）

■ 老年乐活（40平方米）

■ 老年书画（40平方米）

➡ 架空层入口

2. "343+1" 落地原则

为指导该体系圆满落地，华宇集团以"343+1"落地原则为架空层体系保驾护航，"343+1"落地原则指的是 3 项产品主张、4 项建造标尺、3 大专项设计、1 项工艺工法。

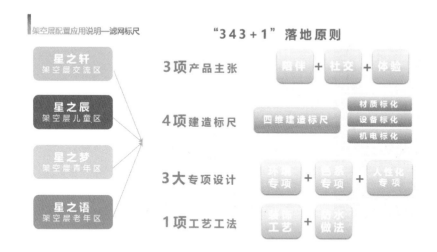

3 项产品主张以"陪伴 + 社交 + 体验"三大主题贯穿整体设计，促进不同年龄层、不同群体之间的交流，强化社区凝聚力。同时，以材质、设备、机电、软装四项建造标尺，把控架空层整体落地完整性，以环境专项、色系专项、人性化专项三大专项设计保障空间和谐度、美观度、使用舒适度。1 项工艺工法涵盖装饰工艺及防水做法的空间节点，保障空间施工质量，减少空间后期使用损耗。

■ 工 艺 工 法

20项工艺工法

装饰工艺
- **3项** 景观及建筑交接处理界节点
- **3项** 安全预埋节点
- **4项** 天花节点
- **4项** 地面节点

防水做法
- **3项** 排水做法节点
- **3项** 防潮做法节点

人性化配置汇总

环境专项	色系专项	人性化专项

12项人性化配置要点

 共享书吧

亲子剧场

备注：以上人性化配置不少于8项

  雨伞沥水槽

 垃圾分类箱

声光报警

阳角防撞

 太阳能灭蚊灯

 转角阅读灯

 USB插座

 智能监控

 排水找坡

 宝宝椅

 阳角防撞

 儿童高低坐凳

二、重庆华宇·御璟悦来

1. 工程档案

开发商： 华宇地产、旭辉集团、华侨城集团

项目地址： 重庆市渝北区

容积率： 2.5

2. 项目概况

  重庆华宇·御璟悦来位于重庆市渝北区，基地整体呈梯形。周边学校、医院、邮局、社区服务站等社会配套设施齐备，南临礼嘉商务区，地理条件优越，交通便利。作为华宇集团的高端项目，御璟悦来全面落地"优+体系2.0"，项目结合地形特点，将场地大致分为两级台地，由高到低，分别布置小高层、叠拼别墅及合院别墅，逐级叠落成景观资源，以追求极致的景观视野。

3. 架空层设计理念

  御璟悦来架空层设计承袭华宇集团"全生命周期陪伴式架空层体系"理念，在功能设计上，为幼年、中年、老年群体打造专属社区活动场地，实现"小有所乐、青有所益、老有所趣"的幸福场景营造，让每一个年龄段的人都能找到属于自己的生活主场。在空间设计上，本案将"共享"意识植入架空层空间，通过景观设计和场景打造，扩大社交空间，丰富生活场景，为居者开辟出室内生活之外的"第二客厅"。在软装设计上，天然质朴的原木营造出舒适与惬意，将现代体块与材质肌理碰撞结合，打造出舒适、有质感的休闲空间。

＊ 交流区·闲适共生

本案以共享书吧和亲子剧场架设社区交流区，试图营造一个适合全家人参与阅读的静心空间。在空间布局上，书吧与亲子剧场相邻而设，剧场可兼作阅读区域，实现功能互补及功能的多变。阶梯式儿童座椅与传统座椅相搭配，促进亲子阅读。半敞开的设计将自然光线引入室内，原木色构建的自然空间与阳光相伴，为全龄段群体提供了一个亲近、闲适的空间。

＊ 儿童区·炫彩童话

儿童区的设计以太空、童趣、陪伴为关键要素，以四点半课堂、社交探索为具体落点，为孩子们创造一个结交朋友、释放能量的空间。在配色上，基于儿童对色彩敏感的群体特征，设计以天马行空的配色塑造出一个缤纷绚丽的童话世界。在设施配套上，针对不同年龄段孩子的生长、心理需求，在功能空间布局滑梯、摇摇马、秋千吊球等玩耍设施，让小朋友在嬉戏玩耍中收获友谊。对星球的探索是儿童求知的新旅程，墙面丰富的图案与儿童缤纷的童年相呼应，在满足其好奇心的同时，也给孩子们一个更丰富多彩的活动空间。

四点半课堂以蓝色墙面将小朋友带入一个神秘的宇宙世界，活泼生动的图案，还原一个个生动有趣的梦境故事，为孩子们提供了一个可供阅读、绘画、DIY 的专属成长空间。

＊ 青年区·活力空间

青年区以轻氧健身和会客空间的打造为主体，力求筑造一个年轻人理想的社区交流场所。在健身空间的设计上，华宇集团以全龄段的活动空间架设为目标，配置各类运动器械设施，通过多种形式的活动功能场景，全方位满足老人、小孩、青年的多样性需求。现代化的运动设备与窗外葱郁的自然景观相得益彰，鲜亮、明快的墙面颜色在营造出活力氛围的同时，也成了空间布局的有效分割线，使空间形成动静分离的格局，让每一个运动爱好者都能找到适合自己的角落。

会客空间的打造旨在延伸一个开放互联的功能空间，希望这里能成为兼具实用性与审美价值的社区交互场所。在软装设计上，天然的木色与光影铺垫形成舒适的基调，绿色的自然点缀温馨且静谧，深色家具的线条在丰富视觉的同时又能区分空间特性，一个亲密、温馨的公共客厅由此形成。

＊ 老年区·乐活舒适

老年活动区是专为年长者打造的一个轻松休闲的场所，设计以雅致、温和的氛围营造出自然与生活完美融合的空间，为老人开辟出一个可以与好友新邻品茗对弈、谈笑风生的所在，让他们能在交流与休憩的泛会所中重拾曾经的记忆。考虑到老人生活习惯的特殊性，这里以人性化的软装配置给予老人实际的关怀，如放水杯的边几、随时可挂随身物品的挂钩等。在这个精心打造的有温度的架空层里，无数美好的生活场景正在上演。

三、温州万科时代·大都会

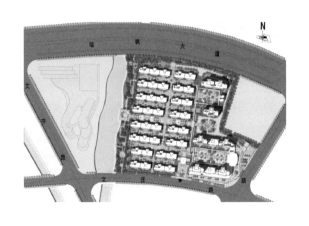

1. 工程档案

开发商： 万科集团、时代地产

项目地址： 瑞安市瑞祥新区

软装设计： 美域高

室内面积： 1280 平方米

容积率： 2.3

2. 项目概况

  温州万科时代·大都会位于浙江省瑞安市，规划上强烈的仪式感和空间秩序，彰显顶级楼盘的气质。产品内容包括联排别墅、高层住宅以及特色商铺，点式围合布局大气高贵，斯特恩式新古典主义风格，体现了建筑的比例美与线条美。

3. 设计理念

  架空层作为社区生活中重要的公共空间，从最初的单一功能到越来越复杂的空间配置，已经迈入全新时代。在新时代，业主到底需要怎样的社区公共空间？理想的架空层到底应该怎么做？温州万科时代·大都会从业主最基本的应用需求出发，对当下架空层的业态进行智慧推演，在关注儿童和老人这两个社区架空层使用频次较高的群体之余，也将中青年的需求纳入空间规划的考虑当中，试图打造一个全生命周期的生态社区，让架空层成为真正覆盖各个年龄层的社区共享空间。

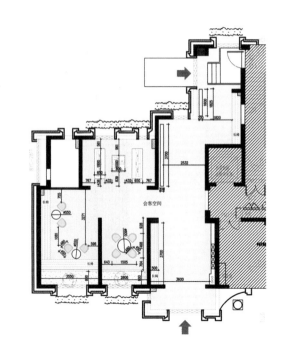

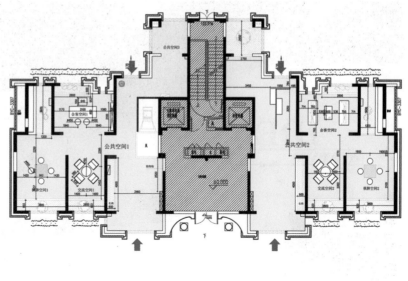

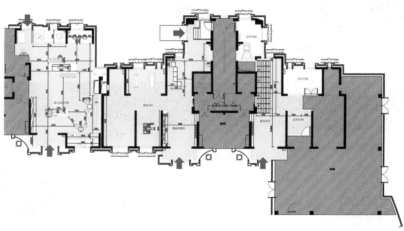

成长空间 ELDERS AREA

9#互动亲子

社交空间 SOCIAL AREA

9#阅读聚会、活力健身、会客交流 乏流
19#健身互动

悦游空间 CHILDREN AREA

1#放松互动
14#棋牌交流

4. 空间设计

＊ 呼吸·青年活动空间

　　青年活动空间的设计理念源于青年人工作、生活的现状及有别于家和办公室的第三空间需求，设计以简洁的线条作为空间主调，多层色块穿插其间，以形成色彩年轻化、层次丰富的空间质感，继而衍生出轻松、愉悦的空间氛围。

空间设计讲求细节，考量质感，以形成简洁、有序、开放的空间节奏，为青年人筑就一处能自主规划的"家"的延伸空间，满足青年人艺术鉴赏、社交互动的生活需求。

＊社交·中年共享空间

　　中年共享空间关注的是对自我价值和生活有额外需求的中年人群。空间设计从对社区共享空间有更高需求的中青年女性出发，打造了一个花艺主题的共享休闲空间，让女性能在做家务之余学习互动，从另一层面实现自己的价值和满足生活需求。

除花艺空间外，错落有序的架空层中合理地安置了各种区域，给出了更多的生活可能性。空间的色彩与线条也更具现代感与艺术感，完美契合新生代中青年的审美需求，给了他们一个可谈论艺术、可实现理想，亦可会友谈天的"家"空间。

＊ 风雅·老年陪伴空间

老年陪伴空间的设计亦是关注老年人的精神生活需求，力求从精神层面给予老年人更多慰藉和关怀。空间风格根植于老年人对美的追求，以"风雅"为主题，引入水墨画、绿植、假山等元素，以呈现出文雅和生机，让每一个老年人都能在这里感受到温度。

四、上海金茂虹桥金茂悦

1. 工程档案

开发商： 中国金茂

项目地址： 上海市青浦区

室内设计： 杭州甫特达室内设计有限公司

室内面积： 848.5 平方米

2. 项目概况

　　上海金茂虹桥金茂悦坐落于上海市西虹桥商务区的北部地区，东与闵行区接壤，西与重固、白鹤镇交界，南与徐泾、赵巷镇相邻，北与嘉定安亭相望，区位优势明显，未来经济发展潜力大。依托成熟的城市板块，项目周边配套健全，同时也可共享华新镇成熟、完善的配套资源，完全满足日常生活需求及高端消费需求。

扫码后长按小程序码
获取更多信息

3. 架空层设计理念

本案一期社区试图以匠心解构人居需求，打造全龄、健康、乐活的互动社区，借此演绎"小有所乐，青有所益，老有所趣"的生活场景。设计根据地势打造略有曲线的亲子乐园，按照不同年龄段儿童的好奇点和玩乐点，将儿童活动区域细致划分，让每一个孩子都能找到自己的专属活动空间，安放不留遗憾的斑斓童年。基于对陪伴及成长的全面且深度的思考，设计师从全龄客群出发，定制社交、儿童、运动三大主题空间。

4. 空间设计

＊ **儿童空间·梦想的启航**

儿童空间规划为一动一静两个主题。以太空为主题的"童梦星程"是儿童的娱乐天地，梦幻的太空元素、造型可爱的桌椅灯饰和玩偶点缀于空间各处，既是儿童闲暇玩乐的所在，也能激发孩子探索求知的好奇心。以自然为主题的"蘑菇乐园"以梦幻马卡龙色为主色调，墙壁绘上色彩亮丽的蘑菇，跷跷板、跳格子、蘑菇屋等童梦游戏设备有序布局，孩子们穿行其间，既能展开对大自然的探索，亦能收获美好的童年回忆。

运动空间·生命的奔跑

运动空间以"生命的奔跑"为主题,主张运动不设限,打造全龄健康生活模式。健身空间选择简洁、舒适的风格,给人更加温馨的空间感受,同时置入多元化功能和设备,满足不同年龄的业主的健身需求,让健康生活真正融入住宅空间的每个角落。

✻ 社交空间·向往的远方

　　"向往的远方"是社交空间的主题，用以表达当代人对社群共享、共建的主张，力求将城市场景社区化，为业主带来一处共享、和谐、舒心的静谧之境。

五、长沙中海·阅江府

1. 工程档案

开发商: 中海集团

项目地址: 长沙市岳麓区

室内设计: 上海域正装饰设计有限公司

容积率: 3.92

2. 项目概况

长沙中海·阅江府位于湖南省长沙市洋湖生态新城的核心区,周边雅河环绕,湘江在侧。项目依托洋湖中央商务区的核心区位,通过对资源的充分利用,力图打造长沙新一代时尚高端住宅。项目结合首层架空层空间设计,打造全龄主题化活动空间,旨在提升社区居住品质,给予居住者归属感和价值认同。

3. 架空层空间设计

架空层不仅是一个室内与室外的过渡空间,更是人们情感连接的重要区域。步入全龄共享时代的架空层,承担的是不论天气、不论长幼都可以随时随地进行户外娱乐的场所使命。本案的架空层设计以满足全龄人群活动的需求为原则,通过对各单元楼架空空间的极致利用,规划出主题活动空间。在空间布局上,本案规划了儿童娱乐

区（乐高区、积木区、阅读区、小型篮球区、小剧场）、青年运动区（跑步区、大型器械区）、中老年活动区（阅读交流区、品茗区、活动区、书法区）等功能分区，形成全龄覆盖的社区共享空间，满足居民娱乐、运动、阅读、社交等多维活动场景需求，以此重塑人与人的连接。

＊ 童彩·儿童活动区

儿童活动区位于一、二、四号楼的架空层区域，设计从寓教于乐的角度出发，通过娱乐玩耍、知识启蒙、运动引导等方式形成对社区儿童全龄段、多维度的益智启蒙。在娱乐玩耍上，通过乐高、积木、滑梯、跷跷板等游戏设施搭建儿童嬉戏乐园；在知识启蒙上，以阅读兴趣培养和手工锻炼为抓手；在运动引导方面，以篮球为具体落点。此外，设计利用儿童对色彩的敏感特性，通过色彩把原本糟糕的灰色角落变为充满娱乐性的活动空间，让充满童趣的空间氛围与完善的功能配套相结合，以此活化社区童趣，为儿童的健康成长保驾护航。

✳ 青活·青年运动区

青年运动区主要布局在三号楼架空层，规划出了大型器械区、跑步区等场所，满足社区青年人群随时随地去运动的需求，免去往返健身房的不便。

✳ 翁乐·老年社交区

老年社交区主要布局于一、二、五号楼的架空层区域，在功能设计上以阅读交流、品茗下棋、书法绘画、休闲运动四个方面为落点，集社交、运动、阅读、娱乐为一体，构建专属于中老年人群的休闲活动区。在空间设计上，考虑到中老年人群对于架空层的体验需求，从实用性、艺术性两方面入手，重新布局凌乱的空间结构，以活动场所和动线为核心进行有效的规整和搭建，同时利用功能场景表述社区关系的概念，营造具有安静设计感、温馨情景感和和谐归属感的空间氛围。

第五章

CHAPTER 5
售楼处室内设计

第一节　售楼处室内设计趋势

售楼处的存在本是为了展示楼盘，本质上属于商务洽谈的营销场所。最初，当营销任务完成后，售楼处通常是用后即拆，空间功能具有很强的临时性。但因其承载着宣传地产品牌、展现楼盘价值的重要作用，所以，开发商对售楼处的设计往往不惜成本，重金打造，以期营造良好的环境氛围，提高用户的购房欲望。

然而，随着近几年营销观念的转变，同时也基于可持续发展的战略理念，售楼处的室内设计已走出了浮华、重装饰的阶段，转而进入追求功能可变的实用赛道。从产品力维度看，售楼处的核心主要可归结为功能和场景两大方面。具体表现为：在空间功能上，由单一固定的功能模式演变为复合多功能的空间营造；在设计主题上，由装饰性转向强调空间的场景体验性。整体呈现出明显的弱化销售感的趋势。

一、空间功能：去营销化

随着现代实用主义的发展，售楼处空间功能固定的传统已被打破。市场更倾向于打造多功能的模块格局，以便于后期将售楼处简单地拆改，变为与居者生活息息相关的活动场所。为使售楼处从前期营销功能到后期生活功能的调整更为顺畅，设计往往采用开放、灵活的空间布局和简约易改的陈设风格，有些项目索性一步到位，直接以后期使用场景为抓手进行空间规划布局，以期最大限度地降低后期的改造成本。而售楼处再利

用的空间也极大，如生活配套设施（归家大堂、运动空间）、商业配套（酒吧、咖啡吧、书店）、教育场所（幼儿园）等。

• 佛山中海·汇德里——酒吧设计

• 郑州旭辉·空港时代——前卫书店设计

• 北京中海·首开拾光里——图书馆设计

二、设计主题：强化场景感

在以人为本的时代，场景营造可以说是商业竞争的决定要素。一个有效的场景，不仅是打造记忆点、破除设计雷同、提高产品品质的关键，基于营销层面来说，吸引用户的注意力，优化用户体验感，延长用户驻留时间，进而促成交易，才是售楼处的终极诉求。

在同质化现象严重的当今，主题营造是当下售楼处室内设计的常见模式。主题式设计具有蓬勃的生命力，其取材范围极广，自然山川丛林、历史艺术文化、地理人文风俗等，皆可成为撬动空间场景营造的有效支点。城市的生长基于其特定的历史文化脉络、地理人文环境，建筑作为城市的主体，一直都是时代风貌的静态表达。设计的脉络向上，可见在历史车轮碾压下历久弥新的泱泱华夏文明；设计的思考向下，可见绚丽多彩的地域和区域文化，焕发出璀璨生机。历史性与现代性结合，科技与自然碰撞，足以形成强烈场域氛围的室内表达，进而提高场景的辨识度和传播度，实现场景的可持续性。

第二节　功能

一、北京中海·首开拾光里

1. 工程档案

开发商：中海集团

项目地址：北京市朝阳区

室内设计：赛拉维设计

室内面积：1000 平方米

2. 项目概况

　　北京中海·首开拾光里位于北京市朝阳区东五环的金盏别墅区，周边教育、医疗、商业资源丰富，交通便利。项目分为南北两个地块，北地块规划为住宅用地，南地块则规划了 4000 平方米的幼儿园、中小学等基础教育用地，用以满足未来一贯制公立教育的需求，以及 2500 平方米文化活动中心与 9000 平方米综合服务商业用地，为项目提供未来生活的支持。

3. 设计理念

　　设计师试图在繁华里打造一处最美图书馆，一座介于城市和自然之间的艺术地标，并希望它在成为展馆之时，也能同时成为一个自由的文化传导空间，让人们行走其中时，能与空间、自然、艺术形成互动，融入内核之中。空间设计以"时光之城"为营造理念，以时间点为空间线索，以时光变化轨迹为母题，将营销中心整体干净地切分为若干场所，呈现出充满力量又流畅自由的景观空间。

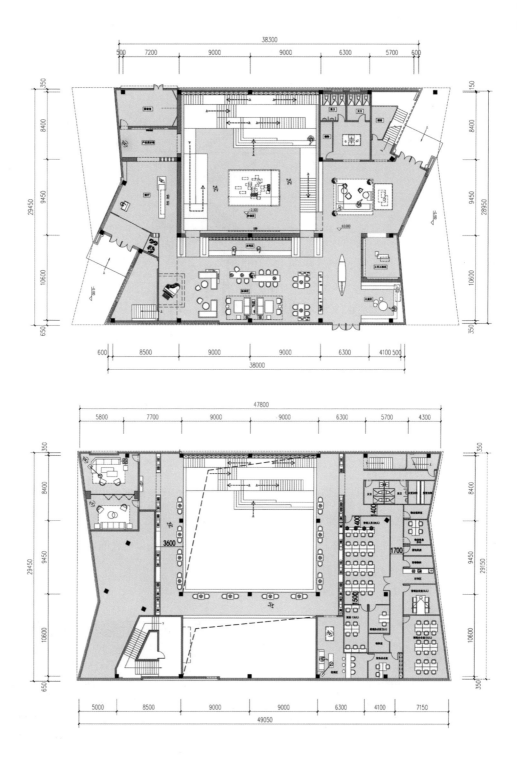

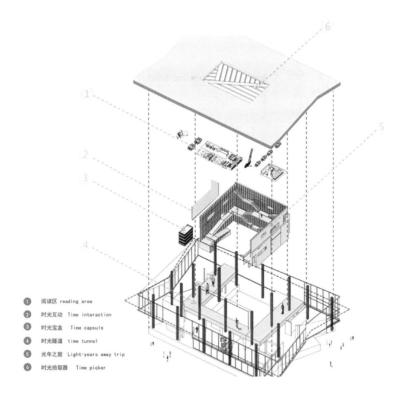

①	阅读区	reading area
②	时光互动	Time interaction
③	时光宝盒	Time capsule
④	时光隧道	time tunnel
⑤	光年之旅	Light-years away trip
⑥	时光拾取器	Time picker

4. 空间设计

* 前厅·分秒记忆

前厅的设计以"光影"为设计灵感，用层层叠叠的笔直线条堆砌出光影，带给建筑变化。空间利用红砖与不同时刻光影的结合，形成用以表达分秒感受的明暗变化，从而使空间保存时间流逝后留下的美好记忆，让每一个时刻都变成为富有意义的时光记忆。前厅壁面以巨大的斑斓屏幕为饰，律动变化的色块如同点点星光，构成通往"时光之旅"的光影隧道。

＊ 沙盘区·光年之旅

　　设计师从爱因斯坦的四维空间理论中提取出沙盘区的设计灵感，通过三维空间与时间的糅合，打造出本案视觉上错综复杂、交错纵横、似有似无的空间变化效果——光年之旅。设计采取解构主义，通过块面、线条的重组，巧妙地融入自然、艺术、生活的元素，将抽象结构转译至简单、令人震撼的几何形态，拆解、错置，达到最契合的状态。

蜿蜒而上的大面阶梯造型与天花顶面的镜面相接，形成一种无界天梯的景象，从而达到模糊空间界限的效果。建筑天窗用大面玻璃作为隔离，使室内外界限得到消融，进一步强化无界效果。与此同时，玻璃天窗将日光引入，使室内随日色明暗而产生变化丰富的空间光感，每一点变化都渐渐变成独特的笔触，构筑出一个多角度漫反射环境。代表自然的光与承载文化曙光的书交相辉映，构筑出一个精神引导性空间。

在中空挑高的阅读位，光影透过层层书架中的洞口，令虚与实、刚与柔、轻与重的对比呈现演出艺术化的效果，使得这座多功能建筑成为既独立又统一的复杂综合体。

＊洽谈区·定格一刻

洽谈区位于大大的落地窗前，透明的玻璃消除了室内外的分界，阳光肆无忌惮地在沙发上跳跃。

二、长沙绿城招商·桂语云峰

1. 工程档案

开发商： 招商蛇口、绿城中国

项目地址： 长沙市岳麓区

室内设计： 朴悦设计

室内面积： 1173 平方米

2. 项目概况

长沙绿城招商·桂语云峰坐落于长沙市岳麓区，紧邻梅溪湖国际中轴二期。项目北侧紧邻区域城市绿轴，南侧有河流穿行，象鼻窝森林公园赋予其优越的景观资源。地块包括一块商业用地和两块住宅用地，具备天然的功能复合优势。

项目规划立足于其与生俱来的地理优势，意在通过天桥将生活展示馆、住宅、商业街区、购物中心等功能串联起来，打造自我完备的 24 小时生活圈，妥善利用地块本身的景观优势，结合周边的生态条件，优化设计布局，打造涵盖中央大花园、底层架空空间等在内的多元社区形态，匠筑"森居云上"的惬意生活。

3. 功能空间设计思考

本案地处长沙重点开发区域——梅溪湖片区，有着巨大的发展潜力，受区域特性影响，项目瞄准来自高新企业的都市精英客群，项目定位为具有高圈层特性的高端住宅产品，因此，作为其展示功能承载体的生活馆的打造应基于此背景和水准。

又因生活馆建筑原规划为社区幼儿园，在结束销售展示功能后，须还原为幼儿园形态。基于其功能特性，生活馆内部结构要严格按照幼儿园的教室格局进行规划，层高的打造也有所限制，这便与生活馆外观意图展示的云朵般的轻盈灵动

感相悖。因此，该如何确保内部结构符合要求，且与外部建筑保持格调统一，便成为此次项目设计的一大挑战。

此外，项目的特性是未来，在空间的营造上，需要激发客户对未来的向往，在参观体验上，也应给予相应的暗示。这便要求设计在空间规划时，要突破常规营销中心的参观逻辑，注重空间序列的打造，以求能循序渐进地为来客描绘整个项目的愿景。

4. 设计理念

项目的打造在兼顾销售功能与幼儿园的空间功能上，承继建筑"云上的乐园"的立意，拆解并重组了云的不同形态，使其化为能表情达意的空间语言，营造出清透、澄澈的空间氛围。

空间材料的选择在保证整体呈现出轻盈质感之余，亦兼顾了品质和价值感的营造。材料主体选用简洁、干净的大面积涂料，以呼应建筑外立面的质感，重点区域则在此基础上加入了大量的金属元素，以强化空间的视觉表现力和序列感，营造出灵动的空间感受。

空间的前后期功能和理念的联动贯穿设计细节，将"美好生活"的寓意表达得淋漓尽致。

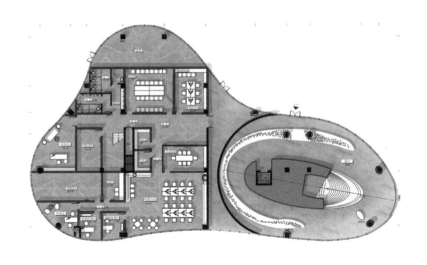

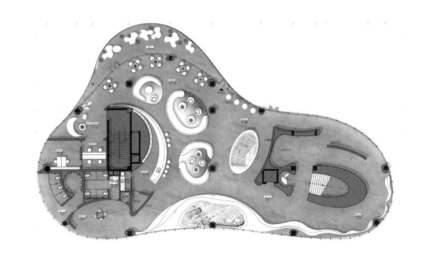

5. 空间规划

　　项目建筑有三层，不
同于常规的售楼处设计思
路，主空间设置在景观最
优的二、三层，以求为客
户提供最佳的光线和景观
资源。而一层空间则设计
成一个特殊的入口，兼顾
景观展示的功能，隐于隧
道内的楼梯缓缓上升，仿
若引人踏入云霄的天梯，
通透且灵动，为空间注入
了与众不同的韵味。

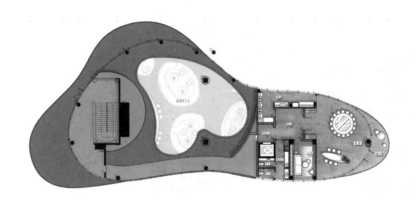

6. 空间设计

＊ 前厅·镜水天地

生活馆入口以水起兴，以云为形，营造出一片如梦似幻的镜水天地。一层空间以全通透的玻璃打开建筑墙体的隔阂，使得户外镜水与室内的镜面铺底相连，化身成一顷碧波。瓷白的柱体由水底升起，撑起带环状灯带的穹顶，弧线似水波漾开的层层涟漪，镜面映出涟漪的身影，天与地于此相合，恰如宇宙给我们的最深刻的印象。水瀑般的修长灯柱自穹顶垂落，滴滴晶莹的"水珠"沿着柱体坠下，光影堆叠间，如抽象的艺术长卷延伸不断，梦幻灵动且神秘诡谲。

＊ 天梯·梦幻隧道

主楼梯以圆弧曲线在空间中央层层漾开，似梅溪湖面的涟漪。"吐露"楼梯的"涵洞"与天花融为一体，在"云天收江海"的同时，也致敬了梅溪湖地标——国际文化艺术中心的建筑美学。穿梭于楼梯之上，四周的点点灯光若隐若现，置身其间仿若浮于空中，如梦似幻。在出口尽头，线条形的艺术装置仿若流动的生命线，连接起天与地，带来开阔的视野与对未来生活的美好想象。

＊ 品牌馆·伞翼星岛

循光而入，步入展厅，开阔的二层空间带来拨云见日般的明朗疏阔，这里是生活馆的核心地带。自然清辉自两层通高的连续落地窗洒入，硬朗的金属板面与曲线相接，光影于此折叠，幻化出如阳光般和煦温暖的空间氛围。

灵动、通透的理念于此进一步延伸，大理石镜面铺底将碧波的意象再一次演绎，星罗棋布的洽谈座位被地毯围合，化身浮于水面的小岛，而支撑水吧的伞形柱体则为立于岛心的参天大树，环绕于空间内的白色走廊则演变为浮于半空的云彩。

沙盘区化身一叶小舟，白色的基地与沙盘上的绿植高楼模型相映衬，满载生机，驶向美好。吧台酒柜镶嵌在岛心"树洞"之中，坚利的金属板面与柔美的曲线相结合，趣味横生。琥珀花瓣似的高脚椅环绕着吧台，自然生动的造型中和了几何立柱的生硬。

步入云端，行于山间，云、水、风、树于此交融反应，带来空间的情感转折，引领人们展开对美好的向往。

＊ 私宴厅·隐私空间

从首层的神秘梦幻到中层的辉煌开阔，再到顶层的隐秘淡然，层次变化间，一张一弛的节奏带来更好的体验。顶层私宴厅静谧低调，弧面墙体与弧面天花指引着方向，材质细节传递着价值感。颇具禅意的房间坐拥建筑最佳景观，也成为空间最好的装饰。

三、济南中梁·明湖云璟

1. 工程档案

开发商：中梁地产集团青岛区域公司

项目地址：济南市天桥区

硬装设计：鲲誉设计

软装设计：几朵设计

室内面积：508 平方米

扫码后长按小程序码
获取更多信息

2. 项目概况

济南中梁·明湖云璟位于有着"四面荷花三面柳，一城山色半城湖"美誉的济南市，而其所在的天桥区为济南市中心区之一，是全国科技创新前沿及国家知识产权强县工程示范县，产业经济发达。

项目选址在距大明湖正北约 600 米处，北侧为交通枢纽绿化公园，地块景观资源优厚，风光秀美宜人，紧邻北园大街商圈、顺河高架出入口，处于在建地铁 2 号线沿线，出行方便。项目设计意图于现代简约的风格基调上展现创新。

3. 规划设计

济南中梁·明湖云璟基地由三个地块组成，规划搭建高层住宅、商业办公大楼及幼儿园几类物业类型。项目规划设计从地块特性和产品类型出发，在引入外部公园及步道之余，积极打造内部核心生态景观空间。设计灵活布局建筑点位，借助建筑的向内围合，形成大尺度的中心花园，打通北侧景观公园的视觉廊道，使内外景致合而为一，实现观景与景观的高度融合。设计于园区

中叠山理水，并穿插进社区休闲健身空间、老人活动中心和儿童娱乐空间等，打造绿色生态、全生命周期的优质社区。

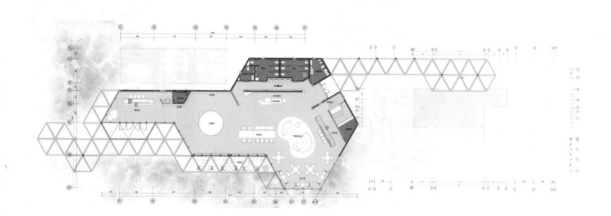

4. 功能空间设计理念

由于项目场地的特殊属性以及区位景观的主题性，设计以"在高架之下生长的城市风景线"为项目定位，集生活美学、野趣、森系于一体，旨在为都市人打造梦境般的城市森林社区，以艺术的角度构筑城市花园。为延长建筑生命周期，在完成营销使命后，售楼处将会被拆改为社区生活配套场所。因此，在空间功能的规划上需要综合考虑后期改造的布局，尽量减少整改工程量。

5. 空间设计

接待区的"鹿引"装置迎宾入殿，与天花板处仿若自由生长、延伸入室的绿植翘首呼应，用绿意生机展开徐徐画卷。

洽谈区设置在售楼处光线和景观最好的位置，整体打造为咖啡厅氛围的空间效果，不仅满足售楼处前期的销售需求，改造后也能作为社区活动区域的休闲娱乐空间。在软装陈设上，设计巧妙利用时光流转带来的光影变化，于空间内置入生态美学的绿植艺术，在设计序列中排布组合。

水吧台选用了做旧的菠萝木，也能够满足未来社区中心半露天的使用方式。陈设主题源自济南的民俗——"碧筒饮"，上半段源自曲水亭街的"暗流涌动"，下半段则是取自大明湖畔的"接天莲叶"，结合民间故事，表达外出归家的归属感及家人对远行之人的思念之情。

多功能区域以种子博物馆为主题，结合本社区景观植物品种，整体营造出悠闲的市集场景，进而融入亲子互动。

四、佛山中海·汇德里

1. 工程档案

开发商：中海地产

项目地址：佛山市顺德区

设计公司：山禾金缘设计

2. 项目概况

作为一座新青年聚集的活力之城，佛山市北滘镇既向上传承着历史遗存的地域文化，又向下开拓着崭新的城市魅力。本案置于商业文化氛围浓郁的北滘新城核心区，人流聚集的转角商业向广场和街道开放，为极具烟火气的老北滘人和都市新北滘人提供了一个融合的城市活力坐标。

3. 功能设计

为打破传统售楼处单一的服务状态，设计试图从现代生活消费和商业运营两个角度出发，将本案打造成可供未来使用的复合式酒吧，以"日咖晚酒"的业态模式迎合新生代青年的社交趋势，实现"所见即所得"。

扫码后长按小程序码
获取更多信息

后期售楼处销售功能结束后，只需在现有基础上做小的调整，即可完成向社交属性的功能转换。对开发商而言，既节约了建造成本，完成了"场所续航"，也为后期的配套运营提前做好了预热；而对消费者而言，在提前体验未来社区生活配套服务的同时，也可在此建立新的社交圈层。

4. IP 设计理念

设计以佛山传统文化为基石，提炼剪纸、醒狮等多种具有代表性的文化符号，用年轻化的设计语言去表现传统文化的特色。中海首席梦想官IP化身空间的守护者，以小海为原型，围绕空间角色设定、情绪价值引领、品牌策略构思三大创作维度，结合空间功能属性和全新社交场景，打造出4个专属于汇德里项目的小海IP形象，通过主题建构、文创集市、设计、陈设打造中海佛山"UNI空间"，以此展示未来社区的生活方式，呈现佛山专属的潮流文创。

＊ 佛小海·文创集市与佛山限定

佛小海的 IP 形象设计是基于佛山本地文化的再创作，给人以情感上的互动和亲切感。在沙盘区展示台以及轮船造型的墙面上，设计师通过佛小海静静展示其独特的周边及咖啡文化。

＊ 悦小海·"UNI 空间"和休闲阅读

洽谈休息区的设计以悦小海为 IP 主角，打造休闲阅读的"UNI 空间"，由此串联起生活美学、社群社交、娱乐休闲等多种形态，创造人们可感知的美好生活方式。洽谈区被置于大片落地玻璃窗前，成为向城市开启的窗口与呈现生活方式的舞台。窗内，人们散坐交谈，美学陈列、文艺活动穿插在其中，引人驻足；窗外，城市街道与人流自然融合，自成风景。

＊ 咖小海·UNI 空间和咖啡社交

咖啡区的空间设计以咖小海为引导大使，通过多感官传达为客户带来深度体验。设计以咖啡文化再现年轻人的生活方式，让社群日常的聚会、餐食、社交休闲等需求在此得到释放。

＊ 趣小海·UNI 空间和守望灯塔

在儿童区，小海化身为孩子的守护天使——趣小海。趣小海将以惹人喜爱的外表和友爱善意的品质成为孩子最好的伙伴，为孩子的成长保驾护航。

五、衢州绿城·鹿鸣未来社区

1. 工程档案

开发商： 中国金茂、绿城集团

项目地址： 衢州市柯城区

软装设计： 上海羽果设计

设计面积： 3000 平方米

2. 项目概况

衢州绿城·鹿鸣未来社区坐落于衢州市中心城区柯城智慧新城。项目以浙江省未来社区"三化九场景"理念及"一核、双轴、多片区"的空间结构进行设计，集创客办公、居住、休闲商业服务配套于一体，布局幼儿园、幸福学堂、邻里中心、医养中心、南孔书屋等公共服务设施，以创业、邻里、服务和治理四大场景为特色，打造南北向的"创业轴"和东西向的"活力轴"，形成森林式多元态势，吸引创新人才，打造复合型全生活社区空间。

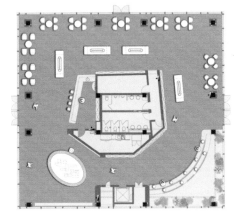

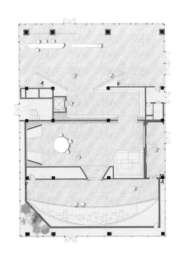

扫码后长按小程序码
获取更多信息

3. IP 设计理念

上海羽果设计从对未来人类社区生活的美好畅想出发，以鹿鸣系列为主题，以小鹿为基本形象，通过有序的主题建构，精妙的设计、陈设，延伸出独属品牌和空间的 IP 形象设计，打造"鹿鸣元生活中心"，表达对人类未来社区生活的向往。为了表达时空变幻、未来无限可能的构想，设计师利用银色来体现科技感与未来感，同时将企业的文化元素与 IP 形象设计相结合，且在不同形态的 IP 变化中都实现了精巧的结合。IP 形象的变幻与衍生，是基于对"鹿鸣元生活中心"的理解而精心打造的精神 IP，是具有鲜活生命力的真正的未来社区。

4. 空间设计

＊ 接待前厅·时间之"鸣"

一楼接待区以"未来时间仓"为定位，以"时光小鹿"的 IP 展示与艺术感设计相结合，在有限空间内展现城市未来具有的创新与活力气质。"时光小鹿"的形象为整个空间带来了温暖、友爱的气息。空间整体以中性的色彩、坚硬的材质、直线条的光源，恰如其分地表达出一瞬间定格永恒的空间感以及未来生活的科技与理性氛围，高度的简洁中仍带着温暖。

＊二楼空间·生活之"鸣"

二楼空间以"社区棋盘格"为设计主题，规划出咖啡吧、桌游区、宴会厅、茶室和会议室五大空间，以此传达设计者对时光的留恋。设计通过"元气小鹿"的IP打造了一个人与人之间多重互动与交流的公共社区，并以鲜艳的橙色、复古浓郁的蓝色和红色营造和谐的空间基调，彰显出元气活泼的生活态度。

咖啡吧意在打造一处可享受咖啡，享受人与人之间交流乐趣的自由天地。在有限的空间内，流畅的线条或圆或曲，不必追求凌厉，智慧的交流便由此而生。

游戏是人与人之间互动的最好方式之一。"元气小鹿"的身影出现在桌游区，仿佛是想要加入一场激动人心的游戏。宽敞的游戏空间，缤纷的色彩，让人们尽情享受愉悦的游戏过程和肆意绽放笑容的美妙体验。

宴会厅的设计灵感取自《诗经》中"呦呦鹿鸣，食野之苹"，陈设与色彩的精心设计，营造了一种雅致从容的氛围。空间以沉稳的红棕色调为基底，辅以精巧的食器，更显雅食的风尚。

在现代人的生活中，茶室是疗愈心灵和舒缓精神的绝佳场所。项目设计深研茶室的精神属性，在木质为底的空间内布置雅致的茶具、古朴自然的画作与花器，器具与空间相融。

会议室以生动活泼的蓝色为基调，配以雅致的花器与质朴的小鹿摆件，为空间增添了艺术性的表达。空间器物与陈设满足会议交谈的需要，在实现空间功能性建构的同时不失温度。

＊ 联合生活馆·艺术之"鸣"

未来社区生活应有艺术，2号联合生活馆一楼的各个空间以"生活策展场"为主题，展开了一场关于生活的曼妙之展。

设计师欲将沙盘区的主体功能与艺术性相结合，以绿色作为重要的表现点，呼应整体空间主题，将对自然的思考融入其中。"自然小鹿"的身影出现在这里，为沙盘区带来了一份纯真与宁静。

咖啡区依旧使用大面积咖棕色和咖啡元素物件，延续了水吧区的空间气质。Q版IP形象"鹿鹿崽"与绿城中国品牌联名咖啡杯，打造了品牌与生活馆的立体形象，潮流时尚且体现了当代年轻人的生活方式。年轻人对于IP形象的衍生品的热爱是符合时代之潮的，且可以在这份热爱中找到共鸣。

阅读活动区选用木质环形阶梯，更好地实现了空间的公共属性，符合社区文化开放共享的本质。不管阅读分享会，还是团队共创会，业主生活的可能性都能得到极大的丰富拓展。雅致的木质材料结合绿意葱茏的绿植，点缀着颜色各异的球体装置，梦幻自然，且富有生机和活力。

＊ 童梦世界·未来之"鸣"

童梦世界以"友爱小鹿"为象征，它是友爱和善良的象征，也是孩子最好的伙伴。

儿童阅读区是缤纷奇趣的。通透宽敞的空间内，一整个木质书架的童书和笑脸相呼应，在阅读中守护孩子们可爱无邪的纯真笑容；高度适宜的桌椅为孩子们带来舒适的体验感，这里是独属于他们的小小天地；"友爱小鹿"与妙趣横生的动漫小物件随机摆放于空间中，在满足孩子的喜好之余，让温暖在空间内延续。

落地窗的区域规划为儿童活动区。在柔软的地毯上，"友爱小鹿"化身可爱的朋友，欢迎着孩子们的到来。于此，孩子们和小伙伴们一起嬉戏跑跳，畅快恣意。

六、洛阳美的·君兰江山

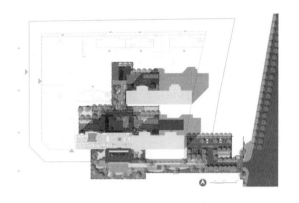

1. 工程档案

开发商： 美的集团

项目地址： 洛阳市涧西区

室内设计： 赛拉维设计

2. 项目概况

　　本案位于千年帝都，牡丹花城——洛阳，基地位于洛阳主城涧西区核心优质地块，周边各类资源丰富。项目以约 2.5 的容积率，打造建筑面积 128—173 平方米的宽幕平墅，以独具魅力的建筑语言与匠艺精神，打造一梯一户高品质产品。

扫码后长按小程序码
获取更多信息

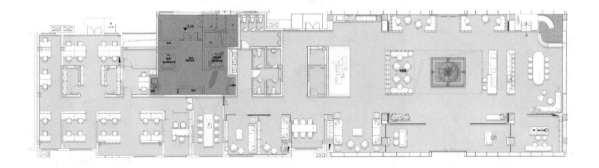

3. 设计理念

　　本案设计构思立足于洛阳千年帝都的历史文化属性，试图将其通过现代设计语言外化为一处融合古今的精神文明场所。在功能设计上，室内设计打破售楼处的纯销售性质，从未来实际使用功能出发，融入洛阳本地文化，打造一个前期用作售楼处，后期用作社区归家大堂的未来归家体验中心。

　　为让交付后的社区大堂满足更多的功能需求，售楼处设计了丰富的功能分区，如前台接待区、水吧区、洽谈区、沙盘区、儿童活动区、快递收发区、妈咪会客区、VIP 室等功能分区用来满足未来更多的空间的使用需求，同时，高端酒店的落客仪式和分离式动线，贴心地营造了一个从容且优雅的场所，提供了良好的归家体验。

4. 空间设计

售楼处入口接待空间通过挑檐形成建筑与其外部环境之间的过渡空间，在一定程度上抹去了建筑内外的空间界限，使前厅衔接社区入户，形成一个有机的整体空间，给人一种舒心且从容的归家感。前厅格栅树影，水漾涟漪，光影斑驳，给整个空间平添了几分意境，镂空的观感与宏伟的空间相映成趣。

接待大厅顶面采用自然质感的原木铝板转印材质，格栅造型从点、线、面三个维度重组空间线条关系，天光阵列汇聚成光的河流，轻盈笼罩在前厅空间上方。在阳光的照射下，澄澈透亮的水面质感让整个空间虚实相生。

水吧区的设计尝试通过人与空间的交流形成强烈的互动感，共同构筑空间的氛围。左右两边古铜茶色拉丝不锈钢展示架形成呼应，光源点缀简约的线条和硬朗的金属材质，极具视觉冲击力，搭配黑色大理石水吧台面更彰显品质。暖黄色肌理漆墙面左右规整分布，结合明亮的展示柜，将人们的目光聚焦在吧台中心，两旁的夹丝玻璃屏风在轻盈柔和的灯光下，给空间增添了一丝柔美。

打造一条从容舒适的归家路径，不仅在于空间的设计和场景的营造，更在于对生活方式细致入微的洞见。洽谈区是一个开放、灵活、联动式的多功能区域，不仅可供业主小憩，更可作为后期业主接待访客的第二会客厅。洽谈区上方延续大厅和沙盘区的木纹转印铝板饰面设计，灰色的座椅既温暖又与原木色相呼应，绿植艺术品体现出归家仪式中的艺术氛围。

儿童活动区利用滑梯、泡泡池、积木桌游、互动 LED 屏幕等充分互动及开拓思维的游戏设施，为儿童打造了一个充满智慧的趣味天地。

妈咪会客区布置了微波炉与暗藏冰箱，方便妈妈们聚会，另外还为家长设置了看护的休憩座椅。会客区设有专门的快递收发区，同时考虑到业主拆快递及寄快递的需要，还设置了操作台和垃圾收集点，为业主打造了一个从容、优雅的归家生活场所。

　　沙盘区墙面设计元素提取自然山水的巍峨气势与肌理，沙盘底座融入洛阳古建筑构建元素，运用错落跌级造型与墙面造型凸显层次。右边的流水装置在空间内错落展示，清水从顶面流出，激起的水花如同生命能量的"延续"和"再生"。

　　VIP室以一页书屋建构艺术书廊，在现代简洁的框架中采用沉稳低调的颜色，融合复古元素和时尚单品，在细腻的灯光下，营造出空间的精致度和品质感。

七、泰州凤城悦天地·城市会客厅

1. 工程档案

开发商： 泰州城茂房地产开发有限公司

项目地址： 泰州市海陵区

软装设计： 域正设计

室内面积： 650 平方米

2. 项目概况

泰州凤城悦天地·城市会客厅背靠泰州市中轴主动脉，探寻泰州"一轴三极三城"城市发展脉络，医药产业、城区拓展等城市发展战略的落地执行推动泰州向南生长，周山河板块成为泰州对话世界的新名片，而项目占据周山河板块发展风口，与城市发展趋势同频，顺应泰州商业自北向南迭新的趋势，以场景式开放街区的创新打造，激活全城特色商业街区的发展，成为泰州未来商业繁荣的崭新"爆点"。

3. 设计理念

本案以"国泰"和"水城"为设计灵感，试图筑就一方时空净土。项目整体以空间情感叙事、自带造梦能力的色彩营造为切入点，在汲取东方智慧的同时，也融入西方的热情。同时，为拓展售楼处空间功能，本案以"去售楼处化"为指导原则，将爱好、休闲、社交等元素纳入空间设计，力求打造青年人群喜闻乐见的场所。

＊ 一层空间·筑梦游园

在一层的设计中，设计师试图以"自然生长"为氛围基调，用夸张的造型致敬自然生长的生命

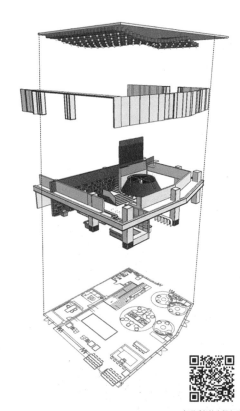

扫码后长按小程序码
获取更多信息

力，用冲突的色彩呼唤自然生长的狂野，用互补的材质呼应自然生长的随性，以此营造出一种"筑梦游园"的趣味意境，并将多元复合的功能区打造成未来的社交共享主体，营造一个沉浸式体验空间，完成社群、生活、童趣功能的共生结合。

在色彩设计上，设计师通过不断的色彩碰撞与对比试验，最终在蒂芙尼蓝与活珊瑚中擦出火花。弧线形的家具选型和蒂芙尼蓝的艺术树脂茶几，映着水磨石的地面，为整个空间提供了精致、富有创造力和活力的属性。

儿童区设计灵感源于纪录片《七个世界，一个星球》，整个空间使用多种动物元素，以此引发孩子对神秘未知世界的好奇，创造一种从已知世界到未知世界的新奇体验，一个能唤起强烈探索欲的想象空间。

✳ 二层空间·多元社交

作为一种群居动物，人的社交已成为一种生存的本能，而成年人的世界更需要社交。基于这种考虑，设计师根据人们的不同爱好，在二层空间设置了洽谈区、书吧、水吧等不同功能的活动分区，并将"张弛有度，和而不同"的东方君子社交礼仪置入空间关系中。为构建出沉浸感更强的社交功能区，二层空间采取完全的去售楼处化设计，用书店零售的形式打造一种全新的城市空间。日本吊钟、全皮革包裹的书椅，以及飘着的咖啡香气，使这个空间成为青年社交新场所。

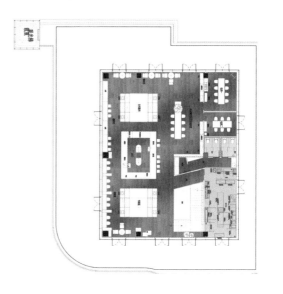

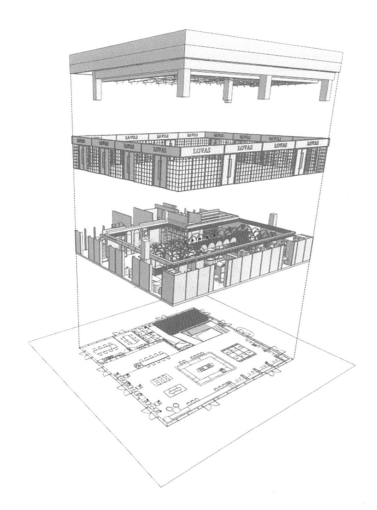

第三节　主题

一、渭南中海·学府里

1. 工程档案

　　开发商：中海地产

　　项目地址：渭南市临渭区

　　室内设计：深圳零次方空间设计

　　室内面积：1800 平方米

2. 项目概况

　　渭南中海·学府里营销中心基地北邻渭南高级中学，西接渭南高新教育园区，周边教育氛围浓厚，南侧为高新中心广场，商业配套设施齐全。项目设计以唐朝建筑历史文化为核心，承载了中华古典建筑精神和繁华气质，将传统美学交织于现代设计中。

3. 设计理念

　　本案以唐文化最浓郁的长安城为创作背景，企图以现代手法将古今文化载体并列呈现于同一空间内，让时间、空间、光影与文化于此交织、汇聚、流动，继而带来穿梭时空、地域的空间景观体验。设计选取具有时代代表性的"长安十二时辰"来引导空间序列，企图"用时间对话未来与过去"，巧借艺术化的空间表现，让人文精神浸润于空间内外，继而淋漓尽致地传达出盛唐时空的声色风貌。

4. 空间设计

　　＊ 一层空间

　　在接待前厅里，黑白大理石台面平添了几分水墨写意，复古红墙与金属框架碰撞出雅致的"画境"，借由空间笔触，寥寥数笔，远山丘壑，近处人居，动静与意境相生、契合。空间叙事虚实有度：木质、石材、金属等材质与厚重的建筑体量为"实"，隔断则为界定空间朦胧的"虚幻"表达。

扫码后长按小程序码
获取更多信息

　　品牌区桌案上的九龙木雕纹饰题材以龙凤为主，融入历代经典木雕技法与纹饰精华，其意图在于以"龙凤"传"唐风"，借"唐风"弘"华风"，以此传承和弘扬中华文化的精髓。

　　过厅的设计目的在于让新艺术形式与旧建筑模式形成传承与融合关系，通过空间与艺术的结合，提供纯粹的空间美感，赋予空间灵魂，并通过风景开合、空间对比，强化人们对空间的感知和空间尺度的对比。

沙盘区的设计借鉴中式古典园林中的"借景"手法，将整个中庭景观引入室内，并将其作为空间中最大的艺术品，如同铺开一幅生动、立体的画卷，将四水归堂的东方古典园林转换为空间中最大的艺术装置，晴雨时节造成景致的变换，形成"洒金""流银"的视觉效果。结构环绕的空间场域和彼此相望的廊道，在动线上形成可游、可观、可居的空间关系。

水吧区居于沙盘区和洽谈区间，"回"字形的布局使得进退皆有度。吧台的装置吊灯取形大雁盘旋飞翔的姿态和雁群滑翔而过的壮阔弧线，意欲以雁鸣、雁群、雁姿迎接宾客到来，为观者展现唐朝的壮丽风采。空间两侧的墙壁饰以落地柜体和壁灯，试图将日常生活与绘画、雕塑等纯艺术品相融，以沉淀出沉稳而高雅的唐风。

洽谈区布局于开阔的落地窗前，艺术造型的椅子和艺术装置挂画，这些细部的配置都衬得空间活泼了许多。

　　儿童区的设计从自然中采撷灵感，引入翩跹起舞的蝴蝶元素并进一步演绎，从而使儿童区画面鲜活起来：学习阅读的场景结合遍野香花，让小朋友在娱乐和学习的空间中释放情感，感受简单、自由的快乐。

＊ 负一层空间

儿童水上乐园的设计提取酉时的万物寂静，意图重现月光照在渭南华山时的光影，凝聚清俊灵动的东方神韵，营造山水之间的自由之感。

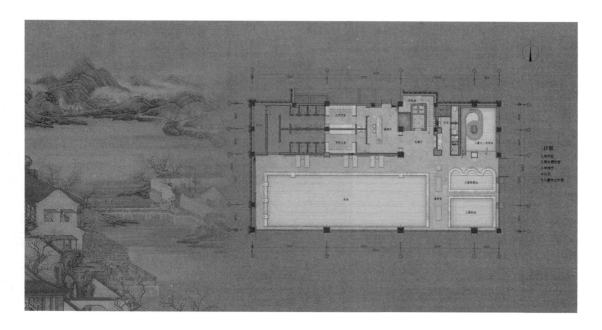

＊ 二层空间

宴会厅长廊巧借光线和色彩关系，打造出一幅"夜半深廊人语定，一枝松动鹤来声"的画面，宾客穿过门厅，便是夜宴的长廊。

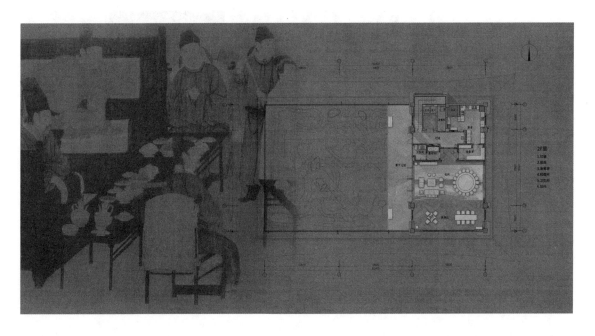

宴会厅本着中和自然、方正对称的原则和定律，演绎中式对称之美。厅内多选用文雅的器具，以空灵画作点缀空间。宴会厅中特别增设的茶柜可用于展示藏品，亦可承担收纳的功能。

二、宁波美的·海畔云城

1. 工程档案

开发商： 美的置业

项目地址： 宁波市北仑区

室内设计： 一然设计

室内面积： 1200 平方米

2. 项目概况

本案坐落于宁波新城之上，毗邻梅山岛保税港区，道路连接穿山疏港高速、宁波绕城高速、杭州湾跨海大桥高速，靠近蓝色海湾、四面环海的梅山。基地周边文化、行政、交通、教育、商业等价值资源的汇聚，勾勒出新区的蓬勃生命力。

3. 设计理念

建筑依水岸而栖，景观绕水景而生，组合布局，曲线迂回。设计师试图打造出一处隐匿于山水的销售中心。其设计线索源于梅山纵横交会、星罗棋布的岛屿，提取出海洋的包容性和岛屿的不屈精神，并将其融进隐逸山水的闲适精神内核，最终打造出现代而兼具人文气质的空间场所。

扫码后长按小程序码
获取更多信息

＊ 虚实相生·隐逸成趣

　　项目设计试图营造虚实相生的隐逸之趣，竹是室内外连接和交流的媒介，清幽竹林，隐逸自然，于闲适中探寻东方美学。清风绕竹林，一进一落、一虚一实，用现代语境勾画出传统文化意境，通过模糊建筑景观与室内的空间边界，于虚实之间构筑一种精神感知，去除空间意义上有形的"界"，同时也抹去人与人之间无形的"界"。

＊ 层次分明·框景成画

空间设计为打造出不同的体验，特地在空间
开闭、视线引导的场所之间都做了有趣的布置。
视线推进，空间层层递进，围合式空间带来归家
的仪式感，也塑造出极具东方品格的人居空间。

＊ 极简宋风·去形取意

在空间的塑造上，设计去其形，取其意，以单纯的几何体和具有序列感的线条支撑起空间的架构，用极简的线条勾勒出具有灵性的空间，创造出强烈的空间感和自然感。

＊ 建构风骨·形神兼具

销售中心内部的骨架建构手法灵感源于宋代官帽的曲线元素，表现为彰显风骨的山水形态：纵向的体块和横向的起伏是"山"；经由动线的交互，引景观互为穿插，形成的悠远意境是"水"。现代笔触与古风形态共同搭建起内部的轮廓，为空间的动线布局、功能区分带来更大的自由度与可塑性。

＊ 浓淡相宜·意境悠远

围合与对仗是虚与实的互动，也是软与硬的调和，设计利用笔法和墨法的相互作用，形成浓淡相宜的空间意趣。为让光线参与空间叙事，让天光、水影在此交融，设计师引入自然光线，突破了"大屋顶"在采光上的束缚，形成"以壁为纸，以影为绘"的艺术效果。

＊ 无声之诗·水墨留白

设计中的留白、巧妙结合的虚实、简明清雅的线条，将当代美学与极简诗意融合。

＊ 薪火相承·终得新生

设计利用对传统艺术的继承和转化，让自然、时间与场域关系都染上了艺术的气息，以对传统文化的传承和对未来生活的探索，来促进城市化发展与自然之间的融合共生。

三、蚌埠中梁拓基·紫金云城

1. 工程档案

开发商： 中梁控股集团

项目地址： 蚌埠市龙子湖区

室内设计： UMA 伍玛设计

室内面积： 1000 平方米

扫码后长按小程序码
获取更多信息

2. 项目概况

　　本案位于安徽省蚌埠市龙子湖区，坐落于锥子山脚、龙子湖畔，距锥子山森林公园 500 米，自然资源丰富，交通便捷。基地北侧为胜利东路，东侧李楼路周边规划为住宅，双向交通线路直通市区。基地西侧规划为教育区域，满足学区配套需求，南侧区块为锥子山景区，丰富的自然资源赋予社区优越的生态环境和人性化的居住体验。项目立意为打造具有现代质感、拥抱自然的乐活社区。

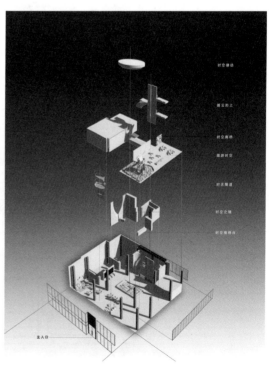

3. 设计理念

设计师尝试将本案空间当作宇宙来分离拆解，以"时空之旅"为设计主题，以粒子和光线为结构要素，结合艺术与科技，构建出一个虚实交融的自由世界，让时间与空间在相互碰撞中打破固有的框架，借此唤醒人们对未来生活的研究与探索。

4. 空间设计

前厅空间整体色块简明，传达出时空与科技的纯粹感，顶部律动的色彩，是设计者对"极光"的空间诠释。设计师试图用连接现实与虚幻的光引发人们对未知世界的渴望，以此吸引来访者的目光。

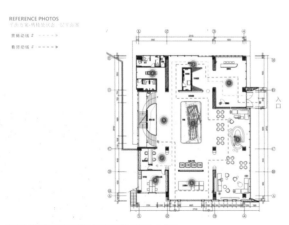

1.前厅接待 2.品牌区 3.沙盘区 4.卫生间 5.水吧洽谈区 6.工法展示区 7.签约/收银 8.营销办公室 9.储物间

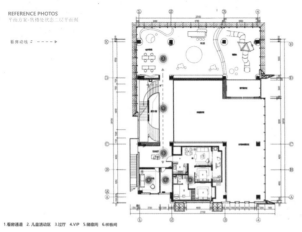

1.看房通道 2.儿童活动区 3.过厅 4.VIP 5.储藏间 6.样板间

沙盘区的设计试图利用光线的变幻来模拟时空的碰撞，营造出所见之境因时空的转换而不断变化的氛围效果，引导行人顺着光的指引在时空的隧道中探索前行。沙盘顶部的引力装置与空间的相互作用形成能量，进而摆脱引力悬浮于半空。一侧形如转动星球的艺术装置恰如生命意义的起始点，球体内部的城市剪影依次呈现，使行人产生穿梭于城市丛林间的错觉，在展现蚌埠与世界联动的同时，也构筑出一个美好的梦境。

设计师试图将水吧洽谈区打造成一个以星际穿越为概念，强调人与人交互的空间。环绕的弧形在区域内创造了一块半隐私性质的区域，让水吧洽谈区在融入空间的同时，又保持相对独立。空间流线在环形结构的引导下，如同一个巨大的时空联结处，使多重的关系与空间实现并存。在色彩的表达上，空间以低饱和度的颜色体现静默，让各元素和谐相生，创造一片专属的空间。线性光束在酒柜上空勾勒出自上而下的光晕，动静之间，重组空间维度，让真实与虚拟空间的界限相对模糊。

楼梯处的大型云朵艺术装置和云梯与窗外的蓝天交相掩映，营造出一种仿佛要将人带离地球表面的梦幻场景，使人生出一种进入"天空之城"的缥缈感。

四、厦门首创·禧瑞风华

1. 工程档案

开发商：首创置业

项目地址：厦门市翔安区

室内设计：美纵设计

室内面积：1000 平方米

2. 项目概况

本案以京派文化为底蕴，结合闽南传统建筑元素，严格把控建筑密度，打造翔安区内规模最大且密度最低的院落墅区。

3. 设计理念

本案的设计遵循原始建筑结构，将京闽文化结合并融入空间的打造中，借鉴山水实景剧《印象大红袍》中的表现手法，采用庭院环抱式的建筑规划，从结构构造、色彩搭配及材质融合等角度呈现京闽文化、建筑、才艺及食色的印象。

空间氛围的营造则围绕京闽文化中的传统部分，提取刺绣、漆艺、面料等元素，通过当代表现手法在空间内留续，同时综合气味、声音、触觉等感官信息，建立起不同地域文化之间的良好对话、互通关系。

4. 空间设计

前厅有着与虹夕诺雅酒店相同的精神内核，空间与人文、自然相连，共筑京闽记忆。九尺长的宫墙红鼓形接待台以其宽大的体量赋予空间历史的神秘与深邃，在奠定空间基调的同时，将访

客的注意力引入场域内部。二十扇大门形式组成的背景墙由外向内聚合，形成视觉焦点，肌理如闽南青瓦的景墙配合着中心艺术灯饰，交织出向外放射之势，继而衍生出跨越时间的力量感。寓意"纽带"的天花水晶灯形似绫罗绸缎，飘逸自在的形态同石砖纹理相呼应，表达和谐联结之意。

扫码后长按小程序码
获取更多信息

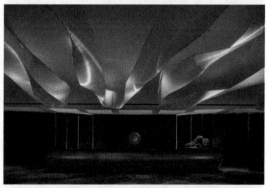

空间左右两侧为京闽文化展示区，于此驻足，心自然也会沉下来，感受物物相关、人物相连的空间特征。

沙盘洽谈区的天花吊顶融合京闽建筑中的"人字顶"元素，设计摒弃传统形式规范，将斜率沉降为宜人的角度。区域内的软装陈设遵循传统对称的手法，构建原始空间秩序，并运用象牙白与茶褐的色彩效果，营造素雅的空间氛围。墙面以山之朴拙、水之灵动的元素打造，打破了单一的构成关系，丰富空间叙事。空间内加入红橙抱枕、花艺等元素，其颜色似朝霞，同象征白鹭的天花吊饰相呼应，谱成一首白鹭与朝霞共舞的诗歌。

VIP 室分别从饮茶、焚香、书画等角度展示京闽生活。多样的色彩与材质穿插于空间内，软装质地或柔软，或温润，或粗犷，丰富地感知映射出空间背后所承载的地域文化。背景墙上的壁画展示出的空灵的意境，在光影的交织下，艺术气息自然而生。

　　回廊与私宴包房以五十六块有序排开的艺术屏风隔开，手绘水纹图案、金属丝图案夹在艺术玻璃间，是屏风，也是画卷，形成隔而不离的状态，建立起包房与外部环境的对话。

　　包房内部可容纳二十人同时就餐，休闲区与就餐区具有令人舒适的开放感，带有京闽元素的饰品在室内相互呼应，错落有致的排布方式与背景饰面呈矩阵的拼贴方式相呼应，带来视觉上的愉悦感。

五、金华厚朴·金麟府

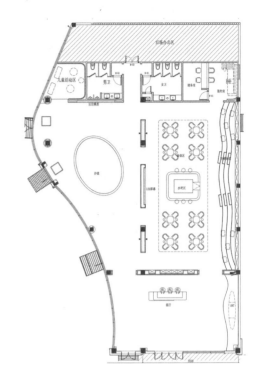

1. 工程档案

开发商： 厚朴置业

项目地址： 金华市金东区

室内设计： CCA 香榭蒂设计

室内面积： 528 平方米

2. 项目概况

　　本案位于具有两千多年历史的古城——浙江省金华市，地处金东区多湖中央商务区，周边配套资源齐备，交通便利，各类教育资源环绕。项目立足健康、优质人居理念，力求打造绿化高、多植被景观的花园社区。

3. 设计理念

　　鉴于金华市源远流长的水文化，设计者以婺江水文化为源头，从地方文脉出发，将自然元素与现代先锋的生活理念融合，试图将本案打造成艺术与生活共存的美学空间，并以水为脉，在写实与写意之间寻找平衡点，从而展现当代艺术所倡导的一种自由和未来，一种对建筑与室内联系的探索和追求。从艺术装置到人文文化，从空间布局到功能动线，设计在具象与抽象、写实与写意之间梭巡，在水形态变化间衍生出无穷的妙意。

扫码后长按小程序码
获取更多信息

4. 空间设计

前台接待空间以轻柔的窗帘和明亮的色系营造一种利落、淡雅的氛围，空间的侧面放置着本案特制的艺术装置——夜雨泛舟。一叶扁舟微荡于湖心，夜雨如同满天发亮的珍珠，撒落在湖面上，为湖面披上蝉翼般的白纱。写意的艺术表达与现代建筑形成碰撞，在保留诗意的同时，也使水形态有了更多的创意表达。

沙盘区的空间设计致敬金华两千多年来"水与城相依、人与水共生"的和谐生活，将水的自然形态元素运用于吊灯设计之中，由此形成"飞旋激昂"这一创意灯盏。该设计以精致的玻璃管打造水在重力作用下形成的旋涡，并用两种色彩的相互组合，让整体的装置更加具有层次感。装置层层向上旋转的整体形态澎湃激昂，也象征着蒸蒸日上的美好未来。巧妙的灯光布置散发着虚实相交的光影变化，设计通过对肌理、颜色的运用与碰撞，传达对场所精神的探索与追求，以此营造出空间的温馨与雅致，从而达到淡化商业气息的效果。

设计师将古人"曲水流觞"这一雅事融入洽谈区的设计之中，将古人在山溪之间饮茶、吟诗、作画的画面用现代的言语开启全新的探索，令整个空间在简练的氛围中散逸出悠然的生活气息。

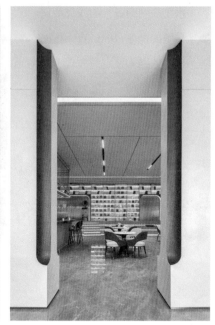

洽谈室的一侧墙面被别具匠心地打造成一壁书墙。琳琅的书籍、递进的线条形成巧妙的情景体验，使游者坐于台阶之上犹如闲坐于山间，与来访者共寻雅趣，让繁忙的都市人回归到住所本身。

水吧居中而设，动线灵活便捷。精致的铜丝合围，自天花而下，镂空的结构使空间表现出灵透的质感与肌理。侧面的红月装饰给人带来强烈的视觉冲击力，为空间带来自然山居之美。

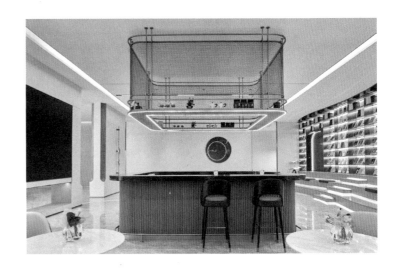

六、重庆弘阳·御华晓风江南

1. 工程档案

开发商： 弘阳地产、融创中国、中梁控股集团、大唐地产

项目地址： 重庆市巴南区

硬装设计： 尚石设计

软装设计： 元禾大千

室内面积： 815 平方米

扫码后长按小程序码
获取更多信息

2. 项目概况

本案位于重庆市巴南区界石镇，该区域为重庆中心城至渝东南的重要连接点。得益于核心区域优势，项目享有"三纵四横五立交七轨道"的便捷交通路网，双奥莱繁华商业配套设施和多元自然生态优势，为项目提供了优越的先天条件。

3. 设计理念

设计师结合重庆的山城属性，发挥自然生态的优势，从自然之于城市的意义出发，以山城地貌的特点为灵感，在冰川、峡谷、沙丘、流水等自然天成的美景中提取设计元素，并结合空间、肌理、材质等条件，将大自然酝酿的无穷的生命力和无限生机外化成建筑语言，构筑承载自然与人文的生活场景，传达新一代的居住生活理念。设计师试图通过城市与自然人文的对话，让冰与火等自然元素形成碰撞，进而使整个空间的冲突感、未来感、艺术化交融相生，迸发出无穷活力，实现对艺术与美的探索。

4. 空间设计

接待前厅入口处，一处幻彩亚克力装置立于地面，如冰川一般清透。具象的冰川造型体现色彩的不同面貌，光线变化下展示出炫目的姿态。

沿着空间动线行至转角处，墙面上反射镜面装置的设计将水与灯光有机结合，形成流畅的交互动效以加深体验感，简洁的几何语言与之配合，在玩味"水"与"光"互动关系的同时，成就了空间整体的艺术性。

楼梯间内，几何冰柱以悬挂和摆放的姿态贯穿始终，光线透过幻彩亚克力装置洒向整个空间，自然与艺术构成丰盈的精神世界，牵引我们走出喧嚣的都市，感受生机与灵动。

沙盘区的上方以一组琥珀红的亚克力装置吸引来访者的眼球。如火焰般悬空而起的装饰使来访者的情绪由冰川之"静"迈向火焰之"炽"，冰川与岩浆处于同一空间之中，它们相遇、交融，然后结合为一体，颠覆视觉。顶部的装饰纹路仿佛燃烧着的火把，耀眼的光芒在空间内流动。此时，光已成为空间的叙事语言，并将冰与火塑造出的艺术氛围推向高潮。

　　深度洽谈区与水吧的衔接处用屏风隔开，形成半封闭的空间。空间整体以温柔内敛的大地色彩为主，向外一侧设置超大的临景窗，每一处都有光线与自然气息，为访客营造出舒适、自由的氛围。

在设计上，洽谈区以如流水般灵动的曲线为设计元素，通过灵动的线条和梦幻的色彩活跃空间氛围。阳光透窗而入，封闭与开放、私密与公共的体验随之转变，形成了流动感与静谧并存的空间感受。

在软装布局上，不论色彩还是材质的铺陈，一切指向自然的秩序感。环抱形白色沙发配以阳光橙色的抱枕，色彩的交织对撞如同晴空和白云，一器一物，小而美，造就一个当代美学空间。

儿童区的设计简单而充满童趣：云朵灯饰悬吊于天花板，勾勒出童梦天地的雏形；卡通 IP 人物还原儿时的欢乐时光；书本敲开知识殿堂的大门，同时也为孩子带来沉浸式体验。

七、南宁旭辉·盛世春江

1. 工程档案

开发商： 旭辉集团、大唐地产、兴进集团

项目地址： 南宁市五象新区

室内设计： 尚石设计

室内面积： 778 平方米

扫码后长按小程序码
获取更多信息

2. 项目概况

本案位于南宁市龙岗滨江板块，占据江景资源，项目周边教育资源卓越，商圈环伺，医疗设施齐备，拥有集购物、休闲、医疗于一体的配套设施。项目意在秉承城市发展主轴的先天优势，将建筑、商业、景观、生活有机融合。

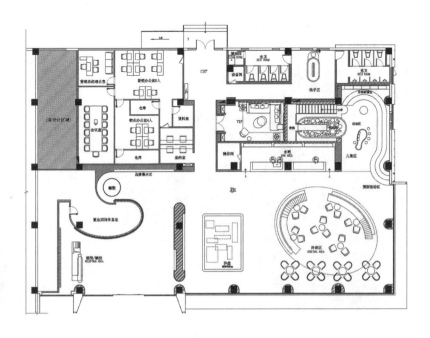

3. 设计理念

尚石设计试图以南宁的地域文化为基础，结合当地语境，兼顾城市与人文，聚焦于人与自然的交融，尝试将现代印象与自然魅力映射于空间之中。以此为背景，空间的设计以"丛林之境"为主题，将自然艺术与生活方式相结合，塑造出自在宁静的居所体验。

4. 空间设计

　　接待处的设计试图通过当代美学呈现自然野趣，用自然的肌理和拙朴的质感重新定义柔软与丰盈的空间关系。金色沙子的流动纹理构成接待台背景，经水洗打磨的大地灰原石和深茶色的沉稳质感融合，在厚重中释放出温润的观感。

　　沿空间动线前行，植物圆球装置自转角处跃然入目，黄色飘带与大小不一的植物球共舞，色彩跳跃，为空间注入自然的诗意，绿意的装点也为访客带来沉浸式的丛林体验。

洽谈区整体以木色为主基调，搭配生机盎然的翠绿色，唤醒空间氛围；淡雅的灰绿色家具与翠绿色的点缀相呼应，在有限的空间里形成自然与人居的循环渗透，营造舒适、自在的洽谈氛围。

深度洽谈区以环形嵌套空间的形式聚集人群，形似风琴片般的木片包裹围合出悬于天花的森林穹顶，簇簇绿枝自穹顶探出，与白色薄纱化作的烟云共舞。

咖啡吧台退至洽谈区里侧，在黑色洞洞板组合而成的柜体上，各类咖啡豆散发出馥郁的果香。白色大理石吧台配合多头工业风吊灯，在与柜体形成色彩对比之余，打造出现代格调的社交场景。

儿童阅读区是空间又一个视觉焦点，半围合阶梯层层递进，不规则的弧形镂空柜体散发出暖光，犹如山洞引人探索。穿过拱门，仿佛步入了一个丛林乐园，绿色带来了自然野性，而通往滑梯的圆弧形门洞则让空间充满了探险的奇趣。墙面上的小动物欢呼雀跃，似乎在欢迎着每位小朋友的到来，陪伴他们开启一段神秘且新奇的森林之旅。

八、厦门市政国贸·海屿原

1. 工程档案

开发商: 国贸地产

项目地址: 厦门市翔安区

室内设计: ONE-CU 壹方设计

室内面积: 520 平方米

2. 项目概况

本案位于厦门市翔安区东部体育会展新城,周边有新体育中心和新会展中心两大市级配套设施,户型建筑面积 80—116 平方米,全明方正。

3. 设计理念

厦门依海而生,这片迷人的蔚蓝海域,既承载了长久以来人们的情感与文化记忆,也在漫长的城市发展中,成了厦门城市的精神符号。本案以海上森屿为灵感,引入了"海屿原"的设计构想。

4. 空间设计

海洋文化所给予的包容力和生长力是空间设计的切入点。自然感的橄榄绿,在大理石如荡漾水纹般晕开的纹理里,形成了一种内敛而静谧的氛围。结构壁面的自然回旋、弧度拱门营造的度假氛围、模拟船舱骨架的形象植入,在空间内部创造随意性与流动感。在此基础上,软装将设计表达的核心,回归空间主题呼应的匹配度与细腻感,晶莹通透的灯饰、别致而复古的叠加金属元素,呈现延续如一的视觉感受与空间韵味。海上的流云、夕阳、天空,以新的角度被复刻,成了空间的一部分。

CHAPTER 6

第六章

室内应用材料

第一节 室内材料运用发展趋势

近年来，随着环境问题的日益突出，可持续发展战略的影响逐步扩大，而作为资源高消耗的地产行业，任何设计都依赖于材料的呈现，所以，广泛运用绿色低耗的建材已经成为行业趋势。而室内环境的生态性与环保性直接关系着居住者的健康和安全，因此，消费者更加渴望拥有一个健康、舒适的"家环境"。基于健康人居和可持续的发展理念，时代对室内材料的迭代升级提出了更新、更高的要求和标准。总体看来，室内材料的发展主要有两个方面。其一，以低碳减排、改善室内环境为目标，或依托绿色原料成材，或借助科技手段提升材料的安全性和生态性，为室内设计赋能；其二，以性能优化、打破传统材质禁锢为要义，利用全新原材料配比或高新技术，实现同类产品性能的迭代升级。

一、低碳减排

材料的"绿色化"已经是建材产品研发的必然趋势，采用绿色环保装饰材料，一则旨在提高资源的利用率，减轻环境压力；二则以无辐射、无毒害等优势，为居者提供一个可良性发展的生态环境。

1. 依托绿色原料成型的环保材料

此类材料采用绿色可再生资源为原材料，通过改进材料配比标准、去除有害物质等方式，在保留原材特性的同时，提高其环保指数。比如，

荒料成材的无机水泥石采用去树脂做法，在制作过程中剔除了原材料中的金属矿物质元素，降低了材料的霉化率，无毒且环保。

2. 依托技术将二次利用的废旧资源塑形成材

二次利用的废材并无定限，既可以是可再利用的老旧材料，也可以是固体废料和作物废料。比如，以固体废料再塑加工而成的发泡陶瓷，无机无毒，可实现资源的循环利用；以稻谷壳为原材料的谷木板摆脱了对天然木材的依赖，具有安全环保、抗菌、抗病毒等优良性能。

• 谷木板室内墙面应用

二、性能优化

房地产行业发展至今，所用材料已经逐渐稳定，木材、石材等成为普遍而广受认可的装饰材质。木材的温和质朴、石材独特的质感和纹理，对室内装饰而言具有画龙点睛般的意义。但这些广泛使用的材质在使用中或多或少都存在一些弊

端，比如，木材易色变，在拼接时会受纹理和色泽限制；石材易断裂、不可弯曲等，这些都给实际的施工和后期维护带来了困难。那么，如何才能在保留其材质观感和特性的基础上，实现性能的优化和运用的创新？

1. 技术创新，性能优化

通常，材料的迭代更新可从原料创新、加工工艺等维度实现，进而达到质感与性能并存的效果。比如，无机水磨石以无机混凝土和各类骨料为原材料，较之易老化黄变的有机水磨石，具有更强的稳定性和耐磨性；以天然大理石或者石英砂碎料颗粒为主要原材料的无机石英石解决了传统人造石在铺贴过程中易开裂、脏污、泛碱、起翘和空鼓的问题。

2. 突破局限，多元表达

传统材料由于自身外观、性能等，在适用范围上有一定的局限性，这就为室内装饰的多元表达带来困难。加工技术的发展赋予了产品更多元的特性，使其性能得到从无到有、从劣到优的完善。比如，天然超薄石材借助纳米技术，将天然岩石分层剥离，在保留石材的天然肌理的同时，打破了传统石材不可弯曲、无法透光的桎梏，改变了传统石材的使用范围，以更强的可塑性重新定义石材饰面；发泡陶瓷可塑性强，可应用范围广，比起传统 GRC 构件和 EPS 构件更具表现力和艺术性。

在新的时代风口，理想的室内材料需在不断提高居住舒适度的基础上，以生态、健康、绿色为发展方向，实现观感上的美观性和装饰性、造

型上的多元性和可变性、功能上的稳定性和耐候性，以及材质上的安全性与生态性，从而促进室内生态环境的良性发展。

本章立足可持续发展的用材趋势，以环保创新型材料为着眼点，从石材、瓷砖、木材、金属、玻璃等材料类别中，各寻其例，通过对当前室内新型用材的性能优势、施工工艺、适用范围等维度的分析，探讨设计用材的趋势与方向。

• 无机水磨石室内应用

• 发泡陶瓷异型天花应用

• 超薄石材透光应用

第二节　可塑性强，超薄透光——天然超薄石材

一、材料档案

材料类别： 室内材料、石材类

材料价格： 500 元 / 件（具体以市场售价为准）

二、材料概况

区别于市面上的仿石材产品，天然超薄石材由 100% 的天然石材表面和背板组成。常规的天然超薄石材利用了岩石的分层特性，借助纳米技术，将分层从天然岩石中剥离而出，并采用柔软的玻璃纤维和玻璃纤聚酯对剥离的材料进行黏合固定，形成背衬，完全保留了石材的天然纹路和肌理，同时又具有稳固的弯曲特性。此外，天然超薄石材常用的背衬还有织物和透光物，不同背衬的材质，令其在原有的基础上更具可塑性，视觉效果更佳。

三、材料特性

天然超薄石材打破了人们对石材产品的认知，既保留了天然石材的纹路肌理，又具备了传统石材无法匹敌的可弯曲性和透光性，赋予设计更多想象和可能。天然超薄石材的主要性能特点有超薄超轻、可塑性强、可透光、易施工和装饰性强。

1. 超薄超轻

天然超薄石材最显著的优点为自重轻、体积小，每平方米的自重仅 1.5 千克，远低于普通板材。其轻量超薄的特性，大大降低了运输的成本，在用于高层楼面铺装时，亦能减轻楼面的结构承重量。此外，天然超薄石材的轻质特性在某些层面上降低了施工及后期脱落的风险，提高了施工过程和交付后期的安全性。

天然石材
黏合剂
纤维毡
聚合树脂

超薄 ULTRATHIN　超轻 ULTRA LIGHT　表层防火 FIRE PREVENTION　无辐射 NO RADIATION　环保 HARMLESS

扫码后长按小程序码
获取更多信息

2. 可塑性强

因制作过程和制作材料的特殊性，天然超薄石材具有稳固的可弯曲性，整体柔韧度好，可塑性强，能完美契合弧形墙体或圆柱的装饰需求，在实现设计效果最优化的同时，减少施工工序，降低成本。值得强调的是，天然超薄石材同时具有石材防火、防潮、耐磨、耐腐蚀的特点，可做建筑立面或景观装饰，应用场景广泛。

3. 可透光

如果天然超薄石材的背衬由聚合胶和透明树脂组成，在打光后，石材便具有透光特性。受不同光源、色温、场景的影响，石材可呈现出丰富的表皮纹饰效果，视觉效果极佳。

4. 易施工

天然超薄石材质地轻薄、柔韧性好，普通木工刀和剪刀就能切割；可覆于不同的材料上，使用黏合剂即可固定安装，不用干挂，也无须打龙骨、钢钉，安全性更高，施工更高效。

5. 装饰性强

天然超薄石材表面为 100% 天然石材，保留了天然石材的纹理，色彩自然，装饰性强，无须刻意拼接花纹也能形成错落有致的纹路效果。

四、尺寸规格

依照功能特性，天然超薄石材可分为三种，即常规超薄石材、透光超薄石材和超薄石材壁纸，这三者以背衬材料的差异进行区分。背衬材料的不同，也是天然超薄石材厚度和质量差异的关键。

常规超薄石材的厚度为1.2—1.4毫米，透光超薄石材厚度为1.5—2毫米。常规超薄石材表面较为粗糙，标准尺寸有1220毫米×610毫米和1220毫米×2400毫米两种，部分石材可做1220毫米×3050毫米的超大板尺寸；透光超薄石材的标准尺寸与之相同，有1220毫米×610毫米和1220毫米×2400毫米两种规格；超薄石材壁纸的背衬材料是织物，整体像布料一样可以揉捏，具有超高柔韧性和轻巧性，它的标准尺寸规格为1220毫米×610毫米。

五、类别划分

除了砂岩、页岩这两种天然具有分层特性的石材外，当代纳米技术也可对大理原石、电镀石材进行表皮提取。根据石材类别和背衬材料的差异，天然超薄石材主要可分为板岩超薄石材、砂岩超薄石材、大理石超薄石材、金属板超薄石材、铜锈铁锈超薄石材、透光超薄石材、超薄石材壁纸（织布超薄石材）等。

砂岩超薄石材颗粒感强，表面有波浪形纹理，但容易吸污；板岩超薄石材颜色更加纯粹，与砂岩超薄石材相比硬度较高；大理石超薄石材表面肌理细腻，纹路式样最为丰富；透光超薄石材具有透光性，装饰效果佳；金属板超薄石材拥有金属的光泽和液体状态下的斑驳，具有很强的艺术感。

六、性能对比

1. 天然超薄石材 vs 传统石材

天然超薄石材表皮取材于天然岩石，具有传统石材和岩板所不具有的天然纹路和凹凸质感，

且加入了树脂与玻纤网，柔韧度好，可以按卷使用，安装至圆柱、弧线墙面，甚至家具上。相较于传统石材的厚重和复杂的安装流程，天然超薄石材质地轻便，施工操作简单，且适用于所有的载体材料，施工安全系数高。

● 天然超薄石材和传统石材对比

特征	两种石材	
	天然超薄石材	传统石材
开采方式	通过纳米技术从天然岩石上"剥离"出来，只取薄薄一层石皮，环保且利用充分	传统石材是通过物理切割方式开采，浪费石材且污染环境
纹理特征	天然超薄石材具有天然岩石的凹凸纹路和质感，纹理自然且无须做刻意的拼接	传统石材表面光滑有反光，只有平整纹路，没有石材的凹凸质感
厚度重量	天然超薄石材只有约1毫米厚度，1平方米的石材净重仅为1千克，搬运、运输成本低	传统石材厚重，1平方米石材净重达30千克，搬运、运输成本高
弯曲性能	天然超薄石材内加入了树脂与玻纤网，弯曲性能佳；曲线安装便捷，无须额外打磨，直接包裹黏合即可	传统石材在安装曲线或立柱前需要对石材进行打磨，打磨价格高昂，且加工周期长
施工难度	天然超薄石材质地轻薄，普通木工刀和剪刀就能切割，通常情况下一人即可操作；无粉尘，无过多损耗，无噪声	传统石材加工过程中需要使用切割机，存在一定的操作风险，且石材整体损耗大、粉尘多，施工噪声大，会造成一定的环境污染
安装方法	安装时，仅需要在超薄石材背面打上普通结构胶和免钉胶，即可上基层安装固定	传统石材在安装时多采用干挂模式，需要搭建钢架、龙骨，并配合膨胀螺丝固定，施工工序繁复，安装工程大

● 天然超薄石材和超薄岩板对比

特征	两种石材	
	天然超薄石材	超薄岩板
生产方式	天然超薄石材是取自天然岩石中的页岩和砂岩，通过分层剥离的生产方式，将岩石面一层层剥离出来，面层是天然岩石	超薄岩板是由天然石料和无机黏土经特殊工艺，采用真空挤压成型设备和封闭式控温窑1200℃烧制而成
厚度	天然超薄石材厚度为0.5—3毫米之间	超薄岩板厚度有3毫米、6毫米、9毫米、12毫米
面层	天然超薄石材面层为100%凹凸不平的天然石纹	超薄岩板面层为平面，纹路为仿石材纹路
应用	天然超薄石材超薄、超轻、可弯曲，所以应用范围比较广	空间面积较大才会使用岩板，因其较难切割，切割加工岩板需要较高的技术水平，岩板在受压不够的情况下容易出现毛边，这对工艺水平有所要求

七、施工工艺

1. 常规超薄石材

常规超薄石材整体施工工序比较简单，在做好丈量裁切工作后即可涂胶上墙。这里需要提醒一下，在使用超薄石材做室外和地下室铺贴时，为防止墙体渗水脱胶，在确保基层平整之余，还需要做一层防水处理。待石材粘贴固定后，需要涂上一层防护剂，降低石材表面的磨损和风化，延长石材的使用寿命。

2. 透光超薄石材

透光超薄石材施工流程与常规超薄石材相似，需要注意的是粘贴时要先将导光板（如玻璃、亚克力等）粘贴在石材背面，再粘贴覆盖到做了藏灯处理的施工面。粘贴时，板材与光源要保持10—15厘米的距离，避免因光源过热造成板材脱胶掉落。

普通系列—施工步骤

准备工具: 圆锯切割机（或地毯刀、木工电锯）、黏合剂、锯齿刮刀、刨刀、卷尺、包装胶带、砂纸（600目）等

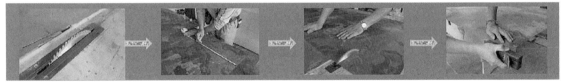

(1) 圆锯切割机，金刚石锯片2毫米。

(2) 裁切前需先将耗料计算进去。

(3) 根据所需要的规格进行切割，使用木工锯或铁皮剪刀进行裁切，以达到所需要规格及准确度为标准，选择合适的工具。

(4) 使用刨刀将切口修齐平整，如切口有裂痕不平的部分可用磨砂纸轻轻擦拭去除。

(5) 依现场情况请先将作业面找平，以便铺装均匀。

(6) 石材背面选用nalexible结构胶施工，打胶注意不要太靠近产品边缘，以免胶挤压溢出。

(7) 务必让每片材料紧靠接合，并服贴于墙面，再在表面施压，使粘贴更紧密。

(8) 施工完成。

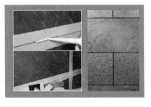

(9) 如有工艺缝务必让每片材料使用美纹纸，待施压后，再以硅胶勾缝，自然晾干后揭去即可。

施工注意事项:
施工前先确认待施业面干燥，干净无尘，丈量尺寸，待施作业面需平整，尺寸以现场为主，图纸为辅（如需拼花务必与施工师傅沟通）因裁切时会产生粉尘，请佩戴护目镜、手套及口罩。

普通系列—铺装节点图

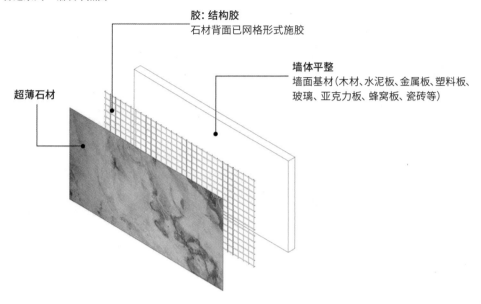

胶: 结构胶
石材背面已网格形式施胶

墙体平整
墙面基材 (木材、水泥板、金属板、塑料板、
玻璃、亚克力板、蜂窝板、瓷砖等)

超薄石材

透光系列—铺装节点图

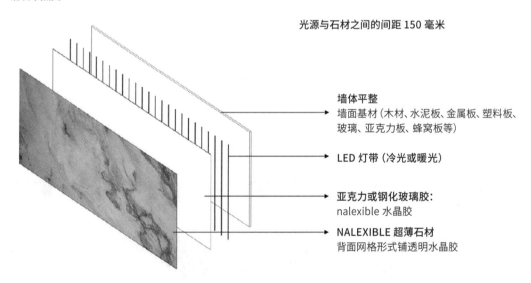

光源与石材之间的间距 150 毫米

墙体平整
墙面基材 (木材、水泥板、金属板、塑料板、
玻璃、亚克力板、蜂窝板等)

LED 灯带 (冷光或暖光)

亚克力或钢化玻璃胶:
nalexible 水晶胶

NALEXIBLE 超薄石材
背面网格形式铺透明水晶胶

3. 超薄石材壁纸

超薄石材壁纸分为背胶款和无背胶款。背胶款壁纸仅需撕除保护膜，就可上墙铺贴；无背胶款壁纸如若需要做进一步的防护，就要等胶体干了之后，再进行防护操作。在阳角处施工时，壁纸可以直接弯曲90°，必要时可用烘枪加热，增强柔韧性。在进行异形施工时，如果弯曲面过大，亦可用烘枪加热背面进行软化处理。

4. 施工注意事项

①施工前先确认待施界面干燥且无尘，整体平整，如有渗水风险，要做防渗水处理。

②石材尺寸以现场为主，图纸为辅，如需要做拼花铺贴，要与施工人员做进一步的沟通，确保最终的效果。

③因石材内含玻璃纤维和玻璃纤聚酯，裁切时会产生粉尘，故进行裁切工作时，须正确佩戴护目镜、手套及口罩，做好防护措施。

④针对面层比较粗糙的超薄石材，裁剪时需要用到锯刀和磨光片，而面层较柔软、光滑平整的石材，如超薄石材壁纸，则可以直接用剪刀裁剪。

全系列—过渡条及收边铺装节点图

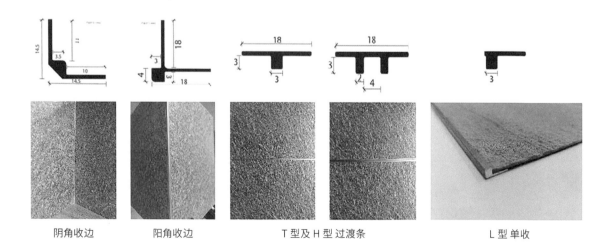

阴角收边　　　　阳角收边　　　　T型及H型过渡条　　　　L型单收

• **超薄石材过渡条及收边铺装节点图**

八、适用范围

天然超薄石材超薄、超轻，可塑性强，可应用范围包括但不限于室内外墙面、家具、艺术品等，上海世贸深坑酒店、旭辉·都荟新云、融创·九天一城示范区、万科·锦宸销售中心等项目均为其代表性案例，对市场设计有极大的引导性和参考意义。

九、应用案例——银川万科·锦宸销售中心

1. 工程档案

案例材料： 耐博斯通超薄石材 M0811N（秋天透光款）

开发商： 万科集团

项目地址： 银川市金凤区

占地面积： 111 198 平方米

建筑面积： 56 555 平方米

容积率： 1.5

2. 项目概况

银川万科·锦宸销售中心倚渭河而立，周围被渭河天然草足球公园、绘梦公园和渭河生态公园环抱，同时享有三横三纵便捷的交通网络。

3. 设计呈现

该项目在销售中心的空间设计中融入了银川丰富多彩的本土地貌，通过结构重组的手法形成空间美学的肌理。空间运用了大量的镜面、大理石、超薄透光石材、有机玻璃等材料，光滑与粗糙的质感交替出现。镜面反射将室内装饰以一种崭新而趣味十足的构图形式展现出来，其间映透而成的流光，溢彩纷呈，与浓郁的色调搭配，筑就空间的魅力。人在光影中穿梭，可体验设计带来的视觉震撼。

第三节　耐候稳定，简约时尚——无机水泥石

一、材料档案

材料类别： 室内材料、石材类

案例材料： 豪野无机水泥石 ARST068HY

材料价格： 500 元 / 件（具体以市场售价为准）

二、材料概况

　　无机水泥石以水泥为主要胶结材料，辅以精选的石英砂骨料和无机颜料，通过充分的搅拌工序和创新的荒料法工艺制作而成，是理想的内外墙装饰混凝土清水板材。其荒料型无树脂的材料成分打破了传统人造石的材料配比标准，在赋予其可控的成品效果之余，更为其带来耐候稳定的性能特征，成为天然石材的最佳替代品。

扫码后长按小程序码
获取更多信息

三、性能优势

　　①密度均匀，出材切割精度高，能够在降低建筑物承重之余，减少排版损耗。

　　②成材硬度高，莫氏硬度可达 6—7 级，耐摩擦，可作室内地面装饰替代材料。

　　③防火 A 级，遇高温后不变形、不变色，可满足高层建筑和各类商业空间要求。

　　④荒料成材创新采用去树脂做法，不含有机成分，无毒、无放射性。

　　⑤剔除金属活性矿物元素，采用无机颜料，成材抗紫外线，色彩耐久性高，且不易发霉。

　　⑥色彩肌理可定制，能够解决天然石材的自然不可控问题，实现不同的肌理效果。

　　⑦消音隔热，实现更舒适、安静的空间环境。

　　⑧纹理丰富多样，层次分明，可满足各种建筑、景观、空间及软装的需求。

四、尺寸规格

受益于精密严谨的工艺制作手法，无机水泥石具有天然石材无法比拟的分明的层次和均匀的密度，其出材切割精度更高，变现尺寸也更多元。市面上常见的无机水泥石规格为 1200 毫米 ×240 毫米（最大化变现尺寸），厚度在 20—25 毫米，如有特殊要求，其厚度亦可调整为 30 毫米、35 毫米和 40 毫米。

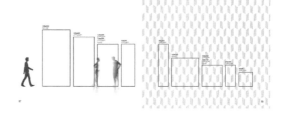

五、表面工艺

无机水泥石具有色彩丰富、纹理自然多样的特点，其表面可以根据需求做出不同的肌理质感和色彩效果。常见的表面工艺有 V 形拉槽、拉槽 + 喷砂、荔枝面、凿面 + 拉槽、温润面及温润 + 拉槽六种，丰富的表面工艺有助于设计项目的更新迭代，让浮于空中的概念化设计落地成型，赋能生活。

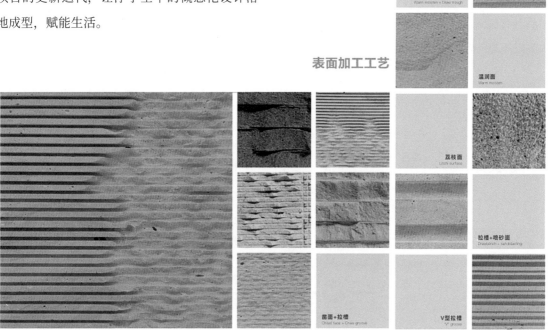

表面加工工艺

六、性能对比

1. 无机水泥石 vs 天然石材

无机水泥石制作过程精密严谨，能克服天然石材易断裂的缺陷，且石材表面肌理纹路可控，出板率更高，损耗低。相较于天然石材开采和运输周期长的特点，无机水泥石一经下单即可开始制作，出货速度快，工期有保障。而且其为荒料型无树脂产品，环保无毒，是可持续发展的绿色环保材料。此外，无机水泥石在制作过程中剔除了原材料中的金属矿物质元素，降低了材料的霉化率，让后期保护更省心省力。

2. 无机水泥石 vs 传统人造石

无机水泥石与传统人造石最主要的区别在于无机水泥石采用了无机原材料，无毒且环保，更安全稳定，其制作工艺和程序更为精确严谨，成材后具有抗压、耐磨、耐候性高、不易碳化、防火等级高的优势，整体比人造石更为稳定、耐用。

七、工艺流程

1. 生产工艺

无机水泥石的制造需要通过一系列复杂的生产程序，从原石破碎到混合压制成型、抛光打磨再到切割分装，每一道看似简单的工序都是确保产品成型且质量过关的关键。此外，生产过程中需要牢牢把控住设备、材料、工艺等各个细节，才能保证生产出的产品是优中之优，是符合设计效果和市场需求的精品。

2. 施工工艺

无机水泥石的施工方法通常有胶黏、干挂和湿贴这三种形式，它们适用于不同的场景和墙面高度。

＊ 墙面高度小于等于 3 米

当施工墙面高度在 3 米或以下时，可采用胶黏和湿贴密拼的形式，施工顺序由上而下、依次分层。如无机水泥石用于地面装饰，则只能采用湿贴的方式，方能保证施工的效果。

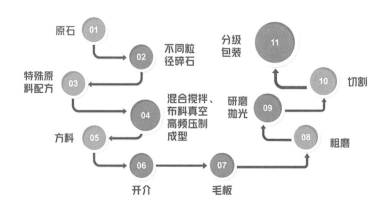

＊ 墙面高度大于 3 米

当墙面高度超过 3 米或无机水泥石板面较厚时，只能采用干挂形式安装。在施工过程中，设计师可自由选用开槽干挂法或背栓干挂法来实现石材的安装，以保证设计质量和效果。

3. 施工注意事项

当无机水泥石用于铺贴墙面时，内墙基层不建议使用石膏板或细木工板，因其表面强度较弱，支撑不了石材，后期极易出现石材脱落的现象。

当采用背栓干挂法时，无机水泥石背面需要做开孔处理，建议用专业开孔设备，精确加工成内大外小的锥形圆孔。另外，开孔处理对石材厚度有一定要求，最低厚度不能小于 18 毫米。

尽管无机水泥石是人造石材，但它仍具有天然石材的一些特性，如热胀冷缩、湿胀干缩等，因而安装时须注意预留 3—5 毫米的伸缩缝，避免因伸缩空间不足造成变形和断裂，影响设计效果。

八、适用范围

无机水泥石的可控效果和高耐候性使其具有较广泛的应用范围，市面上常见的应用之处有建筑外墙、景观外墙、室内景墙、地面铺装等。

九、应用案例——广州南沙·保利天汇销售中心

1. 工程档案

开发商：保利发展

项目地址：广州市南沙区

容积率：4.0

2. 项目概况

广州南沙·保利天汇销售中心位于区位条件优越的广州市南沙区亭角村，是广州城市更新规划项目之一。亭角村大区规划为打造集写字楼、公寓、

住宅、商业街于一体的城市综合体，定位城市门户。

3. 室内设计

基于项目得天独厚的位置，空间整体通过一种线性的空间组织手法，提取大海的元素，延伸、演变、重组，最后通过艺术装置"海上中轴线"把空间组成一个有秩序的整体。于是，整个空间形成"波澜浪涌""积流汇海"和"入溪成河"三大主题。

在用材上，本案采用无机水泥石作为内墙材料，洁白的无机水泥石和金色的网状装置形成强有力的视觉冲击，宛如滔天白浪里撒下的巨型渔网，极具戏剧效果，在有限的尺度下打造出了更具探索趣味的空间格局，引人深入。随着"海上中轴线"进入室内，贯穿整个空间的艺术装置以丰富的层次感、多维的视觉效果颠覆了渔网与不锈钢的固有印象。当两者结合起来时，打破了各自破旧或沉闷的感觉，以现代形式呈现出富有肌理与韵律的美感，层层叠叠，循序渐进，在自然光线的配合下，营造出集流成海的强大气场。

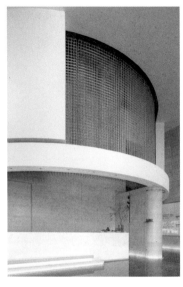

第四节　耐候环保，创新科技——高端无机石英石

一、材料档案

材料类别： 室内材料、石材类

材料规格： 600 毫米 ×1200 毫米 ×18 毫米

材料价格： 480 元 / 件（具体以市场售价为准）

二、材料概况

高端无机石英石是以天然大理石或者石英砂碎料颗粒为主要原材料，以无机胶结材料为黏合材料，经搅拌、混合、真空、振动压制成型、抛光等工艺制备而成的人造装饰石材。其产品力学性能优异、装饰性好，具有耐老化、耐高温、不易变形、易铺贴和节能环保等优点，突破了传统人造石用于外墙和地面铺贴时易翘曲变形的局限性，能将人造石材的应用领域由室内台面延伸到地面和室外，被认证为广东省高新技术产品。

• 高端无机石英石表面色彩纹理

硬度高，耐刮擦，抗压耐磨，可广泛用于人流量较大的公共场合地面铺贴。

三、性能优势

1. 高光高致密

高端无机石英石光泽度可达 100，力学性能高，致密性强，吸水率≤ 0.5%。

2. 高强高耐磨

无机石英石莫氏硬度高达 5—7 级，强度、

3. 装饰性强

无机石英石色彩丰富，颜色与花纹可个性化定制，实现满足外观和功能的灵活设计。

4. 绿色低碳

采用绿色原料，常温压制成型，生产过程能耗较低，无环境污染。

扫码后长按小程序码
获取更多信息

5. 耐候性好

不老化、抗风化、耐腐蚀，经久耐用。

6. 顶级防火

耐火等级为 A1 级，适用于机场等人流密度大、防火等级要求高的建筑工程。

7. 抗菌防霉

改性后的粉体持续具备抗菌功能，时间长达几十年或更久，对常见霉菌均有效，能够实现长效、多功能性抗菌。

8. 亲和性好

与水泥基材料的亲和性及黏结性好，施工方便，黏结牢固。

四、性能对比

1. 高端无机石英石 vs 有机人造石

无机石英石采用无机原材料，安全稳定，绿色环保，比起有机人造石的耐老化性差、防火性能差、不可用于室外等劣势，成型后的无机石英石具有抗压耐磨、耐候性高、抗菌耐腐蚀，且不易老化、防火性能强等性能优势。

2. 高端无机石英石 vs 天然石材

无机石英石的强度、硬度较天然石材更高，因此具有不易断裂、损耗低的优点。同时，天然石材具有资源有限、开采周期长、放射性偏高等局限，而无机石英石造价低、无放射性危害，使用更加安全、便捷。

参数对比

产品参数	高端无机石英石	无机岗石	有机岗石	有机石英石	天然大理石	天然花岗岩
弯曲强度 MPa	15—18	8—13	16—35	24—45	7—13	8—16
压缩强度 MPa	≥110	≥80	≥100	≥110	≥80	≥110
莫氏硬度	6—7	3—4	3—4	6—7	3—5	5—7
防火性	A1	A1	B	B	A1	A1
线性热膨胀系数 m/℃	$(5—11)\times10^{-6}$	$(6—12)\times10^{-6}$	$(15—35)\times10^{-6}$	$(20—40)\times10^{-6}$	$(6.5—8)\times10^{-6}$	$(6—8)\times10^{-6}$
尺寸稳定	A	A	B	B	A	A
抗紫外线耐候性	抗紫外线	抗紫外线	室外易黄变老化	室外易黄变老化	抗紫外线	抗紫外线
外墙使用	合用	不适用	不适用	不适用	不适用	合用
安装选材及方式	普通粘结剂 传统工艺铺贴	普通粘结剂 传统工艺铺贴	人造石专用粘结剂 专用工艺铺贴	地面易变形	普通粘结剂 传统工艺铺贴	普通粘结剂 传统工艺铺贴
建议使用区域	所有室内外装饰区域	室内地面、墙面	室内地面、墙面	台面、部分内墙	室内装饰区域	所有室内外装饰区域

• 高端无机石英石与其他石材性能对比

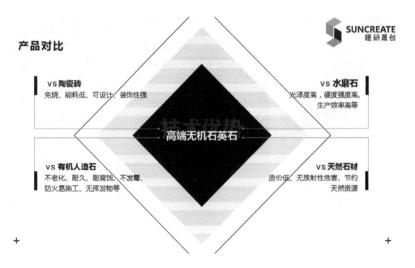

产品对比

SUNCREATE
建研晟创

vs 陶瓷砖
免烧、能耗低、可设计、装饰性强

vs 水磨石
光泽度高，硬度强度高、
生产效率高等

高端无机石英石

vs 有机人造石
不老化、耐久、耐腐蚀、不发霉、
防火易施工、无挥发物等

vs 天然石材
造价低、无放射性危害、节约
天然资源

五、施工工艺

天然石材在地面铺贴时通常采用软底法工艺，即铺贴瓷砖法，需要经过背面挂网和防水等复杂的施工流程，以避免后期的开裂、空鼓和变形，工期长，成本高，效率低；而无机石英石原则上禁止采用软底铺贴，转而采用硬底法工艺，具有施工便捷、效率高等优势。又因硬底法工艺的板材与黏结材料变形系数基本一致，在很大程度上避免了空鼓和翘边等现象的发生，所以，采用无机石英石可有效节约施工和后期维护成本。

一般而言，无机石英石的地面铺贴采用无机石胶黏剂＋标准薄层硬底法的铺装方案，铺贴时需要预先找平至标高，养护足够龄期（一般为14天）后再铺贴。

施工流程：基面找平、基面刮条、无机石刮条、无机石铺贴、养护。

工艺特点：基层干燥，水汽少；无蜂窝状半干砂浆层，减少水汽聚集；标准化分布施工，黏结强度高，减少空鼓；早期强度高，能减少水汽接触时间；密实度高，能减少碱分迁移。

六、适用范围

无机石英石凭借其卓越的性能和耐候性，可广泛用于住宅、酒店、博物馆、美术馆、图书馆、展览馆、体育场馆、连锁店等领域的墙面、地面以及家装装饰中。

• 住宅家装应用——恒盛大厦公寓

• 地面装饰应用——黄岐金铂天地

• 地面装饰应用——嘉禾金铂天地

第五节　独特花式，历久弥新——无机水磨石

一、材料档案

材料类别：室内材料、石材类

材料规格：1600 毫米 ×2400 毫米、1600 毫米 ×3200 毫米、1800 毫米 ×2700 毫米

材料价格：250 元 / 件（具体以市场售价为准）

二、材料概况

无机水磨石是以无机混凝土为原材料，以大理石、玻璃、金属、砂石、陶瓷等材料为骨料进行混合搭配，再经研磨、抛光等表面工艺加工后形成的一种新型的环保材料。具有防火阻燃、无烟毒、耐冻融、耐腐蚀、耐磨等性能优势，且因其种类丰富，施工便捷，在市场上获得了较为广泛的应用。

三、材料性能

①抗压耐磨，无机水磨石不易开裂、不易变形，具有良好的物理性能。

②耐候性高，无机水磨石耐老化、耐污损、耐腐蚀，具有良好的耐候性。

③防火性高，可达防火 A1 级。

④根据骨料的类型和大小不同，可随心组合形成各种花色，实现产品个性化。

⑤表面工艺丰富，能够打造出丰富多样的表面效果，如酸洗面、皮革面、亚光面、亮光面、砂光面、火烧面等。

⑥防滑、耐冻融，且无树脂、无烟毒、无放射性，环保、安全。

⑦安装方便，后期保养简单，装饰性强，性价比高。

四、尺寸规格

无机水磨石尺寸多变，一般宽度为1600—1800 毫米，长度为 2400—2700 毫米，厚度为20 毫米，可按需切割。常见尺寸为 1600 毫米×2400 毫米、1600 毫米 ×3200 毫米、1800 毫米×2700 毫米。

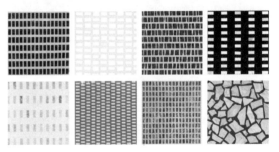

五、与有机水磨石的性能对比

比起有机水磨石的易老化黄变，以无机混凝土为原材料的无机水磨石具有更强的耐磨性和耐候性，原则上可与建筑同寿命。同时，无机水磨石通过不同骨料的搭配，不同形状、图案的配合，可以做到无缝拼接，整体感更强。无机水磨石为 A 级防火，并具有防滑、耐磨性高的特性。

六、表面工艺

无机水磨石具有丰富的表面工艺，可形成自然多样的纹理，满足各类不同需求。常见工艺有酸洗面、皮革面、亚光面、亮光面、砂光面、火烧面六种。

酸洗面是用仿古水酸洗，使表面烧出不规则纹路，制作后表面毛孔粗大；皮革面是用研磨刷从粗目至细目精心磨刷，制作后表面呈凹凸不平的缎面亚光效果，随后再进行抛光处理，使表面达到凹凸不平的缎面高光效果；亚光面是用研磨刷从粗目至细目精心磨刷，制作后表面呈凹凸不平的缎面亚光效果；亮光面有高抛光的效果，具有优良的反射特性和镜面般的璀璨效果；砂光面表面平整且反光，但有摩擦的感觉；火烧面利用喷射高温火焰剥落表面层，形成梨皮饰面。

七、加工工艺

根据效果需求和实际应用场景的不同，无机水磨石的加工工艺主要有倒角、拉槽、圆边、异形、L 槽、切割等形式。

倒角主要应用于墙壁角落处理中；拉槽可以起到防滑、美观的效果，常见的有双道或三道防滑槽；圆边即将边角处都磨平、磨圆，以免过于锋利；异形是将边角做成不同的造型，如柱子、器物等；L 槽主要应用在瓷砖的干挂上，从而实现上墙效果；切割是利用工具，使物体在压力或高温的作用下断开。

扫码后长按小程序码
获取更多信息

八、施工工艺

水磨石按施工工艺的不同，分为现浇无机无缝磨石和预制水磨石，二者区别在于：现浇无机无缝磨石为现场混合浇筑，可实现60—200平方米大面积密接无缝、不开裂，骨料、色彩、图案均可定制。预制水磨石是工厂化流水线制造，同一批次产品的规格大小匀称、颜色均匀，属于现成的块材，但由于是工厂化的流水线操作切割，存在成品效果单一、图案定制化空间小的问题。

九、适用范围

无机水磨石优良的材质性能使其可广泛运用在各类装饰领域中，如室内墙面、地面、家具台面、艺术品饰面、办公用品饰面等。

十、应用案例——佛山万科·天空之城销售中心

1. 工程档案

开发商： 万科集团

项目地址： 佛山市南海三山新城

室内面积： 1100平方米

2. 项目概况

佛山万科·天空之城销售中心位于佛山市南海三山新城，项目以打造一个漂浮的城市为整体概念，力图建立一个为全龄段客群服务的全时段社区文化交流中心，一个可供社区群体聚集在一起探讨未来的地方。

3. 室内设计

在室内空间的营造上，设计师在整个项目中融入了零售、书吧、联合办公、演讲、公众展览、线下活动与政府会议等功能，以多样性的空间层次展现今后新一代年轻人对未来生活的需求与向往，为未来生活提供更多的可能性。地面采用无机水磨石作为装饰，灰色调水磨石搭配未来感的设计，不论在黑暗或是暖黄的灯光中都能被完好地保存下来，也能适用于不同的功能区，为空间带来统一感。间或一抹黑色的突然出现，打破灰色水磨石的"低调"，与米色的反差搭配让人眼前一亮，休闲区的米色系水磨石仿佛为空间打了一盏暖光灯，为略显冰冷的商业空间增添一丝暖意，让人的心一下就温柔了起来。

第六节　固废黄金，曲面立体——MCK 轻质发泡陶瓷

一、材料档案

材料价格： 680 元 / 件（具体以市场售价为准）

二、尺寸规格

MCK 轻质发泡陶瓷构件：常规厚度 80 毫米、100 毫米、120 毫米，面密度 32—48 千克 / 米^2，最大尺寸 1200 毫米 ×3050 毫米。

MCK 轻质发泡隔墙板：常规厚度 80 毫米、90 毫米、100 毫米、120 毫米，密度 150—600 千克 / 米^3，尺寸 600 毫米 ×2400 毫米、1200 毫米 ×2400 毫米、600 毫米 ×1200 毫米、1200 毫米 ×1200 毫米。

三、材料概况

MCK 轻质发泡陶瓷在业内也被称为"固废黄金"，因其是采用陶土尾矿、抛光砖渣泥等固体废料，利用发泡技术经 1200℃高温焙烧出的，高气孔率的闭孔发泡陶瓷为基材加工而成。MCK 轻质发泡陶瓷重量轻，可浮于水面，具有 A1 级防火、防水防霉、可塑性强的特点，还具有多种系列的标准形态，并可定制任意造型、颜色、雕花，通常可用于公共建筑、室内外墙面、别墅外墙、娱乐庭院等场所，视觉效果强烈，性价比极高。

四、性能优势

1. 轻质

MCK 轻质发泡陶瓷重量仅为传统加气砖的 1/3，可浮于水面，能大大降低建筑结构的荷载。

2. 高压强

MCK 轻质发泡陶瓷抗压强度为 5 兆帕以上，其单点吊挂力在 100 千克以上，可满足家用、商用材料的吊挂要求。

3. 防火阻燃

MCK 轻质发泡陶瓷是将原材料经由 1200℃高温煅烧至熔融状态后发泡而成，阻燃等级可达 A1 级，防火阻燃的性能可满足各类商业空间的需求。

4. 防水防潮，保温隔热

尽管为多孔表皮，但 MCK 轻质发泡陶瓷的每个气孔均为独立闭合形态，可以有效防止水或潮气的传导及渗透，适用于具有渗水风险的墙面、地下室、室外景观装饰等。此外，高气孔率独立

闭孔的结构也是其保温隔热性能极佳的主要原因。

冷缩的情况下也不开裂、不变形、不收缩。

5. 隔音降噪

MCK 轻质发泡陶瓷的高气孔率独立闭孔结构亦能有效降低声音的传播率，具有不错的隔音降噪效果，作为室内隔墙，能够达到日常隔音要求。

6. 相容性好

MCK 轻质发泡陶瓷与水砂浆、混凝土等相容性好，黏接可靠，膨胀系数相近，即使在热胀

7. 绿色环保

MCK 轻质发泡陶瓷为新型绿色环保建材，其主要原材料为花岗岩尾矿、陶土尾矿、抛光砖渣泥等，无机无毒，真正做到了绿色环保，资源循环利用。

8. 安装简便

MCK 轻质发泡陶瓷安装采用干法施工，墙板的两侧为榫槽结构，接缝处用瓷砖胶进行黏接，墙板与主体结构的梁、板、柱采用镀锌 L 型角码连接。

扫码后长按小程序码
获取更多信息

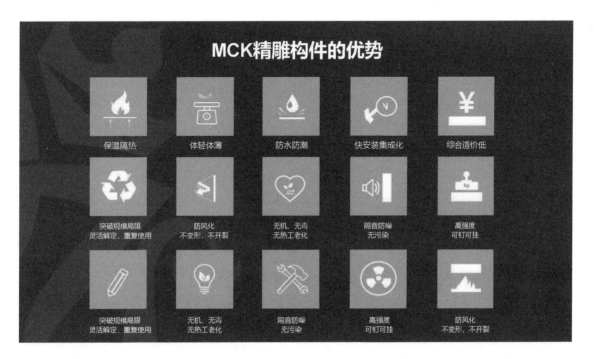

- MCK 精雕构件的技术参数

序号	检验项号		依据标准	技术要求	检验结果	单项结论
1	密度，千克／米³		GB/T 3810.3—2006	—	390	—
2	厚度偏差，毫米（工作尺寸厚度为80毫米）		GB/T 23266—2009	—	+0.42	—
3	吸水率，%		GB/T 3810.3—2006	—	平均值 2.1 最小值 1.6	—
4	单点吊挂力		JG/T 169—2005	≥1000 牛顿	1000 牛顿，静置 24 小时，板面无裂缝	合格
5	抗压强度，兆帕		JG/T 169—2005	≥3.5	5.9	合格
6	垂直于板面的抗拉强度，兆帕		JG/T 149—2003	—	0.73	—
7	抗弯承载力		CECE 286:2015 GB 50204—2015	≥1.5 千牛／米	1.5 千牛／米时无破坏，小于挠度控制值，抗弯，承载力平均值为 4.88 千牛／米	合格
8	抗冲击性	硬物冲击试验 — 破坏形态	韧性	—	非脆性破坏形态	—
		硬物冲击试验 — 结构性破坏试验		冲击功 10 牛顿米，10 个点，无结构性破坏	无结构性破坏	合格
		硬物冲击试验 — 功能性破坏试验		冲击功 10 牛顿米，1 个点，无结构性破坏	无结构性破坏	合格
		软物冲击试验 — 破坏形态		—	非脆性破坏形态	—
		软物冲击试验 — 结构性破坏试验		冲击功 300 牛顿米，1 次，无结构性破坏	无结构性破坏	合格
		软物冲击试验 — 功能性破坏试验		冲击功 120 牛顿米，3 次，无结构性破坏	无结构性破坏	合格
9	放射性(A 类)装饰装修材料	内照射指数	GB 6566—2010	≤1.0	0.305	合格
		外照射指数		≤1.3	0.417	合格

• 检验产品：MCK 陶瓷构件（规格：1200 毫米 ×2440 毫米 ×80 毫米）

序号	检验项目		依据标准	技术要求	检验结果	单项结论
1	抗冲击性能		GB/T 23451—2009	经过 5 次抗冲击试验后板面无裂纹	经过 5 次抗冲击试验后板面未发现裂纹	符合
2	抗弯承载(板自重倍数)		GB/T 23451—2009	≥1.5	1.5, 样品未折断, 且无明显裂缝	符合
3	抗压强度, 兆帕		GB/T 23451—2009	≥3.5	＞6.2	符合
4	软化系数		GB/T 23451—2009	≥0.80	0.97	符合
5	面密度 / (千克 / 米^2)		GB/T 23451—2009	≤90	39	符合
6	含水率, %		GB/T 23451—2009	≤12	0.7	符合
7	干燥收缩值, 毫米 / 米		GB/T 23451—2009	≤0.6	0.2	符合
8	吊挂力		GB/T 23451—2009	荷载 1000 牛顿, 静置 24 小时, 板面无超过 0.5 毫米的裂缝	荷载 1000 牛顿, 静置 24 小时, 板面未发现裂缝	符合
9	抗冻性		GB/T 23451—2009	不应出现可见裂纹, 且表面无变化	未发现裂纹, 表面无变化	符合
10	空气声隔声量 / 分贝		GB/T 23451—2009	≥35	37	符合
11	耐火极限 / 小时		GB/T 23451—2009	≥1	≥1	符合
12	燃烧性能		GB/T 23451—2009	A1 或 A2	A1	符合
13	放射性核素限量	内照射指数	GB/T 6566—2010	≤1.0	0.4	符合
		外照射指数	GB/T 6566—2010	≤1.0	0.7	符合

五、表面工艺

MCK 轻质发泡陶瓷材质稳定，不易断裂，可通过雕刻形成不同的花纹，相较于 GRC 构件和 EPS 构件的倒模成型更为细腻，应用范围更广。相较于其他木质、石膏材料，MCK 轻质发泡陶瓷有着抗腐蚀、耐风化、施工快等显著优势，可根据客户需求进行加工定制，加工图案清晰逼真，色彩鲜明，且不开裂，使用寿命长。

• MCK 轻质发泡陶瓷精雕构件种类

依据使用场景，MCK 轻质发泡陶瓷的精雕构件种类大致可以分成景观园林摆件、中式或欧式建筑装饰、精雕艺术装饰、大型壁雕作品、立体构件和艺术天花等。此外，MCK 轻质发泡陶瓷的色彩亦可做定制化处理，以达到设计需求的理想化效果。

• MCK 轻质发泡陶瓷精雕纹饰

六、性能对比

1. MCK 轻质发泡陶瓷 vs GRC 构件

GRC 构件为玻璃纤维增强水泥混合材料，是一种由波兰特水泥砂浆与抗碱玻纤组成的复合材料，具有混凝土的徐变现象，综合耐用性较弱，易变形开裂，易脱落，整体耐候性弱于 MCK 发泡陶瓷。GRC 主要应用于建筑外部的装饰上，通过倒模的形式，形成对应的造型，但因材料整体重且硬，成型也较为粗糙，所以不适用于特殊造型。相比之下，MCK 轻质发泡陶瓷具备了 GRC 不能比拟的可塑性和表现性，整体也更为轻便，

易安装，后期也更容易做维护和保存。在造价和施工成本上，MCK 轻质发泡陶瓷也相对较低。

2. MCK 轻质发泡陶瓷 vs EPS 构件

EPS 构件指的是聚苯乙烯泡沫，它采用聚苯乙烯树脂加入发泡剂，同时加热进行软化，产生气体，形成一种硬质闭孔结构的泡沫塑料。EPS 构件施工需要挂网，施工过程烦琐，工期长，MCK 轻质发泡陶瓷在工期和施工上相对具有便利优势。EPS 构件材料易燃，燃烧后会产生有毒气体，MCK 轻质发泡陶瓷取源无机废料，经由高温锻造而成，制作过程没有添加有毒化学物质，是无毒、耐高温的绿色装饰材料。从重量角度来

说，MCK 轻质发泡陶瓷和 EPS 构件自重都较轻，但 EPS 构件材料强度较差，易产生开裂，自身强度有限，承重能力也不如 MCK 轻质发泡陶瓷。

此外，需要注意的是，在用 EPS 构件做保温板时，保温板质量不稳定，因材料出厂前需要放置一段时间，经过一段成熟期才可以使用，如果未熟化彻底，质量将无法保证，极易出现收缩开裂的情况。

• MCK 轻质构件与传统构件的对比

特征	产品			
	MCK 轻质构件	GRC	EPS	天然大理石构件
开裂变形性能	永不开裂，永不变形	因徐变，易变形、开裂、脱落	因老化，易变形、开裂	不开裂，不变形
防火耐高温性能	本身 1200℃高温烧制，防火耐高温	防火耐高温	易燃，释放有害气体	防火耐高温
抗酸雨腐蚀性能	超耐腐蚀	腐蚀后开裂	耐腐蚀	不耐腐蚀
综合耐用性	保用 100 年	保用 1 年	保用 1 年	保用 10 年
自重（最低计）	400 千克 / 米^3，轻	1800 千克 / 米^3，较重	18 千克 / 米^3，较轻	2600 千克 / 米^3，较重
综合安全性	安全	不安全	较安全	不安全
经济定制批量	无限制	批量要求大	批量要求大	无限制
施工便捷性	方便	不方便	方便	不方便
定制成本	低	高	高	较高
施工成本	低	高	低	高
订货周期	15 天，短	40 天，超长	30 天，长	20 天，较长
表现力	雕刻而成，表现力极强	倒模而成，表面粗陋	倒模而成，表现力受限	雕刻而成，受限于重量、体积，表现力极强
环保性	原材料再生，可循环	不可循环利用	不可循环利用	不可循环利用
优胜项数量	13	1	5	3

七、工艺流程

1. 生产工艺

目前，市面上 MCK 轻质发泡陶瓷的生产工艺主要有以下两种。

（1）配料（工业固废 + 添加材料）→球磨→筛分→喷雾干燥→储存→干铺→干燥→烧成→拣选→ 深加工（切割）→干燥→检查包装入库

（2）配料（工业固废 + 添加材料）→干法球磨（破碎）→制粒→储存→干铺→干燥→烧成→拣选→深加工（切割）→干燥 →检查包装入库

在烧成方面，现阶段有辊道窑与隧道窑两种工艺。当发泡陶瓷烧成之后，需要深加工成需要的尺寸、形状之后才能应用。目前，MCK 轻质发泡陶瓷的断面加工主要采取圆锯片切割，结合定型轮成型的加工方式。平面加工原理分为切割和磨铣两种，加工方式则有带锯切割、滚刀磨削、磨盘磨铣三种方式。

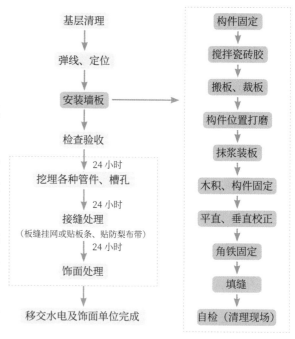

• 隔墙板施工流程

2. 施工工艺

MCK 轻质发泡陶瓷施工工艺相对较简单，以 MCK 轻质发泡陶瓷构件为例，在安装时，施工人员须在安装面上预打孔，并用瓷砖胶进行固定，在进行锚栓安装位打孔后，做好固定工作，最后进行瓷砖表面修复即可。MCK 轻质发泡陶瓷隔墙板的安装同岩板和瓷砖安装类似，采用的是常见的干挂法，安装成功后再做挖槽、接缝和饰面处理。

八、适用范围

MCK 轻质发泡陶瓷可塑性强，应用范围广，常见于隔墙条板、多曲面造型墙、外墙挂板、装饰面板、艺术线条、艺术雕花、艺术天花和其他艺术构件上，具有线条细腻、纹路清晰的效果。本期选用的三亚亚特兰蒂斯酒店案例将 MCK 轻质发泡陶瓷做了多曲面造型墙、艺术天花、隔墙条板等多样运用，具有典型性和参考性。

九、应用案例——三亚亚特兰蒂斯酒店

1. 工程档案

案例材料： 凯文玛索 MCK 肌理板 INCTAK021KW、MCK 肌理板 INCTAK100KW、MCK 肌理板 INCTAK020KW、MCK 肌理板 INCTAK022KW、MCK 肌理板 INCT AK023KW

开发商： 复星集团

项目地址： 三亚市海棠区

占地面积： 540 000 平方米

2. 项目概况

　　三亚亚特兰蒂斯酒店坐落于三亚海棠湾，占地面积达 54 万平方米，酒店由 80 余家国际著名的建筑和设计机构联手打造，设计风格融会东西方特色文化以及琼岛本土文化，是集度假酒店、娱乐、餐饮、购物、演艺、物业、国际会展及特色海洋文化体验八大业态于一体的旅游综合体。

3. 室内设计

　　作为中国首个亚特兰蒂斯度假胜地，项目以海洋为灵感打造梦幻海底王国，力求给游客带来艺术、梦幻、唯美的海洋体验。设计方案从海洋中提取元素，巧借可塑性强且耐候性佳的 MCK 轻质发泡陶瓷，将其化形为弧面造型丰富的天花、墙面和质感十足的柜体装饰。

　　在大堂入口处，由银箔、抛光大理石、珍珠母等材质构筑的空间在自然光线的照射下熠熠生辉，由 MCK 轻质发泡陶瓷肌理板构成的波浪纹动感、自然，与一室的海洋元素融合。大堂上空，

琴键肌理的护栏为空间增添了流动感，为走道带来了秩序性。

　　在细节处，以 MCK 轻质发泡陶瓷为材料，进行润色和装饰：海草纹理的隔板和木质餐柜结合，形成围合餐厅，暖色灯带隐于隔板四周，恍惚中，仿佛置身亚特兰蒂斯的缤纷海底；卫生间内，蛋糕台形态的洗手台层层叠叠，缝隙里，红色的铜钱纹带来了视觉的冲击，水滴形的灯饰垂于四周，举目四望间，犹如走进神秘、瑰丽的海

底溶洞；陈设柜的应用也别出心裁，不但确保了柜体功用，还具有不俗的装饰性，趣味无穷。

如果说天花、柜体的装饰巧用了 MCK 轻质发泡陶瓷的强表现力，那么 4D 影院的应用则是从它的强隔音性能出发，并将其效果表现得淋漓尽致。墙面上，灰、白双色的波纹瓷片错落起伏，淡蓝灯带隐缀于其间，像鱼群游过荡开的涟漪，又像珊瑚丛绮丽多姿的纹理。而其高气孔率独立闭孔结构和凹凸起伏的条纹纹理能够有效地吸收声波，降低回声的干扰和光线的反射，为游客带来声光效俱佳的观影体验。

第七节　潮流轻奢，高质装饰——大理石瓷砖

一、材料档案

材料类别： 室内材料、瓷砖类

材料价格： 508 元 / 件（具体以市场售价为准）

材料厂商： 佛山市新濠陶瓷有限公司

二、材料概况

大理石瓷砖是以石材为设计蓝本，利用先进的陶瓷生产设备及技术，将大理石的肌理、色彩、质感完美再现于瓷砖表里的一种具有革新意义的瓷砖材料。它外观时尚，因具有天然大理石的装饰效果和瓷砖的优越性能，摒弃了天然大理石的缺陷，适用于别墅大宅、星级酒店、高端会所等重量级工程，可满足家装、工装等多种渠道的需求。

三、性能优势

1. 美观

拥有大理石的肌理和质感，时尚美观，是高档场所的装饰首选。

2. 质感细腻

光洁细腻、纹理流畅，质感天然，装饰性强。

3. 耐磨、耐刮擦

莫氏硬度达 4—5 级，比起普通的抛釉系列产品，大理石瓷砖的耐磨度要高出 5 倍以上。

4. 硬度高

经物理压制和化学烧制而成的大理石瓷砖质地坚硬致密，不易碎裂。

5. 抗污性能强

大理石瓷砖表面为高温煅烧的釉层，污渍不渗透，易清洁。

6. 不易渗透

大理石瓷砖表面釉层致密光滑，吸水率小于0.3%。

7. 无瑕疵色差

采用专业化生产，原材料和工艺可控，几乎无瑕疵色差。

8. 表现力强

大理石瓷砖拥有丰富的表面色泽和肌理，尺寸大小、类型可按需选择，能满足多元化空间的应用。

扫码后长按小程序码
获取更多信息

9. 自然环保

非天然开采，不破坏自然环境，无辐射。

四、与天然大理石的性能对比

大理石因其独特的质感，一直是室内装饰的宠儿，但天然大理石开采不易，且容易断裂，运输、施工过程容易产生损耗。而经过万吨压机压制、高温煅烧而成的大理石瓷砖在复刻天然大理石的色泽、纹理、质感、视觉效果的同时，实现了装饰效果、物理性能的全面优化，比起天然大理石，具有抗污耐磨、不易折损等明显优势。

五、尺寸规格

大理石瓷砖产品结构丰富，规格齐全，常见尺寸有 750 毫米 ×1500 毫米、800 毫米 ×2600 毫米、1200 毫米 ×2400 毫米、900 毫米 ×1800 毫米、1200 毫米 ×2600 毫米等 18 种规格。

六、类别划分

大理石瓷砖系列产品众多，可以满足不同空间的应用以及多元化的需求。

1. 镜面理石系列

镜面理石是采用 5D 全通体技术打造出来的集美观与实用性于一体的防滑亮面瓷砖，镜面理石拥有两大规格、四大色系及十大纹理，在设计、工艺、性能、纹理等多个维度进行了全面升级，以"前卫设计 + 超平镜面 +A 级防滑"三大优势成为新一代高端产品。

2. 现代摩卡系列

摩卡系列产品顺应当下流行的现代侘寂风格和微水泥元素风格，采用现代精工模具技术，逼真还原微水泥的真实质感，表面叠加特种原矿干粒，模拟砂砾在岁月刻蚀下的斑驳与凹凸质感，同时兼顾柔和、丝滑的触感，糅合意式极简水磨

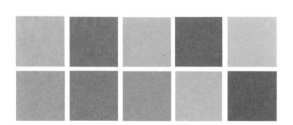

• 大理石瓷砖现代摩卡系列表面色彩

• 大理石瓷砖云系列 750 毫米 ×1500 毫米规格表面色彩

石小骨料元素，以三种不同灰度还原空间的自然本真之美。微水泥表面自带的独特磨痕，带来原生态的斑驳美感，粗犷、素雅又细致入微，看似质朴的复古底色，搭配独特的水泥理石纹理，仿佛是被岁月洗涤过的天然痕迹。

3. 云系列

云系列大理石瓷砖产品灵感取自自然流动、质感轻柔的云朵，表面层层交叠的纹理和细腻自然的质地强化装饰性能，能够赋予空间连贯大气和浑然一体的视觉美感，提升空间整体气质。在全新光感技术加持下，云系列可实现90°亮面光感亦无波纹反射，光感融洽且有层次，更符合年轻人的喜好与品位。

七、表面工艺

大理石瓷砖外观新颖，工艺丰富，有亮光、柔光、亚光、缎光、细亚、模具干粒、星光釉、精雕墨水、数码亮光墨水等多种工艺面效果。

八、施工工艺

为消除瓷砖铺贴后砖与砖之间缝隙过大而造成的视觉割裂感，大理石瓷砖采用欧标微缝铺贴技术，将瓷砖进行间隔小于0.5毫米的密缝铺贴，形成浑然一体的视觉观感，真正做到"无缝铺贴"。

微缝铺贴对产品生产工艺有极高的要求，瓷砖平整度偏差需要控制在0.5毫米以内，吸水率低于普通瓷砖的一半，热膨胀系数需在$6.8\times10^{-6}/℃$至$7.0\times10^{-6}/℃$的区间范围内。

1. 大理石瓷砖地面微缝铺贴标准流程

①地面检测、定位：检测二次找平、地面水平，弹出房屋水平标高线、瓷砖铺贴标高线。

②瓷砖检测、对纹：使用2米水平靠尺测量平整度，中间下凹超过8毫米建议换砖施工，连纹产品需要按砖侧标号根据设计图施工。

③清洁铝粉：将打磨机换上钢丝刷头，能高效去除砖背铝粉。

④地面刮胶：将瓷砖胶以1：4进行配比，在地面上用15毫米×15毫米圆弧尺刀短边横刮。

⑤砖背刮瓷砖胶：砖背用8毫米×8毫米规格的尺刀短边横刮上胶。

⑥密缝铺贴。

A. 缝隙调整：吸盘搬抬瓷砖，轻靠铺平，两片砖之间插入密缝卡或特制找平器调整缝隙，保障缝隙均匀。

B. 平整度调整：每块砖在调平时，可在砖面摆放水平对照标识物对照找平，并用振动器振实，不平整区域使用压平器压平。

C. 四周留缝：在进行地面铺贴时，靠墙四周位置的瓷砖需要预留离墙面5—10毫米的伸缩缝。

⑦砖面保护：铺贴工序完成后清洁砖面，保证砖面无杂质残留；用地膜覆盖瓷砖表面，进行首层保护；在地膜上覆盖石膏板，进行二次保护。

⑧清洁填缝：施工前应先将缝隙清理干净，保证砖面清洁、干燥；将A料和B料充分搅拌，放置5—10分钟熟化；使用刮板将料压入缝隙内，填满压实，刮去多余的浆料，并修补瑕疵；30分钟后用海绵进行第一次清洁，3小时后再用拧干的海绵轻轻擦拭瓷砖表面，直到干净为止。

注意：填缝至少在瓷砖铺贴验收完成 7 天后再进行。

2. 大理石墙面湿贴 / 混合贴施工流程

①墙面检测、找平：检测墙体强度、平整度。需要注意，墙面施工前应做抗裂处理，新旧墙改建部位添加铁丝网辅助基面处理，加强基面拉拔力和支撑强度，待 24 小时墙体实干后再进行下一步施工。

②弹线定位：墙面找平后，用墨斗线弹出每块瓷砖的位置定位。

③瓷砖检测对纹：检测砖面平整度，连纹产品按设计图标号铺贴。

④清洁铝粉：顺纹理打磨。

⑤加装挂件：砖背面离上边约 60 毫米处切深度约 5 毫米的斜槽，将金属挂件弯钩的一头扣进凹槽，再用速干胶固定挂件，铺贴时在挂件位置打上钉子、固定挂件。注意，墙面铺贴高度超过 2 米，则需要加装挂件，保证铺贴安全。

⑥砖背刷背胶：将背胶材料在桶中搅拌均匀后，刷到瓷砖背面。

⑦砖背刮瓷砖胶：用 15 毫米圆弧尺刀从短边刮平瓷砖胶。

⑧墙面刮瓷砖胶：用灰刀将瓷砖胶刮到墙面上，厚度根据墙面平整度决定，再用尺刀刮出与砖背同方向的纹路。

⑨密缝 / 微缝铺贴：建议使用洗盘或搬抬杠进行墙面铺贴，贴好后进行高度、角度、水平度

• 大理石瓷砖地面微缝铺贴现场施工图

检测弹线 → 瓷砖检测 → 清洁铝粉
↓
砖背刮胶 ← 砖角贴防撞贴 ← 地面刮胶
↓
密缝铺贴 → 砖面保护 → 清洁填缝

• 大理石瓷砖地面微缝铺贴标准施工流程

墙面检测找平 → 弹线定位 → 瓷砖检测对纹 → 清洁铝粉 → 加装挂件
↓
清洁填缝 ← 密缝铺贴 ← 墙面刮瓷砖胶 ← 砖背刮瓷砖胶 ← 砖背刷背胶

• 大理石瓷砖墙面微缝铺贴标准施工流程

的调试，用大板拍敲击调整，侧面用红外线定位，保证瓷砖侧面与红外线重合，禁止用橡皮锤集中受力敲击瓷砖表面，以免造成砖体破裂。

⑩清洁填缝：铺贴完成48小时后，拔出密缝卡，用海绵清洁砖面，保持砖面清洁，并使用特调填缝剂填缝。

九、适用范围

大理石瓷砖具有优良的性能和装饰性，可广泛用于室内各空间的装饰面，如墙面、地面、背景墙、桌面、橱柜饰面、灶台饰面等。

第八节 全新"木"质，持久续航——新型环保谷木板材

一、材料档案

材料类别： 室内材料、木材类

材料价格： 468 元 / 件（具体以市场售价为准）

材料厂商： 佛山市顺德区锡山家居科技有限公司

二、材料概况

谷木板是以稻谷壳为原材料，从中萃取出天然二氧化硅、岩盐及矿物油加工成复合材料，摆脱了对天然木材的依赖，规避了常用的木质装饰材料怕水、不耐腐蚀、易被虫蛀等问题，具有可持续发展的意义，是一种环保安全的创新型材料。

三、尺寸规格

材料常规宽度为 1220 毫米，厚度、长度可按需求定制，常用尺寸有 4 毫米 ×1220 毫米 ×2440 毫米、8 毫米 ×1220 毫米 ×2440 毫米、18 毫米 ×1220 毫米 ×2440 毫米等。

四、材料性能

1. 实木质感

材料具有天然木材的外观和质感，是替代木材的绝佳材料。

2. 低碳环保

谷木板原材料为稻谷壳，低碳环保，具有天然的健康性。

3. 多样加工方式

材料加工方式和木材相同，有刷漆、锯切、钻孔、砂磨等方式，还可以热弯塑形，与传统木材相比，具有更多样的加工方案。

4. 多元表达

谷木板可模拟天然木皮的纹理色泽，也能形成天然木材不具备的颜色及纹理。

5. 个性定制

可以根据客户需求对花色、幅面尺寸、厚度等进行个性化定制，突破天然木材的局限。

6. 强性能

不怕水、防霉、防腐、防虫、防滑、防臭、抗 UV、抗静电、抗病菌（需要添加材料）。

7. 耐候性强

防火级别可以达到 B1 级阻燃，同时耐潮湿、高温、低寒，可以抵抗雨雪和盐水（海水）、酸雨的侵蚀。

8. 纹理均匀

可避免天然木材固有的虫孔、节疤、色变等缺陷，纹理与色泽均具有一定的规律性，能够解决天然木材因纹理不同而难以拼接的问题，充分利用每一寸材料。

五、与传统木材的性能对比

谷木板拥有独特的木质触感及外观，同时具备传统木材没有的性能优势，如易加工、颜色丰富、可热成型、100% 可回收利用、环保无醛等，这些优于传统木材的性能，使其成为新一代木质板材的优良替代品。

六、表面工艺

通过在基材表面覆以不同工艺饰面，可形成不同的效果表达和性能特性，一般而言，谷木板有科技木皮饰面、PETG 饰面、EB 饰面三种处理工艺。

科技木皮可仿制天然珍贵树种的纹理，并保留了木材隔热、绝缘、调湿、调温的自然属性，且防腐、防蛀、易加工；PETG 饰面表层为 PET 膜，颜色鲜艳，光泽度高，平整度好，还具有耐候性好、吸水率低、耐磨等特性；EB 饰面表层使用了 EB

技术处理工艺，是饰面领域内顶尖的工艺技术，使产品具有热修复、颜色饱和纯正、抑菌、耐黄变、易清理等特性。

七、适用范围

谷木板原材料为无害环保的稻谷壳，且成材后耐候稳定，具有零甲醛、防腐防霉、安全环保、抗菌抗病毒等性能，在家居环境中有广泛的应用，能为用户提供室内外健康家居解决方案。因此，谷木板可适用于各种家具、室内外地板、墙板、吊顶、围栏、生态门、浴室柜、门窗、花园阳台定制整装等领域，是一种非常优质的家居装修、装饰材料。

• 谷木板科技木皮饰面

八、应用案例——南昌禧悦丽尊酒店

　　南昌禧悦丽尊酒店坐落在南昌市红谷滩新区，建筑面积约 20 000 平方米，紧邻风景如画的秋水广场和世纪广场，与古色古香的江南名阁滕王阁隔江相望，风景优雅，独具魅力。

　　酒店墙面大面积运用新型环保谷木板材。在设计上，以可仿制天然珍贵树种纹理的科技木皮作为饰面，打造古色古香、禅味悠远的氛围。因谷木板不含导致木材变灰褪色的木质素，所以其表面色泽亮度具有可持续性，使用寿命可达 80—100 年，历久弥新。

第九节　高颜高品，全能装饰——装饰岩板

一、材料档案

材料类别：室内材料、板材类

材料价格：1600 元 / 件（具体以市场售价为准）

材料厂商：顺辉天成

二、材料概况

岩板是一种新型的材料，属于板材的品类，由天然原料经过特殊工艺，借助万吨以上压机压制，结合先进的生产技术，经过 1200℃以上高温烧制而成，是能够经得起切割、钻孔、打磨等加工过程的超大规格新型瓷质材料。

三、尺寸规格

岩板常见尺寸有 1600 毫米 ×3200 毫米、1200 毫米 ×2600 毫米、1200 毫米 ×3000 毫米、1220 毫米 ×2440 毫米等规格，厚度为 3 ～ 20 毫米不等。

四、材料性能

1. 安全卫生

纯天然的选材，可与食物直接接触，100%可回收，无毒害、无辐射。

2. 防火耐高温

接触高温物体不变形，A1 级防火，遇明火不产生任何物理变化。

3. 抗污性

污渍无法渗透的同时也没有细菌滋生。

4. 耐刮磨

莫氏硬度超过 6 级，耐刮擦。

5. 耐腐蚀

耐抗各种化学物质，包括溶液、消毒剂等。

6. 易清洁

只需要用湿毛巾擦拭即可清理干净，无特殊维护需求，清洁简单快速。

7. 可弯曲

可利用热弯技术将平板结构的岩板在模具中加热，软化成型，再经退火制成曲面或者扭面的热弯岩板。

扫码后长按小程序码
获取更多信息

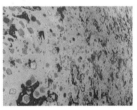 

五、性能对比

　　岩板具有规格大、可塑造性强、花色多样、耐高温、耐刮磨、防渗透、耐酸碱、零甲醛、环保健康等特性，是十分理想的装饰材料。比起大理石、瓷砖这些装饰材料，岩板具有更强的硬度和抗折强度，且可再生、低能耗、耐候性强等性能优势使岩板可广泛用于室内外装饰面，拥有丰富的表现效果。

● 岩板与大理石、花岗岩、瓷砖的性能对比

性能	名称			
	岩板	大理石	花岗岩	瓷砖
成分	二氧化硅、无机黏土、长石粉	碳酸钙	石英、长石	高岭土
生成工艺	1280℃烧制，辊压成型，通体成型	地壳挤压	火山熔浆	800℃烧制，模压分坯体及面层
渗水率	0.02%—0.06%	1%—3%	0.5%—1%	0.3%—0.5%
耐高低温表现	防火、耐高低温，高温无色变	防火、耐高低温	防火、耐高低温	防火、耐有限高温
硬度及强度	莫氏硬度6级	莫氏硬度3—4级	莫氏硬度5—5.5级	莫氏硬度4—5级
抗折强度	大于3900牛顿，国标为1300牛顿	—	—	—
色差	无	大	大	小
环保性	环保性高，可再生，低耗能，绿色环保	环保性低，不可再生	环保性低，不可再生	环保性低，不可再生
精加工呈现	极佳（抗折、耐腐蚀、耐磨强度高）	工艺成熟，但存在天然缺陷	工艺成熟，但设计感不能满足需求	基本无精加工配套
应用范围	全方位，不限空间	不宜用在室外，易老化	因放射性及装饰效果因素，多数仅在室外应用	装饰性一般，常用在墙面、地面上，饰面效果不佳

六、应用方向

　　岩板凭借出众的装饰性能，成为装配式建筑领域中不可多得的装饰材料。所谓装配式建筑是指将构成建筑物的墙体、柱、梁、屋顶等

建筑装饰模块发展方向

重点研发方向：
传统建造与住宅产业化演变期的关键技术

室外保温一体化
室外幕墙
家居定制

市场增长潜力 大↑↓小

室内幕墙
室内地面
室内天花

关键模块产业化：
按照完全达到住宅产业需求，重点研究地面应用模块产业化。

有限推进：
完成技术积累，随着产业化程度适度推进。

选择推进：
根据项目需求（高端）选择推进

构件在工厂预制好后，在建筑现场进行配搭的建筑物。装配式建筑与传统建造方式相比具有资源节约、品质优异、风格多样、工期缩短、成本可控等优势。

七、施工工艺

为配合装配式项目施工，解决传统施工工艺的缺陷，目前已有多种新型装配式技术，以节能施工系统、干挂施工系统、铝蜂窝复合施工系统等工艺技术实现高效节能、绿色环保的时代需求。

1. 岩板节能施工系统

岩板节能施工系统即岩板外墙保温装饰一体板应用系统，由建筑岩板饰面、承托构件、保温芯材、底衬等组成，通过专用胶黏剂复合成型，采用粘贴与电挂结合的双保险方式与基墙实现可靠连接的装饰系统，可解决建筑饰面空鼓、开裂、脱落、浸水等难题，同时起到保湿、隔热、防水、装饰等作用。

• 岩板面材保温装饰一体化板性能指标

项目		性能指标	
		I 型	II 型
单位面积质量（千克 / 米²）		＜ 20	20 ～ 30
拉伸黏结强度（兆帕）	原强度	＞ 0.10，破坏发生在保温材料中	＞ 0.15，破坏发生在保温材料中
	耐水强度	＞ 0.10	＞ 0.15
	耐冻融强度	＞ 0.10	＞ 0.15
抗冲击性（焦）		用于建筑物首层 10 焦冲击合格	
抗弯载荷（牛）		不小于板材自重	
吸水量（克 / 米²）		＜ 500	
不透水性		系统内侧未渗透	
保温材料燃烧性能分级		无机材料不低于 A 级	
保温材料导热系数		符合相关标准要求	
保温材料氧指数（%）		模塑聚苯板 N30，挤塑聚苯板 A26，硬泡聚氨酯 A26，酚醛泡沫板 A36	

- 保温装饰一体化板外墙外保温性能指标

项目		性能指标	
		I型	II型
外观		无粉化、起鼓、起泡、脱落现象,无宽度＞0.10厘米的裂缝	
耐候性	面板与保温材料拉伸黏结强度（兆帕）	＞0.10	＞0.15
拉伸黏结强度（兆帕）		＞0.10,破坏发生在保温材料中	＞0.15,破坏发生在保温材料中
单点锚固力（千牛）		＞0.30	＞0.60
热阻		给出热阻值	
水蒸气透过量 [克 / (米²·时)]		防护层透过量大于保温层透过量	

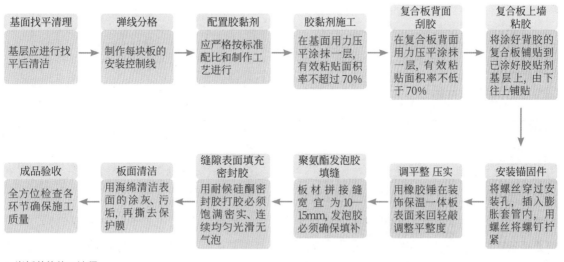

- 岩板节能施工流程

- 保温装饰一体化板外墙外保温系统质量控制

项目	检验内容	质量要求
基层处理	平整度	3毫米/2米
	垂直度	3毫米/2米
	阴阳方正角	±3毫米
	强度	>0.5兆帕
保温装饰板粘贴	厚度	符合设计要求，不得有负偏差
	粘贴面积率	>70%
	表面平整度	3毫米/2米
	立面垂直度	3毫米/2米
	阴阳垂直角	3毫米/2米
	阴阳方正角	±3毫米
	分格缝直线度	3毫米/2米
	门窗洞口构造	符合要求
	墙角处	45°对接
	板缝	±2毫米
锚固件安装	位置	符合方案或标准要求，锚固件之间最大间距<500毫米
	数量	符合方案或标准要求
	锚固深度	符合标准要求

＊ 岩板节能施工系统优势

第一，装配化程度较高，可实现规模化生产和应用，广泛适用于新建工程和旧墙翻新工程，大大提升了施工效率。

第二，以岩板为饰面，饰面样式丰富，吸水率低，抗污性能好，能够使饰面历久弥新。

第三，保温装饰一体化板由于装饰层与保温层可在工厂一次制作成型，综合保温与装饰双重功能，应用范围广。

第四，造价适中，整体成本低。

第五，绿色环保，功能期内拆下能够重复使用，寿命期满，系统材料可全部回收，无废料产生。

第六，采用点挂与粘贴结合，安全可靠，更耐用。

2. 岩板干挂施工系统

岩板干挂施工系统是由岩板面板与支撑结构体系组成的，相对于主体结构有一定位移能力，但不承担主体结构受力作用的建筑外围护墙施工体系，可广泛应用于建筑室内外墙面等饰面。干挂系统常见施工方式有干挂施工和挂贴施工两种。

干挂施工通常是指用龙骨和挂件或直接将板材固定在主体结构上的施工方式，有铝合金背框干挂、开槽式干挂、背栓式干挂和点挂式干挂等工艺。

挂贴施工指通过背栓将不锈钢条固定在板材背后，用黏结剂将板材固定在墙体上，然后用膨胀螺栓将不锈钢条固定在墙上的施工方法。

＊ 铝合金背框干挂施工工艺

以铝合金背框干挂施工工艺为例，利用结构胶使岩板与铝合金副框黏结，铝合金副框通过铝合金压块与支撑钢龙骨固定，使岩板与支撑结构形成一个完整的幕墙体系，每块岩板下侧设置相应的钢托片来承受面板自重，避免结构胶承受相应的面板重力荷载，并且岩板背面涂覆玻璃纤维网，防止岩板破碎，发生坠落。

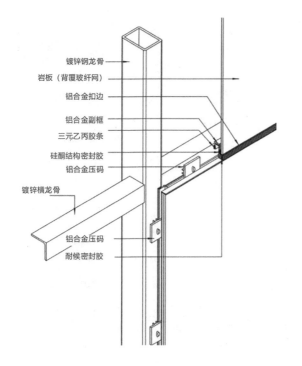

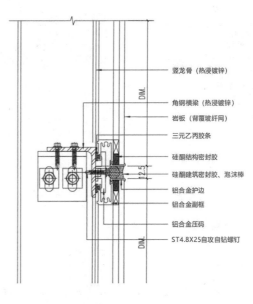

1. 铝型材切割加工

根据岩板幕墙现场分布要求，切割加工好对应尺寸的铝合金构件。

2. 铝合金背框组装

将切割加工好的铝合金，用连接角码配合拉钉将铝合金彼此连接固定起来，组装成一个整体背框。

3. 背框贴双面胶

为便于控制结构胶位置和截面尺寸，锡合金背框应事先粘贴上双面胶。

4. 岩板背面清洁

用柔软清洁布配上清洁剂清理岩板粘贴背面，要求无粉尘油脂、铁锈等影响黏结的附着物。

5. 岩板复合背框

把组装好的铝合金背框粘贴复合在岩板背上。

6. 注硅酮结构密封胶

注胶必须密封均匀、无气泡，胶缝表面应光滑平整。

7. 堆放养护

在干净室内温度20℃、湿度50%以上，选择平整的地面，垫上厚度统一的木方块，将已复合固定好铝合金背框的建筑陶瓷薄板平放在木方块上，需养护一个星期以上后方可进行后续安装工作。

8 复合玻璃纤维网

在养护后的岩板背面用环氧胶复合玻璃纤维网。

● 铝合金背框干挂施工工艺——复合流程

1. 弹线分格

利用设备仪器等对装饰墙面进行弹线分格。

2. 安装主体龙骨

根据建筑物的类别、高度、体型以及建筑物所在地的地理、气候环境等条件进行总体分布设计要求，安装好主体龙骨架，龙骨架要保证稳定牢固，平整度与平直度均达到国家标准以上。

3. 安装岩板

自下而上进行安装，用自攻螺丝配合手电钻将连接构件固定于主体龙骨上，并及时调整建筑陶瓷薄板，使其平整度和平直度均达到国家标准及以上。

4. 填缝清洁

清洁板缝，保持干燥，缝两边粘贴好美纹纸，并用泡沫棒塞缝，用打胶枪把硅酮密封胶挤进缝内，并用刮刀将硅酮密封胶刮平，保证硅酮密封胶饱满圆滑平直，无气泡、空心 断缝、夹杂等缺陷，随后便可撕掉美纹纸。施工完毕后用清水和清洁剂清洁表面。

● 铝合金背框干挂施工工艺——安装流程

＊ 铝合金背框干挂施工工艺组装注意事项

①岩板和铝框黏结表面的尘埃、油渍和其他污物，应分别使用带溶剂的擦布和干布清除干净。

②应在清洁后一小时内进行注胶，注胶前再度污染时，应重新清洁。

③硅酮结构密封胶浇注前必须取得合格的相容性检验报告，必要时应加涂底漆。

④当采用硅硐结构密封胶黏结岩板板块时，不应使结构胶长期处于单独受力状态，硅酮结构胶组件在固化并达到足够承载力前不应搬动。

⑤隐框岩板幕墙装配组件的注胶必须饱满，不得出现气泡，胶缝表面应平整光滑。

⑥薄型岩板必须进行材料复合。

• 岩板干挂系统综合比较及应用空间范围

安装技术	主要特点	适用项目
铝合金背框干挂技术	整体构造轻	建筑内外墙面等饰面，可广泛应用于各类公共建筑、居住建筑以及高层建筑物等
开槽式干挂技术	传统开槽工艺，施工简单方便	建议室内或裙楼使用，高层建筑物不建议使用
背栓式干挂技术	根据板材大小布置背栓点位，受力合理，无应力；现场开孔，安装方便、快捷；后期维护方便	任何建筑
点挂式技术	节省了钢材，减小了主体的承重荷载；节省了钢材的成本及龙骨的安装成本；缩短了面材和结构的安装距离	剪力墙 100 米以下，加强实心砖墙 24 米以下
挂贴技术	在保证安全的前提下，保证了幕墙的分格效果，成本低廉，施工方便，与墙体安装距离最小	剪力墙或承重砖墙；不适宜带保温项目；特别适合室内装饰

3. 岩板铝蜂窝复合施工系统

岩板铝蜂窝复合系统是由建筑岩板饰面、铝板、蜂窝结构胶黏剂、挂件等组成，具有超强的防撞击性能的施工系统。该系统是通过专用胶黏剂，复合成型，全封闭，集保温隔音、板材强化与装饰功能于一体的整体板，采用干挂方式等实现与主体结构的可靠连接，可广泛应用于建筑室内外墙面等饰面，尤其是各类大型空间场所的饰面。

＊ 岩板铝蜂窝复合施工系统工艺原理

岩板铝蜂窝复合板采用铝合金挂件与建筑物墙体基层固定的龙骨相连，铝合金挂件和岩板蜂窝复合板之间通过预置螺母或者后置背栓连接，挂件和龙骨系统及其连接方式随施工方设计方案而定。

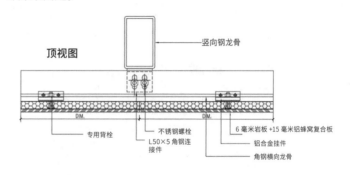

顶视图

竖向钢龙骨
专用背栓
不锈钢螺栓
L50×5 角钢连接件
6毫米岩板 +15毫米铝蜂窝复合板
铝合金挂件
角钢横向龙骨

＊ 适用范围

岩板规格多样，工艺丰富，能够实现全空间场景的应用，适用范围极广，主要用于家居、厨房板材等领域，如建筑幕墙、室内墙地面、厨房台面与饰面、家具与电器饰面、家具台面，以及商业空间等。

侧视图

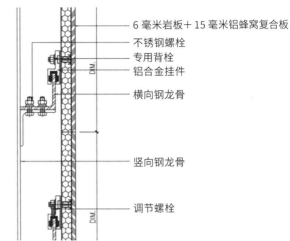

6 毫米岩板＋15 毫米铝蜂窝复合板
不锈钢螺栓
专用背栓
铝合金挂件
横向钢龙骨

竖向钢龙骨

调节螺栓

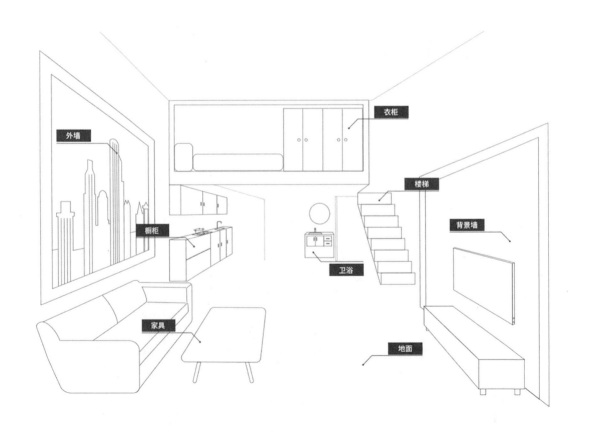

衣柜

外墙

楼梯

橱柜

背景墙

卫浴

家具

地面

• 昆明融创·春城书院样板间

• 广州电建·都汇府样板间

• 佛山电建·洛悦半岛样板间

第十节　千颜千面，科技时尚——不锈钢金属装饰板

一、材料档案

材料类别： 室内材料、金属类

材料价格： 200—400 元 / 平方米（具体以厚度和市场售价为准）

二、材料概况

不锈钢金属装饰板一般由黄铜、不锈钢、铝及铝合金作为基材，通过不同的金属工艺手段在其表面形成诸如电镀、拉丝、喷砂、镜面、锤纹、复合纹压花、蚀刻、浮雕等纹路图案，具有极强的装饰性。其不锈钢的特殊材质使得空间从视觉上层次更丰富多维，因而常被用作吊顶或地面装饰，在酒店、餐饮等商业空间中得到广泛的运用。

三、尺寸规格

出于成本的考虑和尺寸的限制，目前国内市场中多用不锈钢代替铜来做不锈钢金属装饰板，如不锈钢镀铜等。

不锈钢金属板的常规尺寸有 1000 毫米 ×2000 毫米、1220 毫米 ×2440 毫米、1220 毫米 ×3048 毫米和 1500 毫米 ×3000 毫米，最大尺寸为 1500 毫米 ×10000 毫米；铜质金属板的常规尺寸为 600 毫米 ×1500 毫米和 1000 毫米 ×2000 毫米。金属装饰板常规厚度为 0.3—3.0 毫米。

四、材料性能

1. 耐酸碱腐蚀

常见的不锈钢金属板分为两类，一是耐大气、蒸汽和水等弱介质腐蚀的钢板；二是耐酸、碱、盐等化学侵蚀性介质腐蚀的钢板。不锈钢金属板的耐腐蚀性主要取决于它的合金成分和内部的组织结构，起主要作用的是铬元素。铬具有很强的化学稳定性，能在钢表面形成钝化膜，使金属与外界隔离开来，保护钢板不被氧化，增加钢板的抗腐蚀能力。

2. 柔韧性好

不锈钢柔韧性好，抵抗冲击载荷的能力强，且硬度越高，抗冲击力越强，其表面越耐刮。

扫码后长按小程序码
获取更多信息

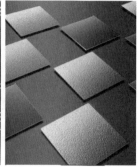

3. 防火防潮

不锈钢金属板内含有碳元素，它可通过固溶强化显著提高不锈钢的强度，使其在高温下仍能保持优良的物理机械性能。

4. 多色彩，不易变色

不锈钢金属板多采用电镀着色，表面层可以承受200℃的温度，耐盐雾腐蚀性能优于普通不锈钢，并且彩色不锈钢板耐磨性和耐刮擦性相当于箔层金涂层的性能，稳定性强，不易变色、褪色，也不易刮花。

5. 易清洗

不锈钢金属板易清洁、免维护、不留手指印的特性极大地方便了后期的维护，如果金属板表面有脏污，用布轻轻擦拭就能光洁如新，可以节约大量的后期维护成本。

五、表面工艺

1. 纹路类别

不锈钢金属板表面工艺繁杂，形成的纹路类别繁复，主要可分为镜面板、拉丝板、喷砂板、组合工艺板、和纹板、蚀刻板和透光板。

＊ 镜面板

不锈钢镜面板又被称为8K板，是用研磨液通过抛光设备在不锈钢板面上进行抛光，使板面光度像镜子一样清晰，之后再进行电镀上色，形成不同的色彩效果。

＊ 拉丝板

不锈钢拉丝板因为其表面纹路像头发一样细长而直，这种丝状的纹理是不锈钢的一种加工工艺。拉丝板为亚光表面且带有丝状纹理，但触感上和亮面不锈钢类似，光滑且柔顺。它比一般亮面的不锈钢耐磨且更显品质。

拉丝板有多种纹路，如发丝纹、雪花砂纹、和纹（乱纹）、十字纹、交叉纹等，所有纹路均需先通过油抛发纹机按要求加工后再电镀着色。

＊ 喷砂板

不锈钢喷砂板是用锆珠粒通过机械设备在不锈钢板面上加工，使板面呈现细微珠粒状砂面，形成独特的装饰效果。其制作过程与拉丝板类似，均需要成型后再电镀着色。

＊ 组合工艺板

所谓不锈钢组合工艺板，即根据工艺要求，将抛光发纹、镀膜、蚀刻、喷砂等各种工艺集中在同一张板面上，并进行组合工艺加工，成型后再电镀着色。

＊ 和纹板

不锈钢和纹（乱纹）板的砂纹从远处看是由一圈圈的砂纹组成的，近看就是不规则乱纹。乱纹的成型，主要是由磨头上下左右不规则摆动而成的。这里需要强调的一点是，不管和纹板还是拉丝板均属于磨砂板的一种，只是这几种板材的表面状态存在差异，所以说法也不一样。

＊ 蚀刻板

不锈钢蚀刻板通常以镜面板、拉丝板、喷砂板为底，通过化学的方法，在底板上腐蚀出各种花纹图案，之后再进一步做深加工——处理蚀刻板局部的和纹、拉丝、嵌金、钛金等各式复杂工艺，最终实现明暗相间和色彩绚丽的图案效果。

＊ 透光板

不锈钢透光板亦被称为金属雕刻透光板、冲孔板，其制成工艺有别于以上几种，以稳定性较强的金属板为底，借助数控冲床技术或激光穿孔技术，在金属板面上雕刻成不同大小、密度、形状的孔洞，使其具有透光性和可视性。透光板稳定性强且美观，多用于景观空间装饰或立面装饰上。

＊ 液态金属

液态金属是一种新型的合金材料，在低温下熔炼制备，将不同的金属材料按照一定的配比，通过温度控制使其充分融合，从而形成新的金属材料。

2. 金属工艺

＊ 腐蚀工艺

蚀刻板上流动的金属花纹即为药水腐蚀的效果，且因药水拍打在平面金属板上形成不均匀的流动，板面上会留下不规则的纹理。在纹理成型后，会加上一层手工抛光使其更自然，最终呈现出若隐若现的效果。

每件成型的大板拍打腐蚀出来后还须经过进一步研磨处理，并且每两件大板要放在一起对照，若颜色一致即可开始做抗氧化涂层，若颜色不一致则要返工处理，因为这种手工艺的不确定性，每天生产的产品数量非常有限。

＊ 电镀工艺

电镀即 PVD 真空镀膜，电镀工艺颜色很多，可以根据色卡定制。由于机器限制，可做电镀工艺的不锈钢板最大尺寸是 3000 毫米 ×6000 毫米。需要强调的是，电镀的作用是可以使某些有特殊性能的微粒喷涂在性能较差的金属基材上，使其具有更优质的性能特点。

电镀的种类有真空蒸发、溅射、空心阴极离子镀、热阴极离子镀、电弧离子镀、活性反应离子镀、射频离子镀、直流放电离子镀等。

＊ 拉丝工艺

拉丝工艺也叫磨砂工艺，通常是使用机械摩擦金属表面的方法，加工处理后得到表面状态为直线、曲线的纹路，不同纹理的粗细差异取决于砂带表面颗粒的大小和压强的大小，以及砂带的新旧程度。常见的拉丝纹路有发纹、缎纹、粗缎纹、和纹、交叉纹、十字纹、叠纹等。

＊ 蚀刻工艺

时下业内的金属蚀刻主要分为化学腐蚀和电解腐蚀，由于化学腐蚀产出速度较快，在市场上比较占优势。无论化学腐蚀还是电解腐蚀，蚀刻工艺均是一个"遮盖"和"裸露"的过程，遮盖

• 拉丝板

• 和纹板

• 透光板

• 腐蚀工艺

• 拉丝工艺

• 蚀刻工艺

不需要腐蚀的地方，留下需腐蚀的地方，当要腐蚀不同的图案时，选用不同的模板，加工后即可出现所需的效果。

＊ 无指纹技术

无指纹技术即在金属表面滚涂一层透明的油漆，使其具有抗污不留印的效果。国内无指纹工艺采用的是滚涂手法，成型后大都为橘皮纹理；进口的工艺再加上无指纹涂层后则没有明显纹理，效果更好，成本也更高。采用无指纹工艺的不锈钢金属板多用于卫生间、海边及阴暗潮湿的场所，其他区域的使用多视场地情况而定，部分施工点也会以涂金属蜡来代替无指纹油漆。

3. 施工工艺

＊ 粘贴式安装

不锈钢金属板粘贴式安装即将金属板粘贴在基层板上。粘贴式安装的基层多采用木夹板，安装简单方便，适用于板材厚度在 3 毫米以下，规格在 1200 毫米左右的板材，如若板材超过此规格，则建议采用挂式安装法，避免因基层板承重力不足造成脱离。

需要注意的是，大部分厚度在 3 毫米以下的金属板平整度不高，因而在大面积使用这类金属板饰面时，需要用基层板辅助饰面的平整度。

＊ 挂式安装

挂式金属板的施工工艺：

测量、弹线→固定角钢角码→固定竖向龙骨→安装 U 形槽铝→安装金属板→清理、保护。

当不锈钢金属板采用挂式安装时，需要按自下而上的安装顺序，垂直度、平整度、接缝高低差等均要符合施工规范。在安装完毕后，金属板的阳角要用木夹板或泡沫板保护。与粘贴式安装法一样，挂式安装法的金属板也不宜太厚，厚度超过 3 毫米的板块需在其背后安装加强肋。如果安装在轻体砌块上，则不能采用角码固定法，应将角码固定在混凝土圈梁或楼板、结构梁上。

此外，在采用挂式安装法时，要考虑不锈钢板与基层之间的焊接牢度，金属板之间需要预留出 8—10 毫米的缝隙。

＊ 吊顶安装

吊顶安装法可选用铝镁合金或铝锰合金，其强度和延展性能相对较好。金属吊顶按形状可分为条、块、格栅、异型和网，目前较流行的吊顶金属当属水波纹金属板，其施工工艺为底层弹线→装置主龙骨吊顶及主龙骨→安装金属板→清洁保养。

六、应用案例——长沙 W 酒店

1. 案例档案

案例材料： 鼎钻钢业金属装饰板材—ARMT110DZG

开发商： 湖南运达实业集团有限公司

项目地址： 长沙市雨花区

占地面积： 33 000 平方米

室内设计： CCD 香港郑中设计事务所

2. 项目概况

　　长沙 W 酒店坐落于"星城长沙"运达中央广场中心地带，酒店以"星沙宇宙"之旅为灵感，透过活泼俏皮和趣味十足的空间设计诠释了城市未来主义与多元化风貌相融合的活力精神。

3. 材料运用细节

　　接待台以"星域"命名，其大角度弯折的铜质切面呈现出不规则、凹凸硬朗的质感，从微缩的视角还原月球表面层岩变幻、纹理斑驳的环形山地势群貌，流光溢彩的切割线模拟了飞行器飞梭于近月轨道的太空之旅，延展时空结构之余，让人可以感知浩瀚宇宙，沉浸于多维的时空之旅，对话天际。

　　自带镜面效果的吊顶倒映着首层到达大厅的对称空间，仿佛令人置身万花筒中。散落于地面的、由液态金属制成的泽塔星球陨石造型雕塑恰似浩瀚宇宙中的璀璨星球。到达大厅两侧的暗色系金属色调，将沉稳内敛的空间气度延伸拉长，利落的线条描绘出理性空间，演绎出神秘的力量和美感。

　　吧台上绽放的星光天花，炫目的蓝色聚光灯，给人以好莱坞大片般的视觉体验，闪耀夺目，由金属几何块面组合成的现代感线条勾勒出的艺术天花板，如群星闪耀，让人叹为观止。

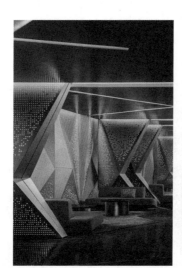

第十一节　八面莹澈，瑰丽多姿——玻璃

又脆又硬的玻璃具有一定的强度和透光性，是建材市场最受欢迎的材料之一，常用于建筑窗户、幕墙等需要采光通风之处。随着技术及需求的日新月异，玻璃的形态和功能有了跨越式的进步，其运用场景也从建筑外发展到建筑内，材料属性也经历了辅助性建材到装饰性材料，甚至结构性材料的变革。玻璃种类多样，下面介绍 U 形玻璃、夹胶玻璃和玻璃砖。

一、U 形玻璃

1. 材料规格

厚度： 单层 5—8 毫米

尺寸： 260 毫米 × 7800 毫米（可定制）

净重： 单层 12.5 千克 / 米²

2. 材料概况

U 形玻璃起源于奥地利，在德国的生产历史超过 35 年，并且作为大规模建筑项目应用的标准产品之一，在欧洲、美洲得到了广泛的应用。其在国内的应用从 20 世纪 90 年代开始，由于设计趋于国际化，目前在国内很多地方都有应用。

U 形玻璃是先压延后成型，连续生产的，因其横截面呈 U 形而得名。原有的 U 形玻璃种类为 8 种，随着生产技术的迭代更新，规格已发展

至 50 多种，使用长度也达到 7.8 米，能广泛应用于各类建筑物内外墙和屋面。

• U 形玻璃材料性能

机械强度	700—900 牛 / 毫米²
抗拉强度	30—50 牛 / 毫米²
莫氏硬度	6—7 级
弹性模量	7200 牛 / 毫米²
线性膨胀系数（温度升高 1℃）	75×10^{-7}—85×10^{-7}
透光率	普通细纹安装，单排: 91%，双层安装: 80%
传热系数	单排安装: 4.90 瓦 / 米²·开；双排安装: 2.9 瓦 / 米²·开；中间保温材料安装: 1.1 瓦 / 米²·开
隔音能力	单排安装: 27 分贝；双排安装: 38 分贝
耐火极限	普通 0.75 小时；防火 U 形玻璃 1.5 小时
遮阳系数 SC	单排: 0.94；双排: 0.82；中间加阳光板: 0.65
U 形玻璃强度设计值	17 兆帕
钢化 U 形玻璃设计值	51 兆帕
风压变形性能（千帕）	$4.0 \leqslant P_3 < 5.0$, II 级
雨水渗漏性能（帕）	$1000 \leqslant P < 1600$, III 级
保温性能度（瓦 / 米²·度）	$1.1 \leqslant q \leqslant 4.9$

3. 应用范围

　　U 形玻璃可应用于各类建筑中。如对厂房建筑来说，U 形玻璃不但可以使用在厂房的外墙上，还可以使用在工厂顶部的采光带或车间的内部隔断上。因 U 形玻璃表面压有微细花纹，透光不透视，所以具有私密性。又因其是双排安装，隔音性极好（隔声性能达 38 分贝），能够使其他地方不受车间嘈杂声音的干扰。此外，U 形玻璃一旦积灰，可以用水冲洗，也可以用雨水自然冲刷。综合来看，采用 U 形玻璃符合时代的发展。

　　U 形玻璃具有良好的隔热保温、隔音、不燃的特性，可用作幕墙、外围护及内墙隔断，且有透光不透视的独特效果。U 形玻璃不会老化，且属于不燃材料，从视觉效果和建筑质感上看，常见的阳光板多为单薄轻飘的质感，而 U 形玻璃则相对厚重，尤其是在大面积安装时，U 形玻璃更有无法比拟的视觉冲击，为建筑师及业主所青睐。

• 无锡融创·敔山桃源

• 安徽大别山文化馆

二、夹胶玻璃

1. 材料规格

厚度： 单层 5—25 毫米、双层 5+5—25+25 毫米 、多层 5+5+5—25+25+25 毫米（可定制）

尺寸： 1830 毫米 ×2440 毫米、2440 毫米 ×3660 毫米（常规尺寸）、3300 毫米 ×12000 毫米（可定制）

净重： 单层 12.5—62.5 千克 / 米 ^{2}、单层夹胶 25—125 千克 / 米 ^{2}、多层夹胶 37.5—187.5 千克 / 米 ^{2}

2. 材料概况

　　夹胶玻璃是由两片或两片以上的玻璃合片复合形成的，合片间覆盖一层或多层有机聚合物薄膜，经由特殊的高温高压加工后，与玻璃合片永久黏合形成一体化的复合玻璃产品。夹胶玻璃稳定性强、安全性高，因而又被称为安全玻璃，常被运用在高空建筑、建筑幕墙、架空棚顶、水族馆等有较高安全要求的地方。

　　常用的夹胶玻璃中间膜有 EVA 胶片、PVB 胶片和 SGP 胶片等。除常规夹层玻璃外，市面上也有一些特殊的夹层玻璃种类，如彩色中间膜夹层玻璃、SGX 类印刷中间膜夹层玻璃、XIR 类 LOW-E 中间膜夹层玻璃等。此外，还有一些具有装饰及功能性的夹层玻璃，如内嵌装饰件（金属网、金属板等）夹层玻璃、内嵌 PET 材料夹层玻璃等。

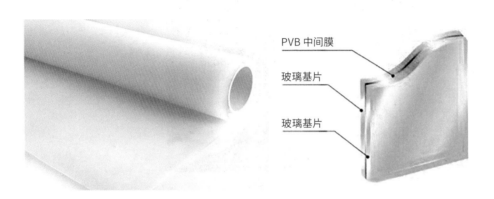

PVB 中间膜

玻璃基片

玻璃基片

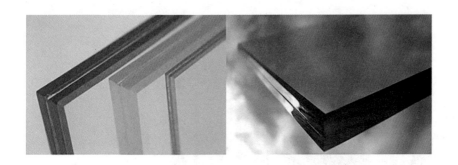

市面上的夹层玻璃中间膜多用PVB（Polyvinyl Butyral Film）胶片（化学名为聚乙烯醇缩丁醛薄膜），其本质是一种热塑性树脂膜，是由PVB树脂加增塑剂生产而成的。PVB胶片广泛应用在建筑夹层玻璃、汽车夹层玻璃等材料上，具有很好的安全性，可以防止玻璃破碎时溅起伤人。此外，以PVB胶片做中间膜的夹层玻璃具有隔音性，且可防紫外线，还可以做成彩色或高透明的形式。

PVB胶片应用于建筑幕墙玻璃已有70年历史，汽车和建筑行业的法规规定需要用PVB胶片作为安全防护。

3. PVB夹胶玻璃

PVB夹胶玻璃是在玻璃之间的无尘合片中夹上PVB胶片，经过碾压机碾压预热，再经过高压反应釜高温高压加工而成的。

PVB夹胶玻璃有以下特点。

①隔音性好，中间膜对声波有较强的阻隔作用，能有效减少噪声干扰，适用于办公室、书房等处。

②防紫外线，对紫外线的隔断率高达90%，能大大降低紫外线对室内物品的影响，提高物品使用寿命。

③安全性高，以PVB胶片和SGP胶片作为

中间膜的夹胶玻璃具有很强的韧性，能有效吸收大量的外力冲击，且玻璃被击碎后仍能完整地保持在框内，并保持一定的遮挡作用，安全性远高于其他玻璃产品。在爆炸事件中，很大程度的伤害是由玻璃飞溅造成的，使用夹层玻璃可以减少玻璃碎片受冲击后脱落的机会，从而降低对室内人员的伤害。一般而言，使用越厚的胶片或玻璃，玻璃结构的安全系数就会越高。

④阻燃性强，夹胶采用真空处理，一旦发生火灾，能够有效预防火苗蔓延，起到一定的保护作用。

⑤夹层玻璃拥有优异的防侵入能力，能够大大增加打碎玻璃而进入室内的难度，在抵抗暴力入侵方面，PVB胶片可以通过UL972防盗测试。在有异物贯穿玻璃时，因为胶片的黏结力，玻璃被破坏后产生的裂口也会较少，所以夹层玻璃特别适用于珠宝商店及其他各种商店的橱窗，即使入侵者用刀具也不能轻易破坏夹层玻璃，能够有效防止罪犯进入。故此，夹层玻璃的防盗性能远胜于一般钢化玻璃。

4. 应用范围

夹胶玻璃可用于建筑物外幕墙、建筑物内装饰、装配门窗、天棚、吊顶、商场观光电梯、阳台、

平台、走廊围栏栏杆围护、水族馆观光窗、游泳池观光围栏栏杆围护、天桥地面、玻璃栈道、汽车玻璃窗等地方。

• 杭州万象城 LV 品牌店

• 湖南润兴·铂悦

• 无锡阳光城金科·玖珑悦

三、玻璃砖

1. 材料规格

厚度： 50 毫米（可按项目要求定制）

尺寸： 100 毫米 ×200 毫米 ×50 毫米、200 毫米 ×200 毫米 ×50 毫米、100 毫米 ×100 毫米 ×50 毫米、50 毫米 ×50 毫米 ×240 毫米（可定制）

净重： 单件 2.5 千克

2. 材料概况

　　玻璃砖是用玻璃料压制成型的块状、体形较大的玻璃制品。在制作时，先将玻璃熔化，然后把滚烫的玻璃液倒进模具，待玻璃砖初步固定成形之后，再放入水中冷却，接着进行打磨，要经过多道打磨工序，最后才能变成晶莹剔透的玻璃砖。成型的玻璃砖表面光滑透亮如水晶，质地坚硬耐磨，故又称水晶砖。

3. 材料性能

　　①施工方便，可塑性强，可以任意加工并和其他室内装饰建材拼裁组合。

　　②美观安全，拥有珠贝般光般的折光性，具备流光溢彩、强烈炫目的华丽视觉效果。

　　③阻燃、防水、防滑、防污、防霉、防潮、隔音、耐老化、寿命长，且装饰效果好。

4. 应用范围

　　①家装行业，在时尚家装、别墅中可用作屏风及隔断。

　　②可用于酒店、各空间的软装等项目中，也可用于建筑外立面。

　　③可用于 KTV 装潢及其他娱乐餐饮场所的装饰。

　　④可用于各种连锁店，店内外各类应用场景均可自由发挥。

　　⑤在灯饰行业中，灯的各种造型上均可使用。

　　⑥在家具行业中，可用于新型桌椅等家具中，满足客户自己动手的需求。

• 昆明万科·京江隐翠售楼中心

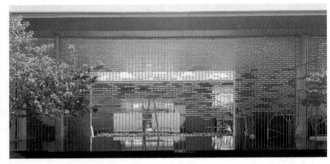

• 东莞碧桂园销售中心

CHAPTER 7

第七章

2023 年度
中国房地产企业
产品力排行榜

第一节　导读

随着房地产行业回归产品本身成为共识，加强产品力打造，优化产品迭代，加紧修炼"内功"已经是时代浪潮下的不二选择。为助力产品力打造，帮助房地产企业在市场复苏中实现突围，金盘网发布了中国房地产开发行业产品力的权威榜单，即"2023年度中国房地产企业产品力排行榜"。

排行榜的评价标准将人居维度、项目产品力维度纳入评价，符合市场回归产品的发展趋势，全面体现房地产企业产品力。本章即为"2023年度中国房地产企业产品力排行榜"以及标杆房地产企业产品力解读，试图为用户决策提供重要参考，为房地产企业选择服务商提供客观依据。

排行榜主要涵盖六大标准：楼盘产品力、专业奖项、专业人气、销售均价、市场定位、供方竞争力。以此对房地产企业产品力进行排行。

此外，金盘网还发布了"2023中国房企标杆项目产品力年度排行榜"，包括高端豪宅、奢享大宅、优享美宅、品质美宅TOP50榜单，主要考查六大维度：创新、品质、人居、价值、人气，

以及专家评价；设计供方产品力方面，发布2023中国房企标杆项目产品力·设计排行榜，评选出年度优秀的高产品力项目及其供方（榜单详细内容见附录）。

2022年以来，受市场经济持续影响，房地产企业总体格局进行了一轮洗牌，国企、央企优势凸显，这首先得益于其资金优势与产业链的完整性，但在此基础上，不断提升产品力，满足用户需求，迭代升级产品，也是国企和央企能实现逆势发展的重要原因。与此同时，今年部分出险民企也陆续出清，但不乏优质地产民企"逆行者"，或聚焦重点城市，或深耕区域优势，在蛰伏中等待再次突破。

随着房地产行业回归产品已成共识，加之融资环境逐步获得实质性的改善，2024年，房地产企业更需要脚踏实地，寻求高质量、稳健发展，重视产品力打造，在市场复苏中实现突围。

在全新的行业环境下，房地产行业迎来了全新格局，国企、央企、优质民企亟须产品力强的

排名	公司名	产品力指数
1	中海地产	91.69
2	保利发展	91.46
3	越秀地产	90.37
4	建发房产	89.11
5	龙湖集团	89.03
6	万科集团	88.96
7	绿城中国	88.14
8	融创中国	87.67
9	中交地产	87.34
10	华润置地	87.22
11	保利置业	87.19
12	中国金茂	86.36
13	金地集团	86.11
14	旭辉集团	85.41
15	招商蛇口	84.71
16	中建玖合	84.02
17	滨江集团	83.97
18	国贸地产	83.74
19	中国铁建	83.33
20	建业集团	83.20
21	众安房产	83.02
22	华宇集团	82.90
23	中建东孚	82.83
24	中梁控股	82.55
25	金科集团	81.91
26	融信集团	81.71
27	德信地产	81.43

供应商加持，以满足用户对产品不断升级的需求。今年供应商排名靠前，或排名提升迅速的供应商，在大的市场环境下做到了以下几点。

第一，在新的行业形势下，粗放的模式已不再适用，以精细化、高质量的研发设计，为房地产企业实现降本增效、优化产品的实质效果，从而提升整体产品力，是一个成熟供应商的合格表现。

第二，客户的多元化。行业经过洗牌，原有的客户基础已不能满足供应商的发展需要，供应商需要根据新的行业形势进行拓展，帮助崛起的房地产企业新星取得产品力话语权，升级产品，在激烈的竞争中脱颖而出。

第三，持续的项目创新。行业回归产品，重视交付，对产品的创新研发提出了新的要求，供应商应通过设计、施工、材料的创新，努力破除行业产品同质化，助力房地产企业研发标准化，在市场中实现发展。

2024 年，供应商仍然需要持续创新，扩充客户，进一步降本增效，保持竞争优势，实现持续稳健攀升。

排名	公司名	产品力指数
28	碧桂园集团	81.39
29	华发股份	81.34
30	金辉集团	81.34
31	美的置业	81.21
32	仁恒置地	81.21
33	阳光城集团	81.15
34	中建壹品	81.08
35	绿地控股	81.07
36	东原集团	80.90
37	金融街	80.88
38	新城控股	80.84
39	香港置地	80.61
40	中国电建地产	80.59
41	正荣集团	80.56
42	中粮大悦城	80.49
43	万达集团	80.20
44	路劲地产	80.15
45	联发集团	80.11
46	珠江投资	80.09
47	奥园集团	80.01
48	荣盛发展	80.01
49	中国绿发	79.99
50	俊发集团	79.95
51	首创城发	79.94
52	合生创展集团	79.94
53	雅居乐	79.92
54	合景泰富	79.76
55	中骏集团	79.71

排名	公司名	产品力指数
56	中冶置业	79.57
57	华侨城	79.48
58	海伦堡	79.41
59	中建八局华南投资	79.40
60	中奥地产	79.32
61	卓越集团	79.04
62	佳兆业	78.99
63	海信地产	78.99
64	武汉城建	78.98
65	力高集团	78.95
66	弘阳集团	78.92
67	中南置地	78.81
68	新希望地产	78.76
69	远洋集团	78.71
70	禹洲集团	78.61
71	大华集团	78.38
72	大唐地产	78.38
73	世茂集团	78.35
74	时代中国	78.26
75	星河湾	78.26
76	正商集团	78.23
77	伟星房产	78.22
78	祥生集团	78.08
79	花样年集团	78.01
80	朗诗绿色地产	77.87
81	中建信和	77.82
82	三盛集团	77.70
83	大家房产	77.67

排名	公司名	产品力指数
84	绿都地产	77.64
85	葛洲坝	77.44
86	中建集团	77.41
87	万景集团	77.37
88	富力地产	77.33
89	首钢地产	77.29
90	星河控股集团	76.80
91	中天控股集团	76.72
92	泽信控股	76.68
93	广西兴进实业集团	76.65
94	深业集团	76.57
95	港龙中国	76.52
96	济南高新控股集团	76.42
97	景业名邦集团控股	76.40
98	金隅集团	76.24
99	京投发展	75.90
100	龙光集团	75.68

第二节 产品力榜单解读——中海地产

中海地产秉承"精品、生活、创造"的品牌定位，以预见性地满足客户的现实与潜在需求的设计理念，研发五代住宅精品，坚守"过程精品、楼楼精品"的精益开发理念，为客户提供精品物业。中海地产在战略布局上始终保持行业领先，通过长期深耕，在一、二线重点城市形成了稳健且强大的住宅基本盘，同时大力发展商业板块，形成"住宅＋商业"双驱动模式，以此获得更加稳健的盈利能力，在2023年度中国房地产企业产品力排行榜中位列第一。

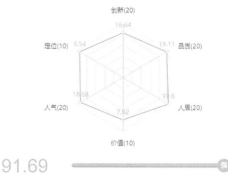

91.69

● 中海地产产品力六维指数图

● 产品力六大维度具体数值

楼盘产品力量	76.36
专业奖项（个）	10
专业人气（点浏览量）	190164
销售均价（元/m²）	23197
市场定位	9.54（10）
供方竞争力	16.36（20）

● 竞争实力（数值为金盘平台项目数量，单位：个）

重点城市分布	一线城市	43
	新一线城市	92
	二线城市	89
	三线城市及以下	40
擅长项目类型	住宅	218
	综合楼盘	28
擅长风格	现代风格	203
	中式风格	33
示范区项目数量		112
大区项目数量		100

一、产品力分析

　　中海地产凭借高品质稳健发展的优势、健全的发展模式和日益完善产品体系，实现了产品力的稳步攀升，稳居中国房地产企业产品力排行榜前三甲。在产品研发方面，为适应新时代客群的新需求，中海以绿色健康、智能化、工业化作为产品品质升级的三大方向，研发五代精品住宅体系，联合华为等科技企业专注智慧小区、智慧家居的研发与应用，为美好人居赋能。产品体系包括天钻系（高端）、里系（高端）、寰宇系（改善）、公馆系（改善）、熙岸系（改善）、国际社区系（刚需）。

● 中海地产近三年产品力数值及排名

年份	产品力指数	行业排名
2021	98.03	3
2022	95.66	1
2023	91.69	1

二、典型案例：太原中海·天钻

　　太原中海·天钻项目以人为原点，探索更深、更广的品牌价值，利用美学生活馆打造健身房、棋牌室、私宴厅等活动中心，为每个用户的生活提供更舒心的居住体验。

第三节　产品力榜单解读——保利发展

保利发展控股集团股份有限公司作为头部标杆房地产企业，以扎实的不动产投资、开发、运营、资本运作能力为基础，致力于打造"不动产生态发展平台"，提供基于行业生态系统的综合服务，在"2023年度中国房地产企业产品力排行榜"中位列第二。

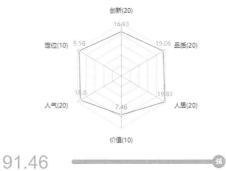

91.46

● 保利发展产品力六维指数图

● 产品力六大维度具体数值

楼盘产品力量	75.76
专业奖项（个）	12
专业人气（点浏览量）	192203
销售均价（元/m²）	17696
市场定位	9.58（10）
供方竞争力	16.82（20）

● 竞争实力（数值为金盘平台项目数量，单位：个）

重点城市分布	一线城市	57
	新一线城市	92
	二线城市	58
	三线城市及以下	44
擅长项目类型	住宅	163
	综合楼盘	50
擅长风格	现代风格	203
	中式风格	22
示范区项目数量		150
大区项目数量		59

一、产品力分析

作为老牌央企，保利发展对市场变化一直保持着良好的敏感度，投资策略精准。在布局上，保利发展一贯坚持全国化战略布局，以一、二线城市为核心，向城市群、城市带纵深发展，占据资源优势。在过去几十年的几次地产洗牌中，保利始终稳居央企地产之王的地位。近两年来，保利始终在创新与品质的维度不断深耕，以其产品优势居于房地产企业产品力榜单前三甲。

基于对美好人居模式的探索，保利不断升级产品理念，以产品创新为基准，以体系化为落地指导，从"全生命周期居住系统"到"全生命周期居住系统2.0——Well集和社区"，再到以"乐、颜、精、智、康"为核心价值的五维美学价值新产品——和美精装、和趣景观两大体系，以健康为锚点，以品质为抓手，实现产品竞争力、交付力的提升。在产品体系方面，保利对"天字系"品牌进行了全面升级，包括天悦系（高端）、天汇系（改善）、天珺系（改善）、和光系（改善）、天际系（刚改）。

二、典型案例：石家庄保利天汇

石家庄保利天汇秉承保利"天字系"的基因，落地全新健康人居理念，升级打造智慧通行、洁净公区及户内舒适空气环境、智能无感垃圾投递三大核心健康板块，刷新社区健康理念，打造社区高端健康生活体验。

- 保利发展近三年产品力数值及排名

年份	产品力指数	行业排名
2021	98.07	2
2022	94.44	3
2023	91.46	2

第四节 产品力榜单解读——越秀地产

越秀地产作为全国第一批成立的综合性房地产开发企业之一，是中国第一代商品房的缔造者，一直以来坚持以客户需求为导向，秉承高品质、有温度、共成长理念，打造越秀健康人居产品。

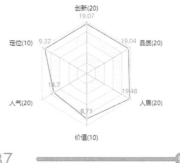

90.37

• 旭辉集团产品力六维指数图

• 产品力六大维度具体数值

楼盘产品力量	75.13
专业奖项（个）	18
专业人气（点浏览量）	43973
销售均价（元/m²）	32789
市场定位	9.37（10）
供方竞争力	16.15（20）

• 竞争实力（数值为金盘平台项目数量，单位：个）

重点城市分布	一线城市	27
	新一线城市	27
	二线城市	8
	三线城市及以下	2
擅长项目类型	住宅	44
	综合楼盘	12
擅长风格	现代风格	60
	中式风格	2
示范区项目数量		43
大区项目数量		16

一、产品力分析

越秀地产形成了"和樾府"系、"TOD 星系"、"天字系"、"星汇系"、"悦字系"、"逸字系"等六大产品系为代表的高端人居产品体系。在行业高质量发展要求下，地产国央企为了能满足市场用户对产品更高的要求，在产品力上做了大量功课，快速赶超。越秀地产就是近年产品力提升的典型代表。在 2022 年行业低迷时期，坚持升级产品，发布了"越秀美好家"YES 健康人居体系，甚至逆势增长，操盘金额同比增长 8.7%，达到 1246.9 亿元。近三年产品力更是从第 47 名跃升到第 11 名、第 3 名。

- 旭辉集团近三年产品力数值及排名

年份	产品力指数	行业排名
2021	76.35	47
2022	89.60	11
2023	90.37	3

二、典型案例：佛山越秀·阅湖台

佛山越秀.阅湖台落位于素有城央"绿肺"之称的佛山孝德湖公园东侧，项目于得天独厚的生态景观内。户型设计采用岭南民居经典形制和空间利用最大化的四叶草格局，以全新的 LDKG 一体化理念彰显品质。

第五节 产品力榜单解读——建发房产

作为国资企业，建发房产经过四十多年的深耕，已经积累下丰富的产品研发经验和优渥的经济基础。2022 年底，建发房产推出全新品牌理念——"专业、共进、生生不息"，以专业为基，以共进为路，将企业及社会的永续发展作为长期命题，不断夯实自身核心竞争力，通过专业化经营和过硬的产品品质，构建长效发展的竞争壁垒。

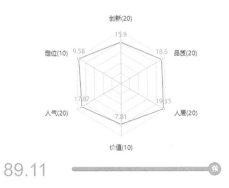

89.11

• 建发房产产品力六维指数图

• 产品力六大维度具体数值

楼盘产品力量	74.63
专业奖项（个）	10
专业人气（点浏览量）	139623
销售均价（元 /m²）	21870
市场定位	9.58 (10)
供方竞争力	15.78 (20)

• 竞争实力（数值为金盘平台项目数量，单位：个）

重点城市分布	一线城市	10
	新一线城市	40
	二线城市	57
	三线城市及以下	39
擅长项目类型	住宅	122
	综合楼盘	20
擅长风格	现代风格	19
	中式风格	131
示范区项目数量		101
大区项目数量		23

一、产品力分析

在产品研发上，建发在"新中式"产品的道路上不断探索精进，凝练出"儒门、道园、唐风、华纹"的新中式产品理念，通过创新的设计和严苛的品控，形成个性明显、风格独特的产品韵味，从而练就独具一格的竞争优势和品牌影响力。在下沉的市场环境中，建发力压一众企业，挺进产品力年度榜单前十位。

● 建发房产近三年产品力数值及排名

年份	产品力指数	行业排名
2020	89.38	15
2021	90.75	17
2022	92.76	6

二、典型案例：佛山建发·和鸣叠墅

佛山建发·和鸣叠墅的设计从山水画作里凝练意境，从书法作品中把握留白，让古朴诗意与现代风格结合，让艺术传承与科技发展对话。

第六节 产品力榜单解读——龙湖集团

龙湖集团 1993 年创建于重庆，发展于全国，涵盖地产开发、商业运营、租赁住房、智慧服务、房屋租售、房屋装修六大业务，并积极试水养老、产城等创新领域，根据不同的市场定位和建筑形态，打造了完整的产品体系。在"2023 年度中国房地产企业产品力排行榜"中，龙湖集团位列第五名。

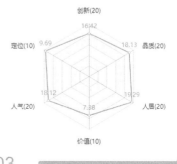

89.03

• 龙湖集团产品力六维指数图

• 产品力六大维度具体数值

楼盘产品力量	74.38
专业奖项（个）	9
专业人气（点浏览量）	170592
销售均价（元 /m²）	16752
市场定位	9.69 (10)
供方竞争力	15.38 (20)

• 竞争实力（数值为金盘平台项目数量，单位：个）

重点城市分布	一线城市	22
	新一线城市	99
	二线城市	50
	三线城市及以下	9
擅长项目类型	住宅	125
	综合楼盘	23
擅长风格	现代风格	134
	中式风格	25
示范区项目数量		63
大区项目数量		44

一、产品力分析

　　龙湖集团一直以稳健的步伐发展，作为高端项目领跑者，通过近三十年的深耕，龙湖集团丰富了住宅产品版图，架构起了错综复杂的产品系，以"善待你一生"为企业理念，"致力于为每一位业主打造美好生活"。2022年，龙湖集团推出了"以新交心"为主题的"智善"交付体系，对于传统房产交付理念和实践进行了全面的升级。

　　2023年，龙湖持续坚持产品迭代升级，以人为本，从高端人居生活出发，推出三大全新高端产品系：御湖境、云河颂、青云阙。御湖境产品系升级了景观高级审美，重点表达五重叠境；云河颂产品系则强调艺术审美，以精准命中高端豪宅用户的喜好，把投入用在价值点上，实现产品溢价，锻造出引领时代的新产品。

二、典型案例：福州龙湖·观宸

　　福州龙湖·观宸将山与林融入设计中，大面积的大理石肌理，配以柔软、高贵的艺术织物，加上天然木料的加入，使空间有了温度。

- 龙湖集团近三年产品力数值及排名

年份	产品力指数	行业排名
2021	94.66	8
2022	89.74	10
2023	89.03	5

第七节 产品力榜单解读——万科集团

万科企业股份有限公司成立于1984年，始终坚持为普通人提供好产品、好服务，通过自身努力，为满足人民对美好生活的各方面需求，做出力所能及的贡献。2014年，万科集团将公司的"三好住宅供应商"的定位延展为"城市配套服务商"，并在2018年将这一定位进一步迭代升级为"城乡建设与生活服务商"。

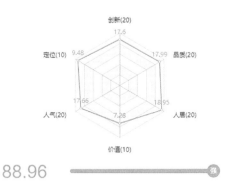

88.96

• 万科集团产品力六维指数图

• 产品力六大维度具体数值

楼盘产品力量	73.09
专业奖项（个）	13
专业人气（点浏览量）	200266
销售均价（元/m²）	15532
市场定位	9.48 (10)
供方竞争力	15.26(20)

• 竞争实力（数值为金盘平台项目数量，单位：个）

重点城市分布	一线城市	25
	新一线城市	173
	二线城市	118
	三线城市及以下	37
擅长项目类型	住宅	273
	综合楼盘	42
擅长风格	现代风格	295
	中式风格	29
示范区项目数量		146
大区项目数量		80

一、产品力分析

万科集团作为头部房地产企业，具有规模和品牌双重优势，同时经历多年深耕，拥有相对成熟的产品线和产品理念，主要产品体系有翡翠系、臻系、都会系、未来系、城系等，其产品主要集中于一、二线城市，穿越周期能力强。

- 万科集团近三年产品力数值及排名

年份	产品力指数	行业排名
2021	98.17	1
2022	95.56	2
2023	88.96	6

二、典型案例：无锡万科·靖樾东方别墅

无锡万科·靖樾东方别墅对标城市高阶置业圈层，以开放姿态拥抱前所未有的生活方式，以现代生活的基调和温暖、精致为审美追求，为居者构建心灵居所。

第八节 产品力榜单解读——绿城中国

绿城中国是国内领先的优质房地产开发及生活综合服务供应商，致力于以优质的产品品质和服务品质引领行业。在5G"心"服务基本架构下，绿城中国未来的生活服务将实现精准化、属地化、科技化三大升级。

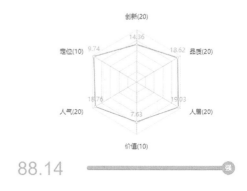

88.14

• 绿城中国产品力六维指数图

• 产品力六大维度具体数值

楼盘产品力量	73.36
专业奖项（个）	6
专业人气（点浏览量）	49196
销售均价（元/m²）	19662
市场定位	9.74（10）
供方竞争力	15.79（20）

• 竞争实力（数值为金盘平台项目数量，单位：个）

重点城市分布	一线城市	3
	新一线城市	11
	二线城市	5
	三线城市及以下	4
擅长项目类型	住宅	9
	综合楼盘	4
擅长风格	现代风格	12
	中式风格	6
示范区项目数量		13
大区项目数量		8

一、产品力分析

产品是绿城一以贯之的核心竞争力，这一优势在房地产行业新的竞争形势下尤为明显。绿城坚持产品研发与创新，通过不断完善产品规划体系、营造品控体系、客户研究服务体系，以更高效、更集约的现代化手段优化产品开发模式。2022 年的产品侧重归家动线、餐厨优化、园区景观、全屋收纳、新青年画像等专项研发，落地"春知学堂""如意盒子""生活街角"等创新成果，助力产品力升级，优化人居体验。凭借出众的产品研发能力，绿城中国的产品力大踏步赶超同行。

- 绿城中国近三年产品力数值及排名

年份	产品力指数	行业排名
2021	91.01	15
2022	93.75	4
2022	88.14	7

二、典型案例：烟台绿城·春熙海棠

烟台绿城·春熙海棠采用新中式建筑风格，以明亮的玻璃幕墙为立面主元素，勾勒极富序列感的横向线条，表达建筑的仪式感、秩序感，让设计的艺术真正融入生活。在设计上打破扁平化的空间规划，让建筑空间更加立体化，一层一世界。

第九节　产品力榜单解读——中国金茂

中国金茂始终坚持"释放城市未来生命力"的品牌口号，加快推进服务与金融创新，从产品出发，构建智慧物联系统平台，以技术服务做支撑，发挥自身优势，致力于成为中国领先的城市综合开发商与运营商品牌。在"2023 年度中国房地产企业产品力排行榜"中，金茂以品质优势位列第十二名。

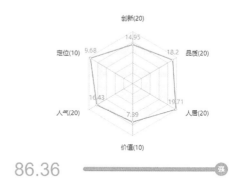

86.36

● 中国金茂产品力六维指数图

● 产品力六大维度具体数值

楼盘产品力量	75.99
专业奖项（个）	7
专业人气（点浏览量）	80820
销售均价（元 /m²）	16871
市场定位	9.68（10）
供方竞争力	15.44（20）

● 竞争实力（数值为金盘平台项目数量，单位：个）

重点城市分布	一线城市	6
	新一线城市	26
	二线城市	13
	三线城市及以下	9
擅长项目类型	住宅	45
	综合楼盘	9
擅长风格	现代风格	44
	中式风格	14
示范区项目数量		27
大区项目数量		15

一、产品力分析

中国金茂以高端产品打造为目标，以科技和品质为核心，坚持技术创新、产品创新，致力于探索理想人居的无限可能，以创新力和服务力赋能城市未来生命力。在产品研发方面，中国金茂成功地在行业内打造了"金茂府"这一高端科技住宅品牌，形成了独特的"金茂现象"，凭借过硬的产品品质和持续稳健的经营态势，取得了良好的市场表现，以"产品＋服务"的理念优势在一众同行中脱颖而出，收获了良好的口碑。

- 中国金茂近三年产品力数值及排名

年份	产品力指数	行业排名
2021	89.63	23
2022	89.47	12
2023	86.36	12

二、典型案例：济南金茂府

济南金茂府围绕绿色健康及智慧科技两个主题，通过智能控制感知室内外空气环境，并结合用户需求，为居住者提供更加具有健康生态、更智能绿色的居住环境。

APPENDIX

附　录

2023 中国房企标杆项目产品力 高端豪宅 TOP50			
排名	项目名	户型面积	楼盘产品力
1	广州·越秀·琶洲南 TOD	265—325 平方米	88.21
2	佛山·保利·天悦	180—230 平方米	87.72
3	金华·中海·九樾府	145—224 平方米	86.74
4	成都·万华·麓湖生态城	216—284 平方米	86.55
5	成都·中国铁建·西派玺樾	144—230 平方米	85.47
6	北京·国安府	150—240 平方米	84.94
7	广州·华润·白鹅潭悦府	135—243 平方米	84.73
8	北京·中海·京叁号院	168—240 平方米	84.65
9	重庆·中交·翠澜峯境	180—210 平方米	84.56
10	广州·中海·观澜府	145—194 平方米	84.53
11	北京·颐和金茂府	180—240 平方米	84.14
12	上海·融创·桃花源	180—210 平方米	84.08
13	长沙·建发·养云	220—300 平方米	84.05
14	西安·招商·西安序	301—370 平方米	83.99
15	广州·合生·缦云	145—264 平方米	83.97
16	绍兴·众安·古越珺府	216—328 平方米	83.95
17	福州·保利·天珺	180—210 平方米	83.94
18	重庆·龙湖金茂·北岛	173—196 平方米	83.90
19	成都·龙湖·御湖境	175—196 平方米	83.88
20	广州·中海·荔府	160—200 平方米	83.80
21	上海·世纪前滩天御	165—355 平方米	83.65
22	西安·龙湖·青云阙	180—210 平方米	83.52
23	南宁·保利·冠江墅	170—216 平方米	83.45
24	缦云上海	153—247 平方米	83.45
25	成都·中交统建·锦江九章	187—279 平方米	83.42

排名	项目名	户型面积	楼盘产品力
26	广州·御溪臻山墅	175—265 平方米	83.18
27	上海·中建·御华园	230—320 平方米	83.08
28	西安·龙湖·高新云河颂	180—234 平方米	82.95
29	台州·山海映和	189—365 平方米	82.88
30	西安·龙湖·航天云河颂	171—312 平方米	82.78
31	泉州·龙湖·御湖境	143—258 平方米	82.72
32	杭州·西投众安·紫金兰轩	315 平方米	82.39
33	石家庄·龙湖·天奕	145—223 平方米	82.37
34	广州·中冶·逸璟公馆	141—213 平方米	81.95
35	太原·保利·天悦	168—288 平方米	81.59
36	南京·招商局中心·臻境	180—210 平方米	81.58
37	济南·济高·云栖府	189—226 平方米	81.39
38	北京·融创·壹号院	215—291 平方米	81.06
39	杭州·绿城·富春玫瑰园	224—280 平方米	81.01
40	郑州·中海·云著湖居	149—220 平方米	80.95
41	常州·华盛·珑御中棠	143—253 平方米	80.81
42	济南·保利·天禧	130—200 平方米	80.53
43	厦门·中骏·天盈	180—260 平方米	80.40
44	东莞·万科·臻湾汇	143—300 平方米	80.32
45	昆明·中铁建·西派国樾	217—365 平方米	80.05
46	南京·秦淮金茂府	143—240 平方米	79.76
47	成都·中海·浣云居	168—366 平方米	79.72
48	成都·华润·锦江上院	180—210 平方米	79.34
49	厦门·中骏·天宸	150—220 平方米	79.28
50	北京·中海首开·湖光玖里	155—370 平方米	78.22

2023 中国房企标杆项目产品力 奢享大宅 TOP50			
排名	项目名	户型面积	楼盘产品力
1	重庆·华润·润府	120—144 平方米	89.98
2	广州·越秀·万博和樾府	120—144 平方米	89.96
3	武汉·中交·澄园	120—144 平方米	89.91
4	成都·中铁建·西派金沙府	123—177 平方米	89.49
5	广州·越秀·天悦金沙	120—144 平方米	89.39
6	广州·龙湖·御湖境	115—190 平方米	89.36
7	长沙·中交·凤鸣九章	148—160 平方米	88.99
8	杭州·保利·潮起云上府	120—144 平方米	88.74
9	长沙·建发电建·江山悦	108—260 平方米	88.71
10	广州·越秀·天悦江湾	120—144 平方米	88.69
11	成都·中交统建·锦江九悦	120—144 平方米	88.59
12	广州·越秀·天河和樾府	120—180 平方米	88.52
13	北京·保利·和光煦境	120—170 平方米	86.72
14	广州·越秀珠实城发·江湾和樾	107—188 平方米	85.88
15	北京·永定金茂府	130—175 平方米	85.60
16	合肥·中交保利越秀·天珺	144—180 平方米	85.49
17	深圳·万科·前海瑧湾悦	115—170 平方米	85.23
18	深圳·超核中心·润府	100—144 平方米	84.68
19	厦门·中交建发·五缘海悦	119—199 平方米	84.66
20	广州·越秀·大学城和樾府	110—142 平方米	84.59
21	广州·越秀·万博瑞麓府	140—171 平方米	84.27
22	苏州·保利·天珺	144—180 平方米	84.17
23	金华·中交碧桂园·澄庐	120—210 平方米	83.83
24	成都·龙湖·天府云河颂	120—144 平方米	83.67
25	西安·龙湖·青云阙	138—220 平方米	83.39

排名	项目名	户型面积	楼盘产品力
26	昆山·万科·江上雅苑	148—170 平方米	83.36
27	济南·济高·珑悦府	130—190 平方米	83.23
28	北京·悦府	139—196 平方米	82.75
29	杭州·时代滨江·丹枫四季	142—187 平方米	82.70
30	广州·越秀·大学星汇城	120—144 平方米	82.69
31	天津·中海·云麓公馆	144—180 平方米	82.61
32	成都·中交·鹭鸣九章	140—210 平方米	82.60
33	广州·越秀联投·知识城居山涧	140—190 平方米	82.08
34	杭州·德信大家·运河云庄	100—190 平方米	81.97
35	广州·越秀·星耀 TOD	120—144 平方米	81.96
36	宁波·雅戈尔·万科嵩江府	100—146 平方米	81.85
37	成都·中铁建·西派国樾	144—180 平方米	81.73
38	苏州·中交·七溪庭	120—144 平方米	81.63
39	西安·天地源龙湖·春江天境	143—195 平方米	81.62
40	中山·招商·马鞍岛臻湾府	100—145 平方米	81.42
41	厦门·建发·文澜和著	100—120 平方米	81.26
42	广州·华润·金沙瑞府	100—143 平方米	81.23
43	玉林·中交雅郡	100—190 平方米	80.40
44	中山·越秀龙湖·天樾嘉园	113—135 平方米	80.40
45	舟山·中交·成均云庐	120—144 平方米	79.83
46	杭州·万科·未来天空之城	144—180 平方米	79.42
47	西安·金泰·唐 618	160—210 平方米	79.25
48	成都·龙湖·三千云锦	115—190 平方米	79.06
49	深圳·万科·大都会家园	120—144 平方米	78.96
50	武汉·香港置地·元庐	115—188 平方米	78.72

2023 中国房企标杆项目产品力 优享美宅 TOP50			
排名	项目名	户型面积	楼盘产品力
1	武汉·中交越秀·知园	90—144 平方米	86.94
2	厦门·保利中交·云上	90—144 平方米	84.40
4	广州·万科·城市之光	90—144 平方米	83.95
3	苏州·中交·春映东吴	120—144 平方米	83.83
5	佛山·保利·映月湖天珺	90—144 平方米	82.80
6	上海·中建·熙江岳	90—144 平方米	82.72
7	广州·越秀·天悦云湖	87—128 平方米	82.24
8	广州·珠实·珠江花城	88—140 平方米	82.10
9	东莞·金众·柏悦公馆	90—144 平方米	81.98
10	天津·中海·左岸澜庭	82—120 平方米	81.92
11	武汉·中交·泓园	90—120 平方米	81.89
12	南昌·融创·玖玺台	145—169 平方米	81.83
13	深圳·电建·洺悦府	90—120 平方米	81.74
14	太原·中海·国际社区	120—144 平方米	81.59
15	广州·越秀滨江·星航 TOD	90—144 平方米	81.56
16	长沙·中交·凤鸣东方	90—144 平方米	81.44
17	西安·中建·轨交山海境	110—133 平方米	81.32
18	成都·首钢·璟悦里	120—144 平方米	81.22
19	广州·越秀公交·天悦云山府	90—160 平方米	81.20
20	北京·华润·橡树湾文园	95—128 平方米	81.16
21	上海·越秀保利·嘉悦云上	90—140 平方米	80.97
22	杭州·中建·潮阅尚境府	90—144 平方米	80.89
23	重庆·金地·自在城领峯	120—144 平方米	80.58
24	广州·南沙·保利天汇	90—120 平方米	80.40
25	重庆·中交·西园雅集二期	90—120 平方米	80.17

排名	项目名	户型面积	楼盘产品力
26	青岛·中欧国际城金茂悦·西七区	90—120 平方米	79.64
27	重庆·万科·璞园二期	120—144 平方米	79.62
28	宁海·保利·明玥辰章	93—121 平方米	79.62
29	青岛·中绿·蔚蓝湾	90—120 平方米	79.57
30	广州·中建·精诚壹号	120—144 平方米	79.32
31	重庆·中交·漫山一览境	120—144 平方米	79.19
32	重庆·建发·书香府	90—100 平方米	79.05
33	东莞·中海·松湖云锦	120—144 平方米	78.83
34	汉中·陕建·汉悦府	120—144 平方米	78.73
35	上海·保利·光合上城	120—144 平方米	78.41
36	昆明·中国铁建·山语桃源	90—144 平方米	78.36
37	上海·浦发·东望	120—144 平方米	78.29
38	杭州·众安·潋玥府	90—144 平方米	77.94
39	深圳·中海·珑悦理	90—144 平方米	77.86
40	广州·中鼎·珺合府	90—144 平方米	77.85
41	深圳·中海·学仕里	90—120 平方米	77.75
42	广州·富力南驰·富颐华庭	120—144 平方米	77.06
43	眉山·武阳·倾城	90—144 平方米	76.91
44	莆田·保利建发·棠颂和府	90—144 平方米	76.86
45	福州·金地·自在城	70—90 平方米	76.70
46	宁波·龙湖坤和·天麓府	90—160 平方米	76.69
47	武汉·龙湖·揽境	120—144 平方米	76.58
48	天津·远洋·潮起东方	120—144 平方米	76.13
49	广州·路劲·星棠	90—120 平方米	76.00
50	武汉·龙湖·春江彼岸	120—144 平方米	75.89

2023 中国房企标杆项目产品力品质美宅 TOP50			
排名	项目名	户型面积	楼盘产品力
1	郑州·金地·西湖春晓	90—122 平方米	84.18
2	广州·中建·御溪世家	60—110 平方米	83.39
3	郑州·金地·正华漾时代	95—115 平方米	83.37
4	福州·中交中梁·星海天宸	77—111 平方米	82.74
5	成都·中绿·康桥	104—142 平方米	82.51
6	济南·鲁能·领秀城花山峪云麓	90—120 平方米	82.32
7	太原·金地·都会名悦	80—134 平方米	81.51
8	深圳·中海·闻华里	90—120 平方米	80.98
9	杭州·越秀·归悦里	70—90 平方米	80.90
10	成都·万科·公园传奇	90—120 平方米	80.89
11	南京·中交路劲·山语春风	79—129 平方米	80.72
12	杭州·越秀·云麓悦映邸	89 平方米	80.12
13	杭州·杭铁越秀·星缦和润	90—120 平方米	80.04
14	上海·保利·明玥潮升	83 平方米	79.84
15	杭州·杭铁越秀·星缦云渚	90—120 平方米	79.82
16	苏州·旭辉·和岸花园	90—120 平方米	79.82
17	佛山·越秀·星汇文瀚	70—90 平方米	79.72
18	宁波·保利·和颂文华	90—120 平方米	79.71
19	重庆·万科·清水甲第	85—121 平方米	79.65
20	宁波·越秀·悦见云庭	90—120 平方米	79.44
21	杭州·越秀·星悦城	95—125 平方米	79.42
22	苏州·融创·湾藏璟庭	90—120 平方米	79.20
23	深圳·中海万锦·熙岸华庭	70—90 平方米	78.99
24	重庆·中交·中央公园美璟与懿颂	63—110 平方米	78.75
25	重庆·越秀·悦映湖山	87—99 平方米	78.68

排名	项目名	户型面积	楼盘产品力
26	重庆·万科·星光天空之城	82—100 平方米	78.62
27	重庆·越秀·渝悦江宸	90—120 平方米	78.44
28	广州·越秀·星汇城—星博花园一期	78—116 平方米	78.29
29	重庆·金融街·九龙金悦府	90—120 平方米	78.09
30	惠州·华润·润溪花园	90—120 平方米	78.07
31	苏州·美的·上城时光	90—120 平方米	77.75
32	广州·保利·和悦滨江	90—120 平方米	77.71
33	天津·新城·云樾—玖璋	70—120 平方米	77.56
34	深圳·招商·玺悦台	90—120 平方米	77.51
35	重庆·金茂·学樘金茂悦	78—99 平方米	77.12
36	苏州·新城·湖畔春晓	90—120 平方米	77.09
37	南京·中交保利·翠语江岚	70—120 平方米	77.03
38	重庆·万科·星光都会	95—119 平方米	77.02
39	东莞·中海·十里溪境	88—113 平方米	76.93
40	杭州·联发华发·悦望荟	103—139 平方米	76.73
41	重庆·万科招商·理想城	81—129 平方米	76.57
42	舟山·中交·成均雅院	78—128 平方米	76.53
43	南宁·华润·江南中心润绣园	75—137 平方米	76.23
44	宁乡·碧桂园·时代城	110—137 平方米	75.79
45	广州·中奥·明日公元	90—120 平方米	75.18
46	成都·东原·江山印月	87—105 平方米	75.10
47	重庆·金地·格林春岸	90—120 平方米	74.49
48	重庆·中海·春华尚城	71—117 平方米	74.29
49	苏州·碧桂园·河湾星筑	95—120 平方米	74.13
50	天津·上海建工·海玥名邸	70—120 平方米	73.99

2023 中国房企标杆项目产品力 建筑设计 TOP50			
排名	项目名	建筑设计公司	楼盘产品力
1	郑州·保利·璞悦	霍普股份	89.91
2	重庆·龙湖金茂·北岛	HZS 汇张思	89.49
3	宿迁·绿城·湖滨四季	LEAP 绿城利普	89.36
4	广州·越秀珠实城发·江湾和樾	HZS 汇张思	89.20
5	杭州·滨江·君品名邸	SEA 东南设计	88.99
6	广州·越秀·万博和樾府	上海柏涛	88.77
7	武汉·中交越秀·知园	LEAP 绿城利普	88.74
8	武汉·中交·澄园	上海联创设计集团均匀设计	88.65
9	广州·越秀·天悦金沙	宝贤华瀚	88.52
10	珠海·正方·南湾首府	上海众鑫建筑设计研究院	88.38
11	北京·颐和金茂府	HZS 汇张思	88.12
12	成都·中铁建·西派金沙府	基准方中	87.72
13	广州·合生·缦云	HZS 汇张思	86.87
14	长沙·中交·凤鸣九章	LEAP 绿城利普	86.74
15	杭州·保利·潮起云上府	上海联创设计集团	86.55
16	长沙·建发电建·江山悦	拓观设计	86.08
17	广州·越秀·天河和樾府	上海柏涛	85.86
18	重庆·华润·润府	北京柏涛	85.85
19	广州·越秀·琶洲南 TOD	XAA 冼剑雄联合建筑设计 LWK+PARTNERS	85.47
20	杭州·时代滨江·丹枫四季	泛城设计	84.94
21	成都·龙湖·御湖境	HZS 汇张思	84.73
22	广州·越秀·大学城和樾府	浙江绿城建筑设计	84.65
23	广州·龙湖·御湖境	HZS 汇张思	84.56
24	杭州·华润·臻城幸福里	SEA 东南设计	84.53

排名	项目名	建筑设计公司	楼盘产品力
25	佛山·保利·天悦	筑博设计	84.29
26	泉州·龙湖华越盛天·御湖境	厦门上城建筑设计	84.14
27	厦门·建发·五缘灏月	厦门佰地建筑设计	83.99
28	北京·保利金茂首开·熙悦天寰	HZS 汇张思	83.94
29	广州·越秀·万博瑞麓府	上海天华建筑设计	83.88
30	金华·中海·九樾府	LEAP 绿城利普	83.80
31	成都·麓湖生态城	5+design	83.52
32	广州·越秀联投·知识城居山涧	上海柏涛	83.45
33	广州·保利·黄埔锦上	HZS 汇张思	83.45
34	广州·华润·白鹅潭悦府	GOA 大象设计	83.42
35	南宁·旭辉·旭辉里	HZS 汇张思	83.08
36	重庆·万科·璞园二期	JOMAI 侨迈设计	82.59
37	泉州·保利·海丝 自在海	厦门上城建筑设计	82.56
38	成都·中交统建·锦江九悦	基准方中	82.13
39	北京·保利广场	Kokaistudios 柯凯建筑设计	81.58
40	广州·越秀·星耀 TOD	LWK + PARTNERS 华阳国际	81.56
41	重庆·招商·渝天府棠镜	HZS 汇张思	81.51
42	厦门·中骏·天盈	厦门上城建筑设计	81.25
43	北京·龙湖建工·九里熙宸	HZS 汇张思	81.24
44	青岛·华润·崂山悦府	HZS 汇张思	81.04
45	西安·龙湖·青云阙	HZS 汇张思	80.49
46	成都·中国铁建·西派玺樾	四川国恒建筑设计	80.14
47	重庆·建发·书香府	上海联创设计集团	79.86
48	东莞·金地·名著花园	HZS 汇张思	79.07
49	厦门·建发·文澜和著	厦门上城建筑设计	78.92
50	湖州·德清天安云谷	汉嘉设计集团	78.80

2023 中国房企标杆项目产品力 景观设计 TOP50			
排名	项目名	景观设计公司	楼盘产品力
1	武汉·中交·澄园	山水比德	87.52
2	成都·中铁建·西派金沙府	四川景度环境设计	87.34
3	广州·龙湖·御湖境	顺景设计	86.97
4	重庆·华润·润府	JTL 加特林	86.46
5	长沙·中交·凤鸣九章	山水比德	85.73
6	苏州·建发·缦云	metrostudio 迈丘设计	85.46
7	杭州·保利·潮起云上府	魏玛设计	85.42
8	长沙·建发电建·江山悦	深圳柏影景观设计	85.41
9	广州·越秀·天河和樾府	广州域道园林景观设计	85.33
10	广州·越秀·珠实城发·江湾和樾	广州域道园林景观设计	85.28
11	广州·越秀·大学城和樾府	美国 SWA 景观设计 A&N 尚源景观	85.18
12	佛山·保利·天悦	深圳奥雅设计股份	85.16
13	广州·越秀·万博瑞麓府	山水比德	84.80
14	金华·中海·九樾府	上海广亩景观设计	84.54
15	成都·万华·麓湖生态城	重庆纬图景观设计	84.30
16	广州·越秀联投·知识城居山涧	GVL 怡境国际设计集团	84.22
17	广州·越秀·星耀 TOD	GVL 怡境国际设计集团	84.09
18	济南·保利·天禧	成都绿茵景园	84.09
19	成都·中国铁建·西派玺樾	成都赛肯思创享生活景观设计	83.95
20	北京·国安府	深圳奥雅设计股份	83.88
21	广州·华润·白鹅潭悦府	JTL 加特林	83.83
22	北京·中海·京叁号院	美国 SWA 景观设计 HZS 汇张思景观	83.71
23	重庆·中交·翠澜峯境	杭州亚景景观设计	83.61
24	广州·中海·观澜府	深圳奥雅设计股份	83.57

排名	项目名	景观设计公司	楼盘产品力
25	武汉·城建·中央云城	metrostudio 迈丘设计	83.33
26	北京·颐和金茂府	深圳奥雅设计股份	83.33
27	西安·招商·西安序	山水比德	82.89
28	福州·保利·天珺	深圳奥雅设计股份	82.54
29	成都·龙湖·御湖境	凯盛上景（北京）景观规划设计	82.53
30	广州·中海·荔府	广亩景观	82.40
31	西安·龙湖·青云阙	重庆道远园林景观设计	82.22
32	南宁·保利·冠江墅	成都绿茵景园	81.78
33	缦云上海	水石设计	81.77
34	成都·中交统建·锦江九章	山水比德	81.76
35	上海·中建·御华园	GVL 怡境国际设计集团	81.75
36	武汉·洪山·万科广场	metrostudio 迈丘设计	81.72
37	苏州·万科·璞拾 | 胥江	A&N 尚源景观	81.70
38	宁波·万科·璞拾闻澜	A&N 尚源景观	81.70
39	岳阳·金茂·云府	metrostudio 迈丘设计	81.64
40	深圳·深铁·璟城	metrostudio 迈丘设计	81.57
41	西安·绿城·清水湾	伍道国际	81.39
42	昆明宜良金博小白龙温泉文化旅游度假小镇	metrostudio 迈丘设计	81.37
43	杭州·万科·瑧境观邸	A&N 尚源景观	81.33
44	青岛·海信·璞悦	HILL 希尔景观	81.31
45	杭州·万科·航行前宸湾	A&N 尚源景观	81.25
46	成都·中海·天府麓湾	HILL 希尔景观	81.20
47	东莞·万科·瑧山境	A&N 尚源景观	80.90
48	深圳·泰华·梧桐聚落花园	HILL 希尔景观	80.57
49	深圳·中海·汇德理	深圳伯立森景观规划设计	80.50
50	东莞·金众·柏悦公馆	HILL 希尔景观	79.90

排名	项目名	室内设计公司	楼盘产品力
	2023 中国房企标杆项目产品力 **室内设计 TOP50**		
1	武汉·中交·澄园	矩阵纵横	87.21
2	广州·龙湖金地·天峯超高层	TRD 尺道设计	86.47
3	广州·越秀·天悦金沙	矩阵纵横	86.13
4	长沙·建发电建·江山悦	深圳盘石设计	85.99
5	广州·越秀·天河和樾府	近境制作空间设计	85.86
6	广州·越秀珠实城发·江湾和樾	深圳普利策装饰设计	85.73
7	广州·越秀·琶洲南 TOD	深圳普利策装饰设计广州安研室内设计	85.56
8	广州·越秀·大学城和樾府	共生形态设计淶图设计、近境制作	85.48
9	佛山·保利·天悦	香港郑中设计事务所CCD	85.09
10	广州·越秀 万博瑞麓府	HBA/ 赫希贝德纳联合设计	84.26
11	金华·中海·九樾府	深圳市布鲁盟室内设计	84.14
12	成都·万华·麓湖生态城	广州奥迅室内设计	83.95
13	南宁·保利·冠江墅一期别墅	UMA 伍玛设计	83.89
14	广州·越秀联投·知识城居山涧	近境制作空间设计	83.50
15	成都·龙湖·天府云河颂	DAS 大森设计	83.25
16	南通·招商中创·公园道	万品设计 VANPIN DESIGN	83.15
17	合肥·中交保利越秀·天珺	引擎联合设计	82.93
18	成都·龙湖·云河颂滨江	WJID 维几设计	82.91
19	成都·中国铁建·西派玺樾	深圳市极尚建筑装饰设计	82.91
20	海口·龙湖·光年	孙文设计事务所 S.U.N DESIGN INC.	82.69
21	济南·保利·臻誉	UMA 伍玛设计	82.68
22	深圳·深业·泰富罗湖	TRD 尺道设计	82.44
23	北京·国安府	CCD/ 香港郑中设计事务所	82.39
24	南宁·保利·冠江墅二期	UMA 伍玛设计	82.35
25	成都·卓越·永利云翠底跃	DAS 大森设计	82.33

排名	项目名	室内设计公司	楼盘产品力
26	广州·佳兆业·天墅云山墅	欧镱设计	82.30
27	广州·华润·白鹅潭悦府	近境制作	82.19
28	上海·中建东孚·壹府澜庭	CCA 香榭蒂设计	82.15
29	北京·中海·京叁号院	CCD/ 香港郑中设计事务所	82.11
30	广州·电建·都汇府	赛拉维设计 CLV.DESIGN	82.03
31	重庆·中交·翠澜峯境	HWCD 设计公司	82.02
32	广州·龙湖·御湖境	孙文设计事务所 S.U.N DESIGN INC.	82.00
33	青岛·保利·和颂	赛拉维设计 CLV.DESIGN	81.80
34	北京·颐和金茂府	北京赛瑞迪普空间设计	81.62
35	上海·融创·桃花源	为上建筑室内设计	81.56
36	上海·中建·春合境明	赛拉维设计 CLV.DESIGN	81.53
37	西安·招商·西安序	无间设计	81.47
38	广州·合生·缦云	矩阵纵横	81.45
39	福州·保利·天珺	CCD/ 香港郑中设计事务所	81.42
40	成都·龙湖·御湖境	矩阵纵横 DAS 大森设计	81.36
41	温州·万科·映象广场	UMA 伍玛设计	81.14
42	广州·合生·湖山国际	TRD 尺道设计	81.14
43	苏州·天地源·观棠	YZD 域正设计	81.12
44	海口·仁恒·滨江园二期	DAS 大森设计	81.08
45	长兴·檀园合院	CCA 香榭蒂设计	81.00
46	南京·招商·百家臻园	万品设计 VANPIN DESIGN	80.93
47	上海·保利·明玥潮升	UMA 伍玛设计	80.86
48	佛山·旭辉·铂仕湾	韦格斯杨	78.87
49	武汉·城建电建·滨江云城	武汉妙物建筑装饰设计工程	78.53
50	杭州·西投银泰·映萃	其然设计机构	76.35